從 酵 母 思 考 麵 包 的 製 作

前言

跨入麵包的世界已有三十多年，從傳統及文化中學習，藉由與人和食材的邂逅，製作出作爲主食的麵包，早已不計其數。但本書當中，收錄編撰的是我任職於「JUCHHEIM DIE MEISTER」、「Patisserie Peltier」以及「Fortnum & Mason」時，做爲麵包師(Chef Boulanger)思索創作出的麵包，將這些已深植腦海與心中的食譜，以文字和照片表達出來，對我而言，卻是初次的嚐試。書中網羅至今所有的獨特麵包，更可說是身爲麵包師一路走來的軌跡回溯。

關於本書中所收錄的食譜配方，希望有助於專業麵包製作者，因此特別著重於高度地重現麵包的製作過程。同時，也期望能將配方形成的概念，從構思發想到以具體呈現的方法一併列入。書中編入的麵包，即使名稱或外形大家很熟悉，但配方與製作方法反而相當的別具特色。或許在製作時會有相當多的困惑之處，但麵包製作者，在面對每一項材料或每一種麵包時，若能藉由實際動手，品味其中並感受摸索的過程，正是充滿發揮麵包最大美味所必經之路，也是我最樂見的。此外，在理解酵母與發酵的部分，還包含了不少的科學知識。也有很多是本書無法完全解說的內容，若有不甚清楚之處，請參考麵包製作科學的書籍來補充。

在每天製作麵包的過程中，要能隨時保持新鮮感與熱情，持續接受並面對挑戰，需要相當的精神及體力。但這也正是所謂麵包師的醍醐味，也是接下來日本麵包業界必須要具備的姿態。若本書能在這個環節上有所助益，將會是我最大的榮幸。

2007年4月

志賀勝榮

出版序言

充滿哲理的麵包師

雖然名言有「人無法單靠麵包生活」的說法，但被視爲基督之肉的麵包，的確是生活中的必需品。

此次，曾任本公司麵包部門負責人的志賀勝榮先生，在自立門戶之際出版著作，眞是非常令人欣喜之事。志賀先生可謂是充滿哲理的麵包師，也是運用天然酵母種製作麵包的達人。法式與德式麵包的造詣精深，利用低溫長時間發酵，製成的法國麵包和裸麥配方的黑麥麵包，更是天下一絕。

「即使麵包的配方比例與做法完全相同，但其中少了製作的精髓，就無法作出好的麵包。」這就是志賀先生的思考模式。「風味存在於人的印象之中，麵包最能表現出製作者的特性」、「窮究美味的奧秘正是我一生的職志」... 都是志賀先生的名言。本社的麵包師們追隨志賀先生所學到的，是眞誠面對麵包的方式，全神貫注仔細謹慎地製作麵包。

藉由本書，將最獨特原創的配方及製作方法公諸大衆，希望讀者們能從字裡行間領略體會麵包製作的精髓。

本社創始人 Karl Juchheim 先生，九十年前於廣島縣似島的俘虜收容所，每天烘烤著麵包，每逢節慶更會烘烤年輪蛋糕，如同這般的心情，聲援替麵包注入靈魂的新工藝師 New Craftsman，志賀勝榮先生。

2007年4月

株式会社 JUCHHEIM

代表取締役社長　河本　武

編註：「人無法單靠麵包生活 man cannot live by bread alone」出自馬太福音第四章第四節，意指人要快樂生活不止吃得飽，還需要音樂、藝術、詩歌等精神糧食。

本書麵包製作的必要知識

麵包前附加的●●●的標記，標示2007年3月當時，販售該款麵包的店舖。季節限定商品或指定銷售日的商品，請先向店家連絡確認(各店家的連絡處請參考書本最後)。

● JUCHHEIM DIE MEISTER 丸之內店
● Fortnum & Mason 三越本店等
●因本書而製作的麵包
●結束販賣，目前沒有生產的麵包

本 書 麵 包 製 作 的 必 要 知 識

思量酵母、發酵種 —— 深入理解發酵

何謂酵母 —— 發酵的構成

●所謂的酵母是對微生物群的總稱

麵包的發酵與熟成，起始於小麥、水以及酵母的相遇結合。

所謂酵母，是自古以來，對於人類有貢獻的某些菌種微生物群的總稱。酵母，附著存在於穀類或水果等各式各樣的食材中，也浮遊於空氣中。

「酵母菌」的英文是「Yeast」，這個名詞成爲麵包製作的材料名稱，廣泛的被使用。作爲麵包製作材料的酵母菌，正如大家所熟知的，包括新鮮酵母菌、乾燥酵母菌等，這些都是由酵母當中發酵力特別強，屬於 Saccharomyces cerevisiae（釀酒酵母）當中的單一菌種，以工業單純培養而成，屬於衆多酵母其中的一部分。本書文章中出現「酵母菌」的詞彙，所指的都是麵包製作材料的酵母菌。

●發酵就是這樣產生

酵母，接受環繞其周圍的環境（培地）而進行活動。如果齊備了利於活動的條件（溫度、pH 值、氧氣、營養素），酵母即可由麵包麵團中攝取各種營養而活力十足地進行活動，不斷地重覆分裂增生，但若是條件不足時，就會進入休眠狀態。

所謂發酵，是因酵母活動而引發的一連串變化、現象。活動中的酵母，會利用粉類或其自身體內存在的酵素，將麵團內的蔗糖或澱粉分解成葡萄糖或果糖，而葡萄糖或果糖就會成爲其主要的營養來源，吸收、消化、排出。而被排出的就是二氧化碳，同時，也會生成酒精及有機酸（乳酸、醋酸等可能成爲香味的成分）等物質。麵團在發酵時的膨脹，就是這些二氧化碳的作用，麵團會散發出發酵物特有的酸味及味道，就是源自於有機酸及酒精的作用。

並且，引起發酵的也並不僅限於酵母而已，其他的菌種，像是酸種中所含的乳酸菌等，也同樣可以使麵包麵團產生發酵。

●何謂發酵種

本書當中，使用添加於麵包製作的酵母菌，有7種發酵種，由酵母菌起種的老麵種、葡萄乾種、天然酵母種、天然酵母液種、啤酒花種、酸種起種的酸種，以及檸檬種。

葡萄乾種、檸檬種、天然酵母種、天然酵母液種、啤酒花種，這些自然發酵種，是以水果、麵粉、裸麥粉、啤酒花果實熬煮湯汁等做爲培地，培養這些原本就存在於培地的菌種製作而成。成爲培地的材料，本身的味道及香氣，也會反應在菌種上，因而蘊釀出各不相同的風味，其發酵能力也各有其不同。另外，酸種是將含有起種的乳酸菌，植放在做爲培地的裸麥粉上使其發酵而形成，所以可以感覺到乳酸菌和裸麥相輔相成，所釀造出的特有酸味。

製作發酵種的注意重點

●避免雜菌及其他酵母同時混入

麵包製作與發酵種製作，都必須在酵母及乳酸菌等易於活動的溫度、濕度下進行，但這些易於活動的環境，同時對其他菌種來說，也可能成爲雜菌等易於繁殖的環境。正因工房內的工具或機器上也附著了各式各樣的菌類，因此所有的工具在使用前，都應先用酒精消毒。

此外，最後發酵時，爲了避免其他酵母或菌種混入，無論是發酵中或冷藏保存時，都必須用保鮮膜包覆使其密閉。

●發酵種是由包含有用成分的新鮮粉類所起種

以麵粉或裸麥粉作爲培地製作發酵種時，會因粉類的種類及品質而使發酵的進行方法有所改變。

製作發酵種的初期階段，使用的是剛碾磨好未經放置的新鮮粉類、少量的石臼碾磨粉與粗粒粉、含有大量小麥外側成分的全麥粉和裸麥粉。這些粉類當中，存在著大量可以成爲酵母的菌種，再者也含有酵母與乳酸菌等菌種活動時，必要的酵素及營養成分，可以讓發酵進行更加容易順利。當然，若粉類沒有冷藏管理的話，難得的有用成分也會因此流失，所以低溫保存是必要前提。

一旦酵母及菌種數量增加後，考慮到麵包完成時的口感及風味，再替換成細磨麵粉和灰分成分較少的粉類等。

●發酵種隨時都在持續變化中

發酵種是時時刻刻，隨時都在持續變化中。從開始製作起經歷的時間，使用時工房的溫度與濕度等，都會使發酵能力和酸味因而產生變化。什麼樣狀態下的發酵能力較佳、可以帶給麵包較好的風味判斷，可以利用量測 pH 記錄酸性值、利用味道品嚐時的記錄、使用哪種菌種時麵包完成時的呈現狀態，將這些作爲經驗法則累積而成。隨著經驗的累積，也可以判斷分辦出發酵種的活躍狀態，藉此調整配方用量，也可以了解續種的最佳時機。

活用酵母菌或發酵種的各種特性，區分使用

●以發酵能力區分使用

酵母菌或發酵種的發酵能力各有其差異。含有大量糖分和油脂不易發酵的麵團，或是無論如何都想要膨脹體積的麵包，適合用發酵力較強的酵母或是老麵。

另一方面，想要做出適度的膨脹且略帶潤澤口感的麵包，可以使用啤酒花種；想要做出有嚼感又略帶潤澤的口感時，天然酵母種或酸種很適合達到目的；若想要呈現出帶有水果的甘甜、濃郁及香氣的麵包時，葡萄乾種或檸檬種都能發揮其效果。

●以形狀區分使用、判別用量

酵母菌或發酵種的形狀各式各樣，像是乾燥的顆粒狀、粉末狀、堅硬麵團狀、稠濃糊狀、液狀 ... 等等。製作攪拌時間較短的成品時，就該選用容易混拌至麵團當中，易於分散的種類。

此外，如果想製作出能發揮粉類本身力道的麵包時，酵母菌或發酵種的使用量必須抑制至最低限度，建議採用低溫長時間發酵的製作方法。

●以風味區分使用

相較於料理的多樣化風味，表現麵包風味的範疇有其限度。在有限的範圍內如果能下點工夫，不僅只是在粉類或副材料上，若能試著積極地活用酵母菌或發酵種所蘊釀出的風味表現，會是什麼樣情況呢？

因爲在發酵過程中會生成有機酸，所以發酵物會產生發酵特有的酸味，也會有其他可以感覺到甘甜美味的風味及香氣。這些風味與香氣，會因酵母菌或發酵種的使用量，以及發酵時間的長短而有所變化，但以我個人觀察，可以粗略地區分如下。天然酵母種的酸味、甜味、美味有著非常良好和諧的平衡；老麵的酸味與甜味都是非常的平穩溫和。酵母菌也是使其長時間發酵，就能產生恰到好處的酸味及美味。啤酒花種，就彷彿啤酒般讓人有隱約淡淡的苦味，對麵包而言正是恰如其分又絕妙的提味。相較於其他發酵種，葡萄乾種的甜味更強，多少具有提高麵團糖度的效果，烘烤完成的麵包表層外皮也會帶有甘甜香氣。酵母或發酵種的發酵風味當中，酸味和苦味也具有中和雞蛋、奶油等動物性材料，濃重氣味的效果。

●搭配各種酵母菌或發酵種來使用

依狀況需要，有時候使用複數的酵母菌或發酵種搭配組合，也有很好的效果。一般而言麵包麵團的發酵時間大約超過二天時，較弱的菌種會被較強的菌種淘汰，但在二天內是共存狀態，同時也能發揮出各自不同的特性。像是使麵團膨脹的部分必須由發酵能力卓越的酵母菌或老麵來擔任，具有深度的口味則是由天然酵母種的風味及香氣來增添，或是用葡萄乾種來添加表皮外層的香甜，這就是複合活用的方法。

此外，幾乎全部使用裸麥粉的德國麵包，若僅使用酸種無法使其完全膨脹起來，因此必須要合併酵母菌同時使用。

認識酵母菌的特性

認識酵母菌，加深對其他發酵種的了解

●酵母菌是具優異發酵能力的麵包製作材料

酵母菌是由酵母當中發酵力特別強的單一菌種培養而成的工業製品，在第10頁開頭處就曾提及。酵母菌在各方面都是製作麵包的優良材料。擁有強大安定的發酵能力，易於保存的形態，也很容易收納、購買又便宜，無論是誰都能使用的簡易素材。在此讓我們再次重新檢視這個大家已經習慣的材料，藉此更加深了解並掌握其他的發酵種特性。

酵母菌的優點與缺點

●酵母菌的優點

酵母菌的發酵力很強，在發酵過程中會充分且安定地產生大量的二氧化碳。二氧化碳越多，麵團就越能充分膨脹。
此外，酵母菌在攪拌階段中，粉類吸收水分的瞬間酵母就開始活動，所以麵團可以更快整合成團，只要條件俱全，攪拌後的發酵迅速進行，就有可能縮短全部作業的所需時間。

●酵母菌的缺點

當然如此優良的酵母菌也有其缺點，因發酵力強大反而麵團會變得乾燥。並且麵包越是膨脹地烘烤起來，就會變得越沒有嚼感地呈軟綿的口感。再加上短時間地完成發酵，不太好聞的酵母菌味道，至最後未能完全排出地會殘留其中，也會影響麵包的風味。

酵母菌的活用

●感覺不到酵母菌缺點的微量酵母菌・長時間發酵

酵母菌的用量減少至一半以下，利用低溫12小時以上，緩慢發酵的製作方法，可說是將酵母菌的優點發揮至最大，同時也是將所有的缺點加以抵消的方法。減少用量，雖然發酵能力和發酵速度都會因此而降低，但時間可以補足這個部分。用這種方法製作的麵包，不會殘留下酵母菌的味道，也可以避免過度膨脹的乾燥，還可以品嚐出粉類原有的風味。只是這樣的製作方法，並不適合使用在添加了會防礙發酵的副材料，或容易出水的副材料的麵包配方上。

新鮮酵母菌　因酵母存在於新鮮的狀態下，因此必須低溫保存。相較於乾燥酵母菌，其劣化會更迅速。溶化分散於水分之中使用。本書中P.202所介紹的是日本產的新鮮酵母。

乾燥酵母菌　是在新鮮酵母菌最終製造作業時，使其乾燥製成。只要整合了水分與成為營養成分的糖分，在適切地溫度下，就可以讓酵母重新回復生氣的預備發酵，在使用時不可或缺。本書中P.202所介紹的是沒有經過表層加工的法國製品。

即溶乾燥酵母菌　不用預備發酵可簡便使用的製品，發酵能力最強。加入冷水時，會急遽吸入水分而凝固成團，成為難以分散的狀態，因此必須事先混拌至粉類當中。本書中P.202所介紹的是法國製品。

製作老麵 —— 認識老麵的特性

●來自酵母菌的發酵能力，略帶酸味及甘甜氣息

在麵包製作用語中，所謂的老麵，並不是指中式麵點的老麵般，自然發酵而成的發酵種，而是將殘留下來使用酵母菌的法國麵包麵團 ... 等，經過一夜低溫發酵而成。在此介紹的是以3小時完成的速成法。

老麵的魅力，在於擁有酵母菌的安定發酵能力，而僅在使其發酵的部分蘊釀出微量的酸味及甘甜氣息。這樣微量的發酵風味可以讓麵包產生更加柔和的美味。雖然相較於酵母菌，發酵能力略遜一疇，但反而可以避免麵包柔軟內側（Crum）的乾燥，適度地保留住潤澤的口感。

●若使用老麵，可以再添加微量酵母菌配方

想要使用難以計量程度的微量酵母菌時，老麵就是非常貴重的寶貝了。如果是老麵，添加上水及粉類等重量來計算，可以很容易地量測出來。

老麵的材料（由左上開始逆時針方向）麵粉、即溶乾燥酵母菌、麥芽糖漿液、鹽、水

1. 攪拌　Ⓛ4分鐘　揉和完成 22℃
2. 一次發酵　26℃　80%　1小時
3. 使酵母活性化　三折疊 × 2次
4. 最後發酵　26℃ 80%　70分鐘
5. 冷藏保存　冷藏室（6℃）　當天使用完畢

配方（粉類1kg 的用量）

法國麵包專用粉（Mont Blanc）100%（1000g）
鹽　2%（20g）
麥芽糖漿液*　0.6%（6g）
即溶乾燥酵母菌（saf）　0.4%（4g）
水　約66%（約660g）
＊用與原液等量的水分（配方外）溶解的液體。

1. 攪拌

在粉類中混入即溶乾燥酵母菌使其分散。將水、鹽、麥芽糖漿液放入攪拌缽盆中，以攪拌機充分混拌。加進混入酵母菌的粉類，以低速揉和4分鐘。揉和完成溫度為22℃。

2. 一次發酵

麵團整合後，放入缽盆中，覆蓋保鮮膜。於26℃濕度80%的狀態下使其發酵1小時。

3. 使酵母活性化

撒上手粉，將麵團放置於工作檯上，壓平使其成為四角形。由左右向中央各折疊1/3，由上下向中央各折疊1/3（a）。

＊藉由折疊，可以將新鮮空氣疊入麵團中，同時施以適度的力道，使發酵環境產生變化，可以促進酵母的活動。

4. 最後發酵

折疊結束後，折疊處朝下地放回缽盆中（b），覆蓋上保鮮膜。於26℃濕度80%的狀態下使其發酵70分鐘完成（c）。

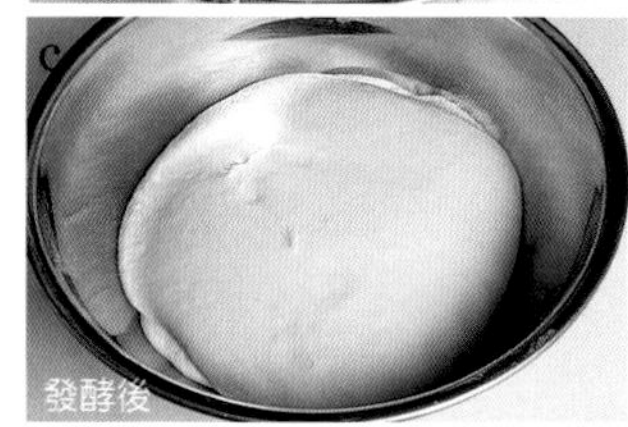

5. 冷藏保存

冷藏保存（6℃），儘可能在當日完全使用完畢。用完後再從頭開始製作。

＊冷藏保存一旦超過24小時，就會漸漸開始出現酸味。如果酸味強一點也沒關係的話，第二天也可以使用。只是第二天之後的發酵能力也會逐漸降低。

製作葡萄乾種 —— 認識葡萄乾種的特性

●葡萄的香氣和柔和的甜味是魅力所在

用葡萄乾與糖分起種酵母的葡萄乾種，集結了葡萄乾的風味及甘甜。這樣的魅力更能增加發酵種的作用，賦予麵包甜美的風味。雖然使用了大量的砂糖，但大部分是做爲酵母的營養而被消化掉了，所以完成的發酵種，具柔和甘美的甜味。使用此發酵種時，能做出與添加砂糖的麵包，截然不同的香甜成品。

發酵能力比酵母菌弱，揉和完成的麵團也較酵母菌麵團更黏手。

●非常適合乾燥水果，也可以使表層外皮更具香味

葡萄乾種是由葡萄乾而來，所以具有水果的風味，非常適合使用在含有葡萄乾、醋栗、酸櫻桃、乾燥無花果 ... 等乾燥水果配方的麵團內。此外，想要烘烤出甘甜芳香的表層外皮時，也能發揮最大的效果。

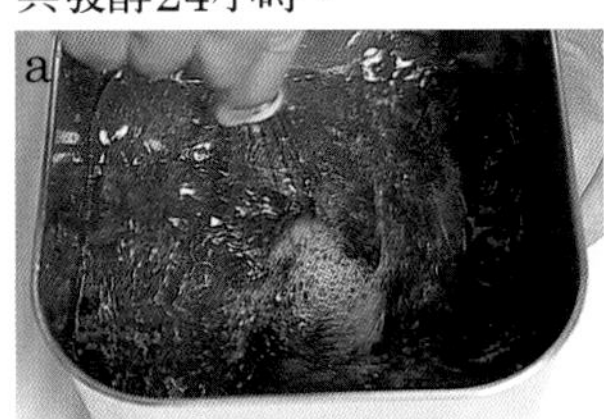

葡萄乾種的材料（由左上開始逆時針方向）無表層處理的葡萄乾、麥芽糖漿液、細砂糖、水

配方比例・條件	第1天	2~4天	續種
前種	–	–	10g
葡萄乾（無表層處理＊1）	1000g	–	1000g
細砂糖	500g	–	500g
麥芽糖漿液＊2	20g	–	20g
溫水（約32℃）	2000g	–	2000g
混拌完成溫度	32℃	–	32℃
發酵條件	28℃・80%・24小時	28℃・80%・24小時	28℃・80%・約48小時
攪拌	–	早晚2次	早晚2次

＊1 務必使用無表層處理加工的葡萄乾產品。 ＊2 用與原液等量水分（配方外）溶解的液體。

第1天

在溫水中溶入細砂糖和麥芽糖漿液，加入葡萄乾混拌(a)。混拌完成溫度爲32℃。覆蓋上保鮮膜，在28℃・濕度80% 的環境中使其發酵24小時。

第2天

葡萄乾泡軟脹大，逐漸浮起(b)。以攪拌器每日攪拌2次（早晚），持續在28℃・濕度80% 的環境中發酵24小時。

第3天

葡萄乾周圍開始產生微細的白色氣泡，液體也略略開始變得混濁。與第2天同樣地使其持續發酵。

第4天

開始產生淡淡的酒精氣味。表面的氣泡增加，葡萄乾完全浮起，液體更加混濁。與第2天同樣地使其持續發酵。

第5天＝完成

完成初種。氣泡增加，液體表面顏色略微變白。以細網目的網篩過篩(c)。擰出葡萄乾內的汁液並同樣過濾混合備用。放入冰箱中保存。約可使用2週左右，在10天之內都可以進行續種。

＊保存期間超過3天以上，酵母能力會漸漸減弱，但因含有糖分，仍比其他發酵種的保存日期長。

續種

第1天：在溫水中溶入細砂糖和麥芽糖漿液，混拌入初種（或是前種）和葡萄乾。混拌完成溫度在32℃。在28℃・80% 的環境中使其發酵24小時。

第2天：以攪拌器每天攪拌2次（早晚），在28℃・濕度80% 的環境中持續發酵。

第3天：表面浮出大量氣泡時，即已完成續種。與初種的第5天相同地過濾。放入冷藏保存使用，10日內再進行續種。

混拌完成＝第1天 → 24小時後＝第2天 → 第3天 → 第4天 → 第5天＝完成

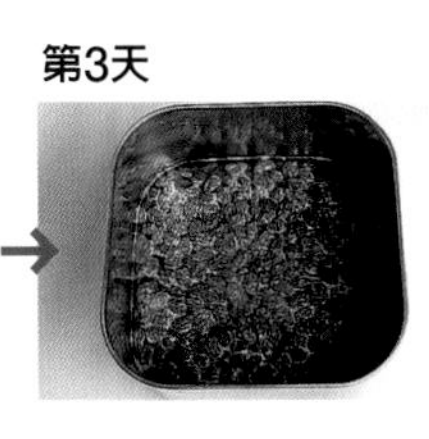

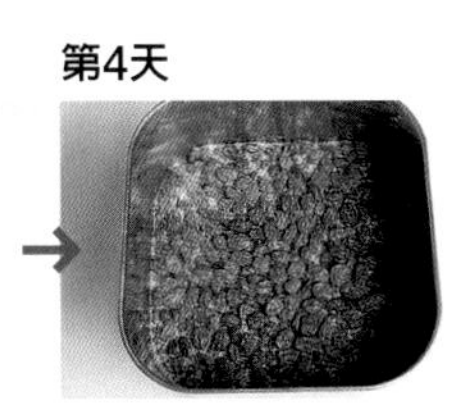

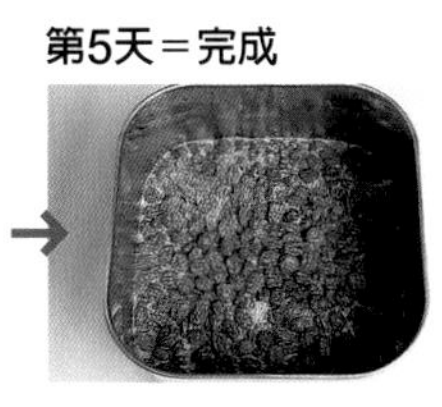

製作天然酵母種(levain)── 認識天然酵母種的特性

●法國麵包發酵種的主流

利用存在於麵粉中的菌種來起種的發酵種，是最基本的麵包發酵種，也是法國麵包製作的主流。爲表達對法國麵包傳統的敬意，依循此法製作麵包時，就會使用這款發酵種。而且，麵團狀的這款發酵種，也被稱爲 Levain Chef（台灣通稱：魯邦種）。

●酸味、甜味和香味的絕妙均衡

天然酵母種的酸味及發酵味，恰如其分地形成絕妙均衡的風味及香氣。配方中使用此發酵種可以增加麵包味道的深度，搭配正餐享用時，更能與料理相互襯托。此外，烘烤後有色澤較深，香氣也更濃郁的傾向。

天然酵母種僅用全麥麵粉和水分來起種，是最簡約的基本發酵種。

配方比例・條件	第1天	2・3天	4~7天	第8天＝續種
前種	–	200g	600g	1000g
全麥麵粉（BioType 170*）	100g	200g	720g	–
法國麵包專用粉（Mont Blanc）	–	–	–	1140g
水	110g（約35℃）	200g	約360g	約600g
攪拌、混拌（揉和）完成溫度	28℃	28℃	Ⓛ10分鐘・28℃	Ⓛ8分鐘・25℃
發酵條件	28℃・80%・24小時	28℃・80%・24小時	28℃・80%・24小時	28℃・80%・3小時

＊其他廠牌的全麥麵粉也可以。新鮮的更好。

第1天

在缽盆中放入粉類和溫水，用橡皮刮刀充分混拌（a）。混拌完成溫度爲28℃。待表面整合至平滑時，覆蓋上保鮮膜，在28℃・濕度80% 的環境中使其發酵24小時。

第2・3天

除去前日的發酵種（前種）表面乾燥部分後，從內側狀態良好的部分取出200g 留在缽盆中，加入水分和粉類，充分混拌（b）。混拌完成溫度爲28℃。待表面整合至平滑時（c），覆蓋上保鮮膜，在28℃・濕度80% 的環境中使其發酵24小時。

第4~7天

在攪拌缽盆中放入水分、600g 前種和粉類，用低速攪拌10分鐘（第7天的水量可以適度減少以調整硬度）。移至容器內並將表面整合至平滑時，覆蓋上保鮮膜，在28℃・濕度80% 的環境中使其發酵24小時。

＊第4天以後，麵團會逐漸開始變硬。粉類也可以用蛋白質含量高於法國麵包專用粉的麵粉，來取代全麥麵粉。

＊第4天以後，隨著發酵的逐漸開始，會產生泥漿的氣味。到了第6天表面會呈現許多細微的氣體排出孔。

第8天

出現了輕微的酸味和隱約的苦味。

將水分、撕碎的前種和粉類放入攪拌缽盆中（d），用低速揉和8分鐘（e）。揉和完成的溫度爲25℃。整合成團後，放入容器中覆蓋好，在28℃・濕度80% 的環境中發酵3小時，就完成了初種。完成時約是 pH4.1。放置於冷藏保存，可以使用2天，2天以內續種。

續種

用第8天的配方及條件進行作業。放置冷藏使用，2天以內續種。

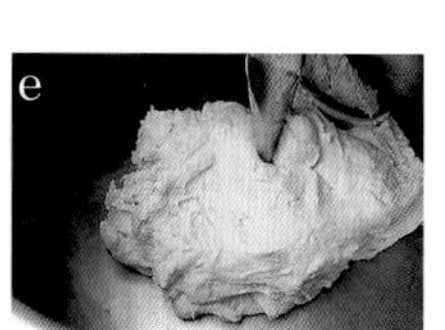

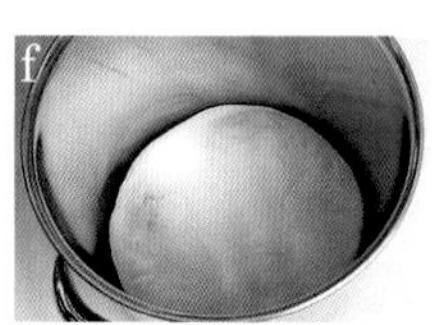

混拌完成＝第1天

24小時後＝第2天

第3天

第4天

第5天

第6天

製作天然酵母種液種——認識天然酵母液種的特性

●液種能夠在短暫的攪打作業中均勻地分散在麵團中

天然酵母液種，是濃度如同可麗餅麵糊般的發酵種。性質與前頁的麵團發酵種幾乎相同，但在此爲使其有差異地在第3天爲止都放入裸麥粉，也可以用全麥麵粉取代裸麥粉。完成的性質與風味也幾乎沒有改變。

液種的優點，是可以在攪拌時不會產生硬塊地均勻分散。麵團類發酵種要在短暫的攪拌作業中完全分散於麵團內是相當困難的，相對於此，使用液種攪拌時間長短都沒問題。液態的這款發酵種也被稱爲Levain liquid（台灣通稱：魯邦液種）。

●液種容易製作，也方便管理

相較於麵團發酵種，液態發酵種在製作及處理上都很簡單，也易於保管存放，很適合初學者。

配方比例・條件	第1天	2天	第3天	4・5天	續種
前種	−	200g	200g	200g	130g
中粒裸麥粉＊1（allemittel）	100g	200g	−	−	−
極細粒裸麥粉＊1（Male Dunkell）	−	−	200g	−	−
法國產麵粉＊2（Type 65）	−	−	−	250g	250g
水	110g（約35℃）	200g	220g	280g	275g
混拌完成溫度	28℃	28℃	28℃	21℃	21℃
發酵條件	28℃・80%・24小時	28℃・80%・24小時	28℃・80%・24小時	21℃・80%・15小時	21℃・80%・15小時

＊1 不使用裸麥粉，也可以使用全麥麵粉。　＊2 不是法國產的也可以，若能夠用石臼碾磨粉等含有較多有用成分的麵粉也很好。

第1天

在缽盆中放入粉類和溫水混拌（a）。混拌完成溫度爲28℃。待表面整合至平滑時，覆蓋上保鮮膜，在28℃・濕度80%的環境中使其發酵24小時。

第2天

混入細小的氣泡，略略產生膨脹。

除去前日的發酵種（前種）表面乾燥部分後，從內側狀態良好的部分取出200g留在缽盆中，加入水分和粉類，充分混拌（b）。混拌完成溫度爲28℃。待表面整合至平滑時（c），覆蓋上保鮮膜，在28℃・濕度80%的環境中使其發酵24小時。

a

b

c

第3天

產生大量氣體而變得大而膨脹，表面產生了氣體排出後的凹陷，還有許多微量氣體排出的小孔。

粉類換成極細顆粒的粉類，依照第2天相同的要領進行作業，使其發酵。

4・5天

漸漸地氣體排出的孔洞變大了。從第4天開始粉類換成小麥粉，與第2天同樣方法地混拌前種、水和粉類。混拌完成溫度爲21℃。待表面整合至平滑時，覆蓋上保鮮膜，在21℃・濕度80%的環境中使其發酵15小時。

第6天＝完成

完成初種。放置於冷藏保存。可以使用2天，2天以內續種。

續種

在缽盆中放入130g前種、水和粉類，充分混拌。混拌完成溫度爲21℃。待表面整合至平滑時，覆蓋上保鮮膜，在21℃・濕度80%的環境中使其發酵15小時。放置冷藏使用，2天以內續種。

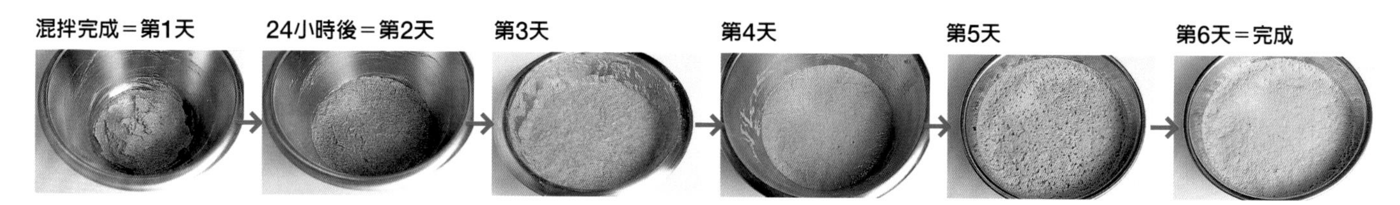
混拌完成＝第1天　24小時後＝第2天　第3天　第4天　第5天　第6天＝完成

製作啤酒花種── 認識啤酒花種的特性

●讓人聯想到啤酒的微苦與酒精氣味

在此介紹的啤酒花種，是由大家所熟悉的啤酒原料啤酒花的果實熬煮出來，汁液加上米麴，利用麴菌使其發酵製成。還添加了馬鈴薯泥或蘋果泥等作爲酵母的養分。完成的發酵種，帶著令人聯想到啤酒的微苦與酒精氣味，反而不太感覺得到酸味和甜味。

●啤酒花種適合用於吐司麵包

是天然發酵種當中，發酵能力較爲安定的，可以使用在像吐司麵包這類，想要達到某個程度膨脹狀態的麵包。因發酵能力不如酵母菌那麼強，所以不會變得過度鬆軟，能夠恰到好處地保持緊實。此外，相較於酵母菌，啤酒花種在烤箱內對於熱度緩慢的反應，可以烘烤出密度適中，並存留水分口感的柔軟內側，這樣的特性可說是最適合吐司麵包的製作。

啤酒花汁液（100g 用量）

啤酒花果實 12個
水 100g 多一點

（啤酒花果實又稱霍布花或蛇麻花）

啤酒花種的材料（由左上開始逆時針方向）麵粉、啤酒花果實、米麴、馬鈴薯泥和蘋果泥、水

配方比例・條件	第1天	第2天	第3天	第4天	第5天	第6天＝續種
啤酒花汁液	100g	50g	50g	50g	50g	50g
前種	–	300g	250g	200g	180g	160g
法國麵包專用粉	120g	80g	40g	–	–	–
熱水	156g	104g	52g	–	–	–
馬鈴薯泥＊1	300g	150g	150g	150g	150g	150g
蘋果泥＊2	40g	30g	20g	15g	15g	15g
細砂糖	–	7g	7g	7g	7g	7g
水	274g（約32℃）	269g	421g	591g	611g	641g
米麴	10g	10g	10g	7g	7g	7g
混拌完成溫度	26℃	26℃	26℃	26℃	26℃	26℃
發酵條件	28℃・80%・24小時	28℃・80%・24小時	28℃・80%・24小時	28℃・80%・24小時	28℃・80%・24小時	28℃・80%・24小時
攪拌	4次	4次	4次	4次	4次	4次
pH：發酵前→發酵後	5.7→4.6	5.0→4.2	4.9→4.0	4.9→4.0	4.8→3.7	4.7→3.8~4.0

＊1 去皮的馬鈴薯煮至柔軟後，放入食物調理機內攪打呈滑順狀態完全放涼的成品。
＊2 去皮的蘋果磨成泥狀。

混拌完成＝第1天　24小時後＝第2天　第3天　第4天　第5天　第6天

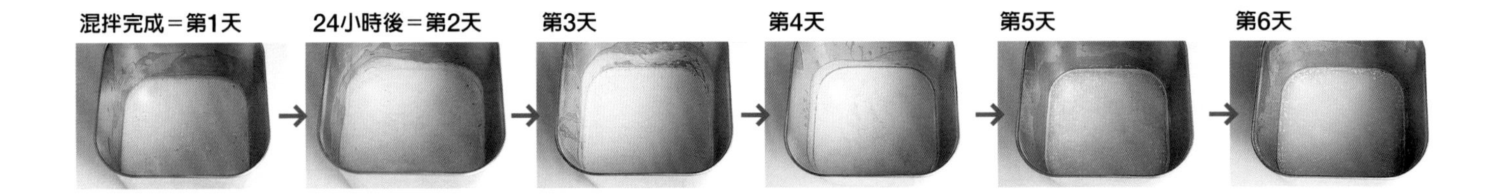

啤酒花種的製作方法

在鍋中放入水和啤酒花的果實加熱。煮至沸騰後轉成小火熬煮5分鐘，將廚房紙巾墊放在網篩上過濾備用（a）。

＊啤酒花汁液不能保存，每天熬煮製作。

第1天

①在缽盆中放入粉類和熱水，用橡皮刮刀充分混拌至使其 α 化（澱粉呈糊狀）(b)。

②將啤酒花汁液放入容器內（c），並混入馬鈴薯泥和蘋果泥。

③將糊化的①加入②當中，以攪拌器充分混拌，倒入溫水（約32℃）後繼續充分混拌。加入米麴後混拌均勻（d）。混拌完成溫度為26℃。

④覆蓋上保鮮膜，在28℃・濕度80%的環境中使其發酵24小時。其間用攪拌器攪拌4次（e），分別在5小時後、10小時後、17小時後、24小時後進行。

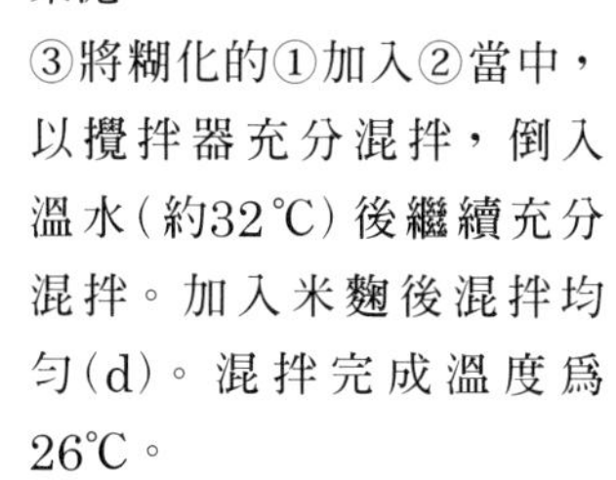

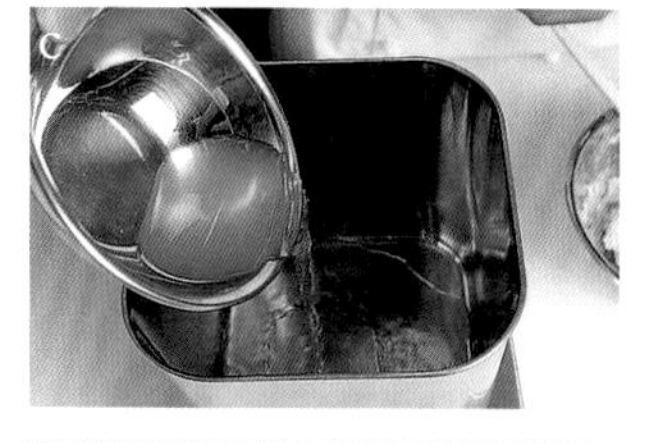

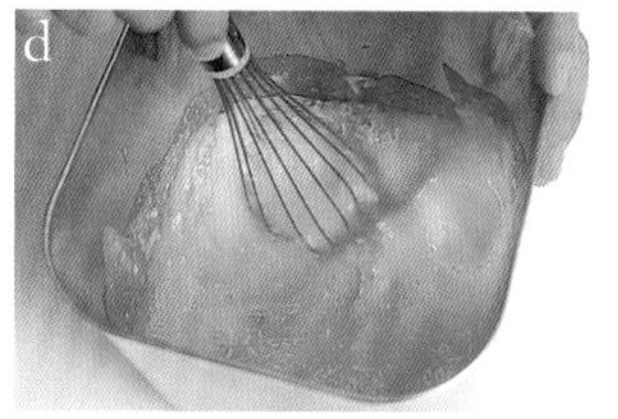

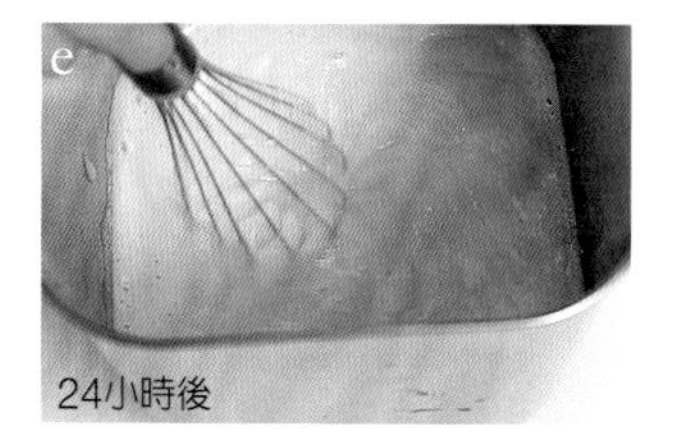

第2天

第2天以後材料中加入細砂糖。取300g前日的發酵種（前種），以配方表格上當天的分量，與第1天相同的步驟進行作業。添加細砂糖的時間點為添加水分之後。最後再混入前種。

第3天

與第2天相同的步驟，依照配方表格進行作業，使其發酵。

第4~6天

第4天以後不需要糊化的麵團。依配方表格進行作業，使其發酵。

＊第4天以後，發酵種的水分漸漸增多。

第7天＝完成

完成初種。產生了令人聯想起啤酒的微苦和酒精氣味。pH3.8~4.0最理想。放置冷藏保存，可以使用1週，1週以內續種。

＊保存過程中，酵母的能力也會逐漸降低。

續種

用第6天的配方及條件進行作業。放置冷藏保存使用，1週以內續種。

製作酸種── 認識酸種的特性

●裸麥粉配方較多的麵包會使用酸種

酸種是爲了美味地食用裸麥而想出的發酵種，也是德國麵包不可或缺的材料。德語稱爲Sauerteig。製作發酵種的重點在於用何種裸麥粉可以培育出乳酸菌。佔了麵團30~50% 比例的裸麥粉，存在於發酵種與麵團中間，因此所使用的粉類風味會大幅影響麵包的口味。

●酸種的使用方法──避免長時間發酵，併用酵母菌

用酸種製作裸麥麵包時，麵團長時間發酵及戊聚糖的影響，會使麵團軟化而不易膨脹，因此會以短時間發酵來完成。此外，爲幫助麵團膨脹，大部分會併用酵母菌。在德國當地兩種合併使用也是很常見的作法。

●攪拌時避免微量粉末材料的附著

這種發酵種有著裸麥特有的黏呼呼沾黏感，所以攪拌時鹽等微量粉末材料容易附著，一旦附著後就不容易使其均勻分散。因此，將這些材料先溶於水之後，再混入酸種。

德國BÖCKER製的酸種原種。將裸麥粉中植入乳酸菌的製品。

配方比例・條件	第1天	第2天	續種
酸種原種	20g	–	–
前種	–	90g	90g
中粒裸麥粉(allemittel)	20g	–	–
細粒裸麥粉(allefein)	–	1500g	1500g
極細粒裸麥粉(Male Dunkell)	–	1500g	1500g
水	200g(40℃)	3000g	3000g
攪拌、混拌(揉和)完成溫度	28℃	Ⓛ2分＋Ⓗ2分・28℃	Ⓛ2分＋Ⓗ2分・28℃
發酵條件	28℃・80%・24小時	28℃・80%・15~18小時	28℃・80%・18小時
pH	–	3.7左右	3.9以下

第1天

①在小缽盆中放入酸種原種和40℃的溫水，以隔水加熱保持40℃（a），使其發酵15分鐘。停止隔水加熱後混拌。

②將粉類和①放入缽盆中，用橡皮刮刀充分混拌（b）。混拌完成溫度爲28℃。

③將表面整合成圓形（c），覆蓋上保鮮膜，在28℃・濕度80%的環境中使其發酵24小時。

a

b

c

第2天

①產生氣體而膨脹起來，表面產生許多細微的氣體排出小孔（d）。除去表面乾燥的部分，由內側狀況良好的部分取出90g使用。

②將水和①放入攪拌缽盆中，用攪拌器充分混拌（e）。加入粉類（f）用低速揉和2分鐘，再以高速2分鐘（g）。揉和完成溫度爲28℃。

③放入缽盆中平整表面後，覆蓋上保鮮膜，在28℃・濕度80%的環境中使其發酵15~18小時。發酵後pH3.7左右。

d

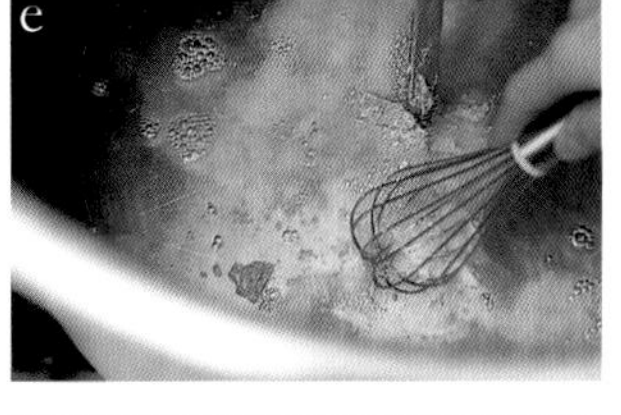
e

f

g

第3天＝完成

完成初種。因發酵而略有膨脹，但是仍有裸麥粉特有的沾黏鬆弛麵團狀（h）。完成時pH3.7左右。放置冰箱中保存，當天使用，當日之內續種。

h

續種

與第2天的①和②步驟相同地進行作業。放入缽盆中平整表面，覆蓋上保鮮膜，在28℃・濕度80%的環境中使其發酵18小時。pH3.9以下即可使用。放置冷藏保存使用，當日之內續種。續種只能到5次。

＊續種最多至5次。漸漸地就會開始有其他的菌種產生，第6次以後的性質會有所改變，風味隨之產生變化。每日使用的話，約1週內進行一次從頭開始的起種製作。

麵包製作的基本

1. 作業環境的整理與準備

麵包製作工房會隨時保持在22~23°C・濕度60~70% 的狀態。

●保持工房固定的溫度

工房的溫度，能夠整年都保持相同的溫度最理想。本書當中的食譜配方，所有的溫度和時間的數據，都是以室溫22~23℃爲前提標示。室溫與此相異時，就必須微幅調整最後發酵的溫度等。

●機器及工具的殺菌

工房中使用複數的酵母或發酵種時，攪拌機必須非常仔細地進行酒精消毒除菌。通常若僅洗淨，仍會有菌種殘留，會因此混入接下來作業的麵團中。發酵箱、缽盆、攪拌器等工具都同樣必須除菌。製作發酵種或續種時，都必須特別注意。

2. 準備材料

●保持粉類的新鮮狀態

麵粉、裸麥粉等粉類放置於高溫潮濕的位置，很快會產生劣化，因此必須保存在冷藏室(5℃左右)。因爲也很容易沾染其他氣味，所以不能與氣味強烈的材料一同保管，也不能不留空間地疊放粉袋，必須非常注意保持通風。因爲粉類的新鮮程度和美味與否有直接的相關性，所以製作成粉類後，應在短時間內儘速地使用。購入的粉類也應儘早使用完畢。

●粉類過篩的意義

過篩粉類可以篩出異物，也能分散粒子使其容易吸水。

粉類務必過篩後使用。雖然也有除去石子或垃圾的意思，但過篩可以分離黏合在一起的粒子，使得攪拌時容易分散，也容易吸收水分，就不容易產生硬塊。
配方中若使用複數粉類搭配時，預先將粉類混合備用。

●使乾燥水果、堅果飽含水分備用

乾燥水果或堅果，預先使其飽含水分，再瀝乾水分備用。

乾燥水果是爲保存而使其乾燥，堅果通常是爲了使用而烘烤使其乾燥。如果直接混拌至麵團中，會吸收掉麵包中必要的水分，因此就必須預先使其飽含水分。幾乎在本書當中的食譜配方，都是在開始攪拌的30分鐘前先浸泡至水中，在使用前10分鐘以網篩瀝乾水分使用。

●不調高溫度地軟化奶油

混入麵團中的奶油，冷藏取出後直接用布巾包覆以擀麵棍敲打至柔軟。

冰冷堅硬的奶油，無法與柔軟的麵團充分混拌。用量少時可以放至回復室溫變軟後添加，但若用量較大又如此進行時，會升高揉和完成時的溫度。所以此時可以用布巾包覆剛從冷藏取出的奶油，以擀麵棍敲打至柔軟。如此奶油的溫度只會有少許的上升。可頌麵團折疊用奶油，也可以用這種方法來調整硬度。

●利用水溫調節揉和完成的溫度

本書的麵團揉和完成溫度爲23~26℃左右。攪拌機持續攪打麵團幾分鐘之後，麵團本身的摩擦生熱與攪拌機馬達的熱度，也會使溫度提高，因此必須要先降低每種材料的溫度。

將攪拌機設置在室溫22~23℃的環境下，粉類和副材料放置管理於5℃的冷藏室，而水分調整至10℃左右時，就可以按照預定地達到麵團揉和完成的溫度。工房的室溫和攪拌機的機種不同，會產生微略的溫度差異，請以水溫來進行調整。

3. 製作方法就是麵包的設計圖——選擇適合麵包的製作方法

●自我分解法（Autolyse）的優點

所謂自我分解法，並不是一開始就將所有的材料一起揉和混拌，最初僅揉和粉類和水（使用麥芽糖漿時也包含麥芽糖漿），放置數十分鐘後，再添加酵母和鹽等其他材料，並且再次揉和的製作方法。這種製作方法的優點，是每一顆粉粒都能完全吸收到水分。另一項優點是，在添加會阻礙麵筋形成的酵母和鹽之前進行了揉和，所以可以更容易形成麵筋。也就是能夠製作出有優異彈性和黏性的麵團，在烘烤時也能充分地延展開。

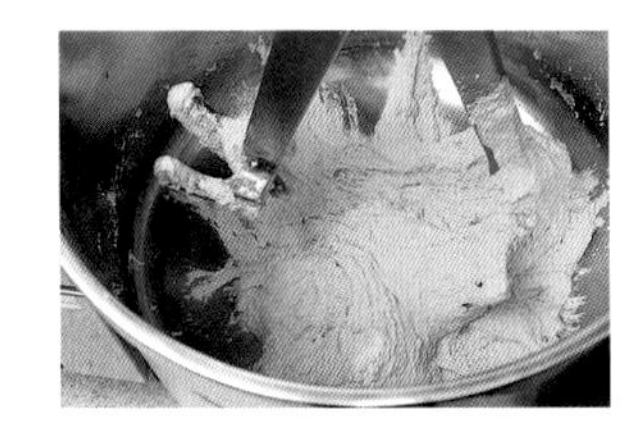

自我分解法：僅用粉類和水分（麥芽糖漿）揉和，放置數十分鐘就能夠提高麵團的延展性。

●中種法的優點

所謂的中種法，事前揉和材料的一部分，使其發酵幾小時（就稱之爲中種），再添加其他材料與中種一起攪拌，再使其發酵，二段式作業的製作方法。中種法雖然需要較多的作業和時間，但麵團的熟成度增加，更能產生發酵製品特有的深層風味，是此方法最大的魅力。

此外，具有阻礙發酵特性的材料－含有油脂的奶油、雞蛋和砂糖等糖類、發酵中會降低 pH 值（強化酸度）的酸種或裸麥粉—這些材料配方比例大量的麵包，就非常適用中種法。沒有加入防礙發酵的材料進行中種製作，先使其發酵，翌日就能順利地進入正式作業的發酵了。

中種法：事先將部分的材料揉和使其發酵，這就是中種。再將中種與其他材料混拌後，再次使其發酵。

4. 攪拌機的機種與麵團的相適性

●選擇適合麵團的攪拌機

業務用的麵包攪拌機雖然有好幾種機型，本書當中的麵包製作，是採用揉和力道較爲輕柔的攪拌機。用微量酵母菌製作的麵包、使用蛋白質含量較高筋麵粉更少的粉類的麵包、以自然發酵種製作的麵包等，麵筋形成時必須要多加留意，用力道過強的攪拌機攪拌時，很容易會錯失最佳攪拌時間。

本書記載的攪拌時間，轉速（高速＝Ⓗ、低速＝Ⓛ）是以使用P.204的二種機種爲基準，僅供參考。會因使用機種、使用材料和工房環境等而產生誤差，因此需要適度地調整。

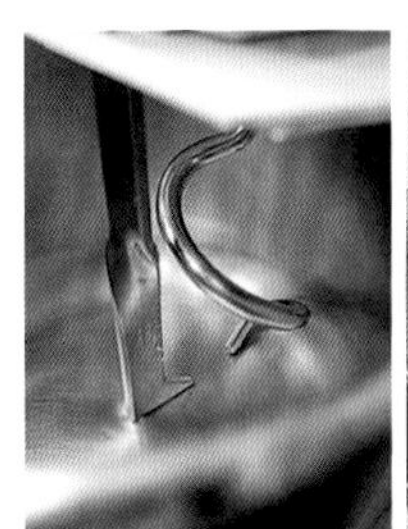

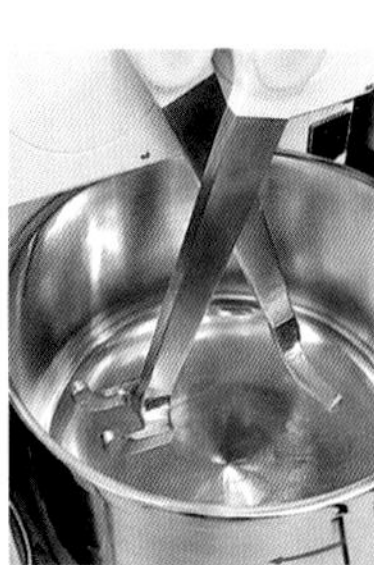

輕緩力道攪拌的攪拌機，較適用本書的麵包製作。使用的是螺旋式攪拌機 spiral mixer（左）和雙軸攪拌機 double arm mixer（右）。

5. 加入材料的順序及添加方法

●不易分散的少量材料先混入粉類或水分當中

配方比例中僅添加少量的材料，要均勻地分散於整體麵團中是非常困難的。像這樣的材料，會預先混拌至水分或粉類當中。容易結塊的即溶乾燥酵母菌先分散於粉類中，鹽、砂糖和麥芽糖漿等，則先溶於水分之中，是最基本的作業。攪拌機的攪拌片不適合液態不具濃稠性的材料，所以本書使用的是網狀攪拌器。

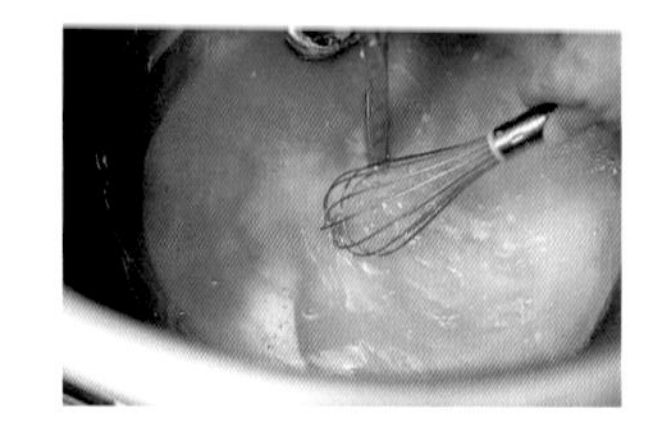

鹽、砂糖、麥芽糖漿等，利用網狀攪拌器將其溶於水分之中。

●低速用於混拌材料，高速用於攪打出麵筋

本書使用的攪拌機設定成二個階段的攪打速度。區分爲：至粉類完全吸收水分(最低限度的水和作用)爲止，使用低速，之後轉成高速攪打出麵筋。

另外，在麵團中混拌入奶油或雞蛋，又或是加進乾燥水果或堅果類副材料時，也同樣使用低速攪拌。

用低速攪打至粉類完全吸收水分為止。之後轉成高速攪打至形成麵筋。

●固體材料撕成細小塊狀，堅果等最後再添加

中種、發酵種、奶油等，柔軟性的固體材料，直接塊狀放入時會難以均勻打散混拌，因此先撕成小塊狀再加入。堅果或乾燥水果等，在初期加入混拌會攪破壓碎，因此在麵筋完全形成後，最後再加入並以低速攪打，均勻混拌後立刻停止攪拌。

堅果或乾燥水果等，不要將形狀打碎的材料，最後再加入。

●奶油、砂糖配方比例較多時，分兩次加入

奶油及砂糖具有阻礙麵筋形成的特性，若大量一次加入時，會使麵筋難以形成。這樣的情況下，應在加入之前先儘可能攪打出麵筋，之後將材料分二次加入。請在第一次完全攪打混拌之後，再加入其餘材料。

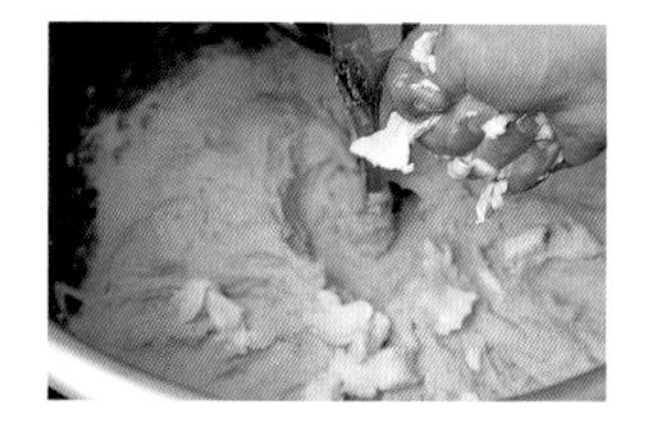

塊狀奶油很難混拌均勻，因此先剝成小塊後再加入。

●容易出水的副材料不要在攪拌時添加

像是玉米般容易腐壞的材料，雖然會加熱殺菌後才使用，但因其水分較多，若在攪拌時加入混拌，會導致發酵過程中水分的流出。像這樣的材料，在整形時折疊或包裹至麵團當中即可。

6. 揉和完成後麵團的保管方法

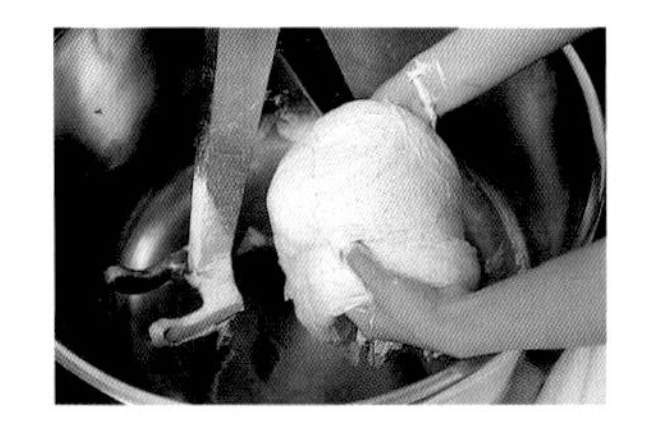

揉和完成的麵團，整合成團後捧起移動。

●揉和完成後麵團的移動

揉和完成的麵團由攪拌機移至發酵箱時，儘可能不要破壞麵筋組織地不要產生拉捏、撕扯的動作，將其整合成團地移動。若是麵團太軟無法整合成團時，可以用兩片大型刮板共同剷起移動。

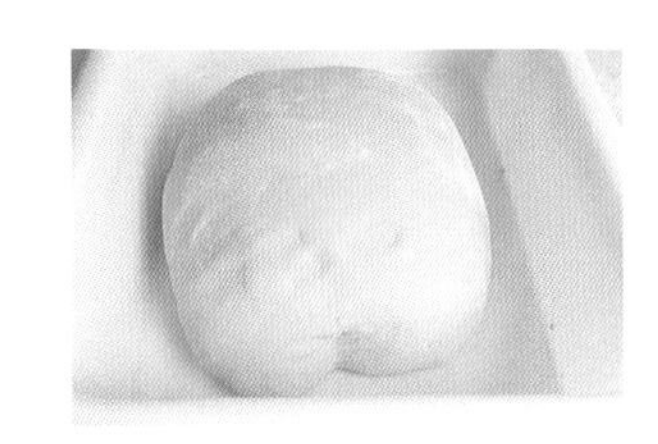

麵團的邊角都整合疊放至麵團底部，放入發酵箱內。

●麵團整合後放入發酵箱內

放入發酵箱時，最大的原則是麵團的邊角處都必須整合疊放至麵團底部。如此麵團發酵中所產生的氣體，才能夠鎖住閉合在麵團內部。並且，麵團過度鬆軟無法一次完全將麵團移出攪拌盆時，不可以將麵團疊放在麵團上，必須橫向擺放。

發酵時麵筋組織會吸收麵團內的水分，麵團表面會因而變乾燥。特別是酵母菌麵團表面更容易乾燥，所以連同發酵箱一起放入塑膠袋或用保鮮膜緊密貼合，就可以防止。

上方照片中的麵團發酵之後。約膨脹至三倍左右。膨脹率高的麵團，發酵箱的容積就必須更加充裕。

●使用適合麵團份量的發酵箱

本書使用的發酵箱尺寸爲長53×寬41×高14cm。可適用於膨脹率二倍以內的麵團，配方比例粉類4kg 以內的用量。若是膨脹率三倍的麵團，則配方比例粉類用量在3kg 以內。

麵團接收了自體重量壓力和發酵箱壁的壓力，黏彈性會有相當的變化，所以相對於發酵箱的容量，麵團用量過多或過少都會產生不便。製作用量較多時，可以將麵團等分成二盒，如果是1kg左右的少量麵團，放入缽盆中即可。特別是不具黏性的少量麵團，麵團的厚度不夠時，不能保持住氣體而無法順利進行發酵作業。

7. 發酵是麵包製作的心臟部分

發酵櫃，是可以隨意設定溫度和濕度的發酵庫。可以配合各式各樣的麵團設定其溫度和濕度。

●最後發酵的溫度·溼度調節

本書的麵包，幾乎都是以發酵櫃（Dough Conditioner）來使其發酵。若能保持適切的室溫及濕度，可以符合發酵條件的環境，當然也可以在室溫下進行發酵。

整年的工房都能保持一定的室溫、濕度是最理想，但依季節而有變化時，請配合環境來調整發酵櫃的溫度和濕度。室溫和濕度較低時，可以提高發酵櫃的設定數値，反之室溫和濕度較高時，則可設定較低的室溫和濕度。

●何謂冷藏長時間發酵、低溫長時間發酵？

本書中大多數的麵包都是低溫長時間發酵，爲方便作業，發酵溫度帶及時間，可以參考以下定義。

<table>
<tr><td>冷藏長時間發酵</td><td>5~10℃</td><td>12小時以上</td><td rowspan="2">5~6℃時，是在冷藏室發酵，這個溫度以上，則是在發酵櫃發酵</td></tr>
<tr><td>低溫長時間發酵</td><td>16~23℃</td><td>12小時以上</td></tr>
</table>

酵母即使是在這樣的低溫狀態仍可以進行活動。但是速度非常緩慢，因此必須要長時間進行發酵。

●冷藏‧低溫長時間發酵的優點，不適合長時間發酵的麵包

冷藏低溫長時間發酵，因爲是徐緩紮實地進行發酵，所以相較於高溫短時間的發酵，在發酵過程中蘊釀出的味道更加豐富。製作時間變長或許會感覺很沒有效率，但是利用前一日的黃昏開始，至次日早上完成，當然就能提高作業效率。即使不在凌晨2~3點起床準備，也可以在一大早就烘烤出味道豐富的美味麵包。

只是，也有不適用長時間發酵的麵包，像是使用酸種的麵包，配方中使用較多裸麥粉、全麥麵粉或石臼碾磨粉類，又混拌入容易出水的副材料等，若再經長時間發酵，pH 値過低（酸味過強），會造成麵團的黏稠且無法膨脹，因此只能以平常的發酵方法來進行。原則上，長時間發酵法會搭配上微量的酵母菌，所以適合發酵種用量較少的配方。

●發酵的判斷

本書的配方會記述「在26℃‧濕度80％的環境中使其發酵4小時」，如此對發酵條件記述下溫度、濕度和時間。

濕度是爲了不使麵團乾燥的必要條件。發酵過程中麵筋組織會吸收麵團中的水分，所以使麵團表面容易變得乾燥。本書中配方的濕度幾乎都是80％。

關於溫度和時間，如果要說哪個比較重要的話，應該就是時間。即使依本書所記述條件進行發酵，隨著材料、作業環境、機器的不同，發酵的進行方法也會有很大的變化。溫度請視爲一個參考。例如在26℃下發酵，在4小時後會過度發酵的話，那麼若將溫度設定低一些，有可能即使經過4小時還會是發酵不足的狀態，此時就必須再將溫度調高一些。別人的配方要成爲自己使用的食譜時，必須有相對應的經驗。請大家務必多試幾次，在指定的時間內，找到最適合完成發酵的溫度。

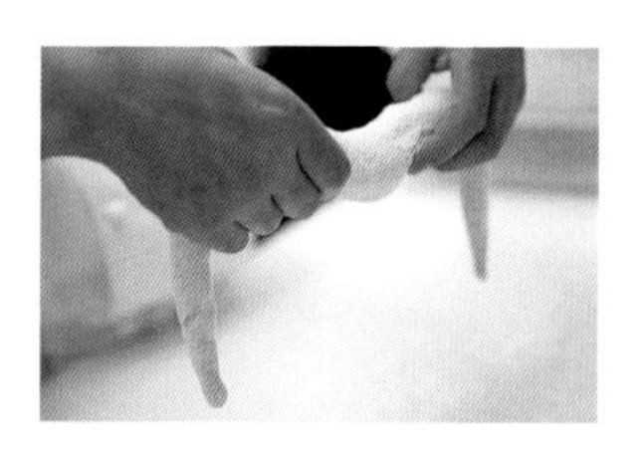

本書有很多麵團是像剛搗好的麻糬般柔軟，請像對待小嬰兒般，輕柔地進行處理。

8. 發酵麵團的保管方法

●像觸摸小嬰兒般溫柔小心處理

本書有許多麵團，比一般的麵團更爲柔軟。就像是剛搗好的麻糬般軟綿綿的。麵團的柔軟，換言之就是麵團較難處理，容易受損。請像觸摸小嬰兒般溫柔小心處理。

由發酵箱中取出時，在麵團和工作檯上都撒上手粉，沿著發酵箱的側邊插入刮板刮取麵團，倒扣發酵箱，利用麵團本身的重量取出麵團。發酵箱底部若有沾黏時，也請儘利用刮板刮取下來。即使過程中有出錯時，也絕不可以用手抓捏提拉麵團。

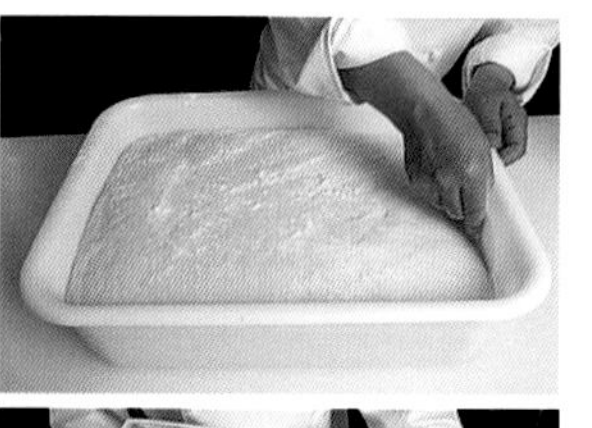

沿著發酵箱側邊插入刮板刮取麵團（上），倒扣發酵箱取出麵團（下）。

●適合作爲手粉的粉類

所謂的手粉，是在處理麵團時爲防止沾黏，撒在麵團和工作檯上的粉類。鬆散硬質的粉類（高筋麵粉）較爲適合。本書大部分的麵團較柔軟也較容易沾黏，因此使用的手粉會是平時的二倍。使用量越多會影響到成品的風味，但只要沒有特別指定，就是使用該種類麵包配方所使用的粉類作爲手粉。若是粗粒和細粒粉類併用時，手粉則使用細粒粉。

使用稍多粉類避免麵團沾黏在工作檯上或手上。

●爲什麼要放置在帆布上

滾圓後的麵團經靜置、整形後進行最後發酵時，雖然爲了移動方便會並排地放在板子或搬運用的框板內，此時爲了避免麵團沾黏，會在底部舖放帆布（canvas）。整形後的麵團在最後發酵時會向側邊坍落，因此將帆布折疊成山狀縐折，以間隔支撐麵團的左右兩側。疊折成山形縐折的高度，必須估算麵團膨脹後的高度來折疊。

排放在帆布上，如果沒有特殊原因，一般會將折疊貼合處疊放在底部（完成時的底部朝下）。

為防止麵團發酵時向側邊坍落，將帆布折疊成山形縐折以支持左右兩側的麵團。

●爲什麼需要〈靜置〉

攪拌過的麵團靜置，分割滾圓後再次靜置，這些作業過程中都存在著〈靜置〉的時間。麵包製作的用語中，這個時間稱爲 Floor Time、Bench Time。靜置的目的，是要恢復被破壞的部分，使其回復成爲更安定的狀態。靜置期間發酵仍然持續進行中，所以靜置於適切的溫度與濕度的環境非常重要。

滾圓後的麵團，不立刻進行整形，而是稍加靜置以回復受損部分。

9. 增加體積——使其飽含空氣，向上膨脹

●本書當中的麵團不需要強力的壓平排氣

讓發酵後的麵團排出氣體，增加麵團延展性，所以會施予強大力道，在麵包製作用語上稱爲壓平排氣。用高筋麵粉製成含較多酵母菌的麵團，即使壓平排氣的力道大一些也沒有問題，但本書的配方，大量使用蛋白質含量較高筋麵粉少的粉類時，酵母量也僅在最少限度之內的狀況下，以強大力道進行壓平排氣時，就會損及麵團組織，發酵中的氣體排出後，膨脹狀況也會因而變差。換種說法，本書的麵包，是積極地靈活運用發酵熟成後的各種香氣及味道，這些香氣及味道正與麵包的風味息息相關。

●藉由折疊以增加體積

因此，本書當中並沒有以強大力道來進行壓平排氣的作業，但爲了讓新鮮空氣可以折疊至發酵的麵團當中，促進酵母活動的活性化，還是有些需要增加體積的麵包，以加強手的力量強化麵筋的形成。本書當中稱這個作業爲增加體積（在既有的製作方法中，包含這個作業都稱之爲壓平排氣）。

在本書當中所謂的增加體積，所指的就是多次地折疊麵團的步驟。將新鮮空氣折疊至麵團當中，同時因拉緊麵團表面而使其形成麵筋，可以確實地將產生的氣體保留在麵團當中。接著將麵團組織以縱向，層疊地堆疊上來。結果就是向上膨脹的力量變強，烘烤完成時的體積也會隨之變大。折疊時的力道、折疊次數，都是決定麵包膨脹程度的要件。

除了折疊方法之外，還有另一個方法，就是利用刮板四面八方、縱向橫向地由各個方向朝中央推擠拉動麵團，使其體積能夠呈現出膨脹鬆軟的狀態。

＊折疊次數越多，體積越大（柔軟內側的口感也越輕盈）。
＊強力拉開地折疊麵團，更能增加體積。如果沒有拉開麵團，只是簡單地折疊動作，那麼體積的膨脹也會很有限。

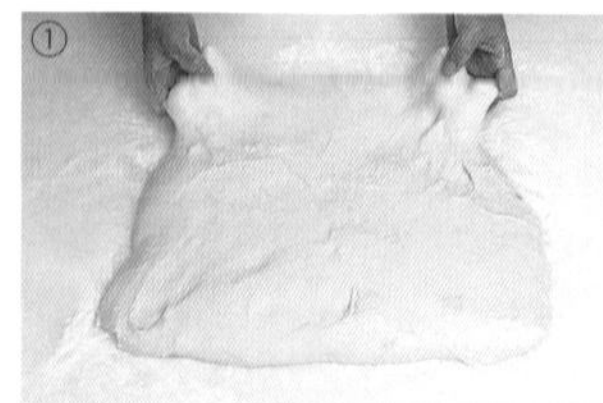

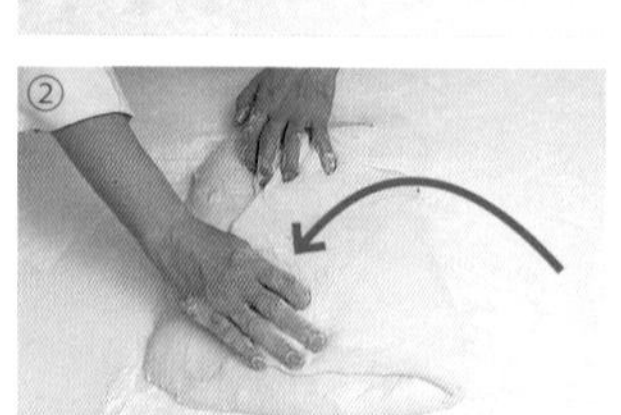

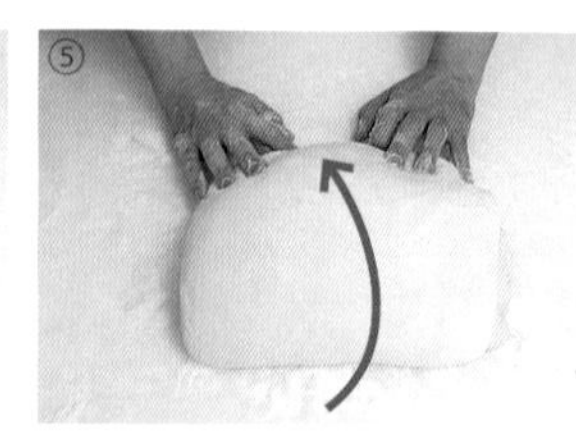

重覆三折疊地增加體積

①從上方輕輕按壓發酵麵團使其平整，拉開4個邊角使麵團呈四角形。
②從左右的任一邊開始折疊。
③另一側也向中央折疊。
④下方麵團向中央折疊。
⑤上方麵團也向中央折疊。每次折疊時表面就會形成麵筋組織，拉緊的麵團最後會成為膨脹成圓形的塊狀。

10. 分割・滾圓・整形的注意重點

●一邊想像完成的形狀，一邊進行分割

將麵團一個個分切的作業稱爲分割，邊用量秤測量邊進行作業。雖然是以刮刀來分切，但仍要儘可能縮小麵團的斷面，垂直刀刃朝下一次就切開。按壓切割或拉扯切割都會損及麵團。

分割後要滾圓成什麼形狀，會依整形後的形狀而有不同，分割時的形狀也會因而改變。法國麵包般細長形的成品，就要切成橫向的長方形，想要做成圓形成品時，就要切成正方形等，爲使接下來的作業順利地進行，必須先下點工夫。

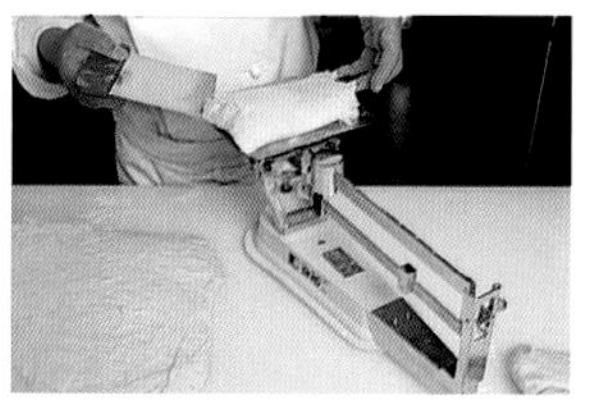

刮刀的刀刃垂直朝下地一次切開。法國麵包等橫向長條的麵包，就要切成長方形（上）。每個麵團都經過量測使重量都能一致（下）。

●滾圓・整形時輕柔進行，僅在接合處用力按壓

滾圓・整形是分成二次整合麵團的形狀，若同時進行，除了會對麵團造成太大負擔之外，加諸麵團的力量越強，麵團就越容易鬆弛，反而無法整合出形狀。

本書提及的麵團大部分都非常柔軟，所以在整形時還必須留意以下的各項重點。

・使用大量手粉，並爲避免損及麵團地必須輕柔作業
・不需強大力道的壓平打氣
・僅排出竄至表面的氣泡（氣體），並不需要排出麵團內部的氣體
・柔軟的麵團容易鬆垮，因此麵團接合處必須確實用力使其貼合

另外，滾圓・整形的步驟，會依其形狀另外在P.196進行介紹。

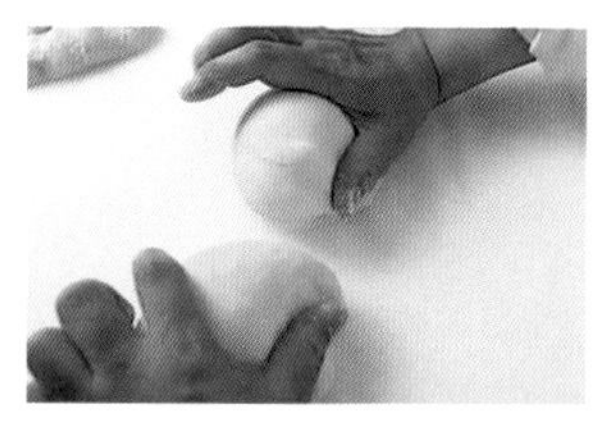

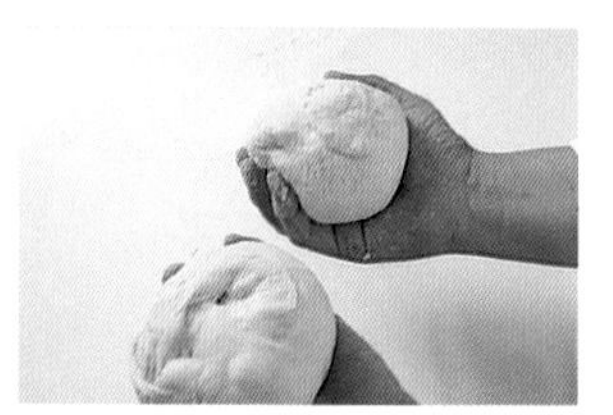

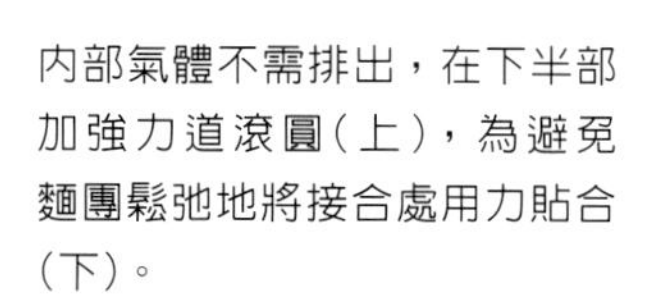

內部氣體不需排出，在下半部加強力道滾圓（上），為避免麵團鬆弛地將接合處用力貼合（下）。

11. 劃切割紋的意義

割紋不只是為了有良好的外觀，同時也是影響體積的重要因素。

●劃切割紋的時間點

割紋是指在麵團表面割劃出切口。劃切割紋的最佳時間點，原則上是放入烘烤前。但是最後發酵時會因麵團過於柔軟而無法劃切割紋，若割紋也無需嚴實挺立，就可以直接在整形後劃切。

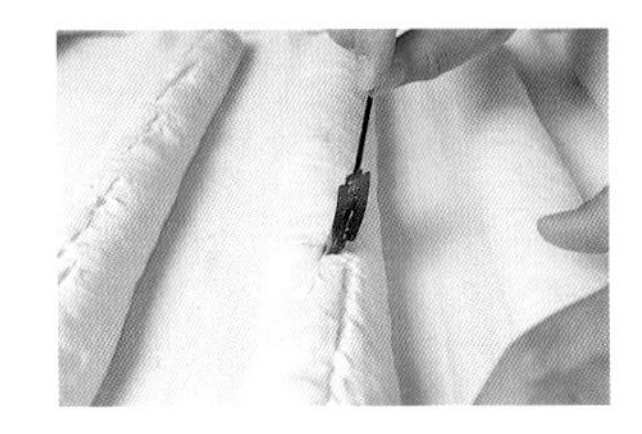
利用薄且銳利的刀刃劃切出割紋。本書的法國麵包麵團因較為柔軟，因此割紋若僅在表面輕淺的劃切，會使麵團沾黏而無法形成漂亮割紋。

●爲什麼必須要割紋呢

藉由劃切割紋，可以讓麵團在烤箱內變得更容易膨脹。膨脹力較強的麵團若沒有劃切割紋，形狀會變得歪斜，或是烘烤出有裂紋的形狀。另外，沒有膨脹力的麵團若無劃切割紋，會完全無法膨脹，水分排出狀況不佳，成爲過度緊實濕潤的麵包。

劃切割紋後，會拉長表層外皮的延展時間，對於想要烘烤出淡淡烘烤色澤時，也非常有幫助。

本書當中的麵團大部分非常柔軟，若是割紋劃切得太輕淺時，麵團很容易沾黏而無法形成漂亮切口。因此請稍稍劃切出較深的割紋。

12. 模型的作用

大型麵包放入籐籃中發酵，不但有助於發酵進行，同時還能做出漂亮外形。

●籐籃的作用

以法式鄉村麵包爲代表的大型麵包，在整形後放置於籐籃中進行最後發酵。大型麵包若不放入模型時，會因麵團本身的重量而坍塌，進而無法保持漂亮的形狀。此外，放入籃內可保持麵團的厚度，也更能順利地進行發酵。從籐籃取出的時間點是在放入烘烤前。爲避免破壞好不容易完成的形狀，取出時不施力地倒扣籐籃至烘烤用滑送帶(slip peel loader)上。

義大利黃金麵包使用表面積寬廣的八角星型模型最適合。因為這樣的模型才能順利美味地完成烘烤。

●烘烤麵包時要使用適合麵團的模型

像吐司麵包般放入模型中烘烤而成的麵包，是爲了烤出像模型形狀的麵包，而吐司麵包因爲使用的是底面積小且深的模型，所以麵包無法橫向膨脹只能向上膨脹。

像皮力歐許和義大利黃金麵包(Pandoro)般，因爲是高糖油的配方，非常容易受到熱度影響的麵團，就非用模型不可。義大利黃金麵包用的是表面積較大的模型，這是爲了儘可能增大表層外皮的面積，如果烘烤凝固的表層外皮無法支撐柔軟內側時，烘烤完成的麵包就會萎縮。因此使用適合麵團性質的模型非常重要。

13. 放入烘烤前的注意重點

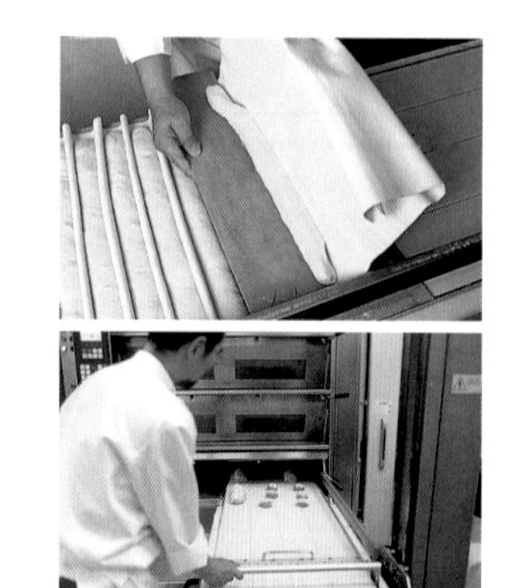
提拉起帆布墊的一端，半翻轉地將麵團移至麵包取板上，再移至滑送帶（slip peel）上。

●利用麵包取板將麵團移至滑送帶上

將麵團移至滑送帶（slip peel）時，不要破壞最後發酵完成時的形狀，也不要損傷麵團是最重要的事。本書中大部分的麵團都非常柔軟，以手拿取可能會拉扯到麵團，最好利用麵包取板來移動麵團。提舉起帆布墊的一端，同時半翻轉使麵團移至麵包取板上（變成接合處朝上），將麵包取板半翻轉地置放於滑送帶（slip peel）上（變成接合處朝下）。

麵包取板，必須使用加工不沾黏麵團的樣式。本書使用套上長襪的板子來代用。

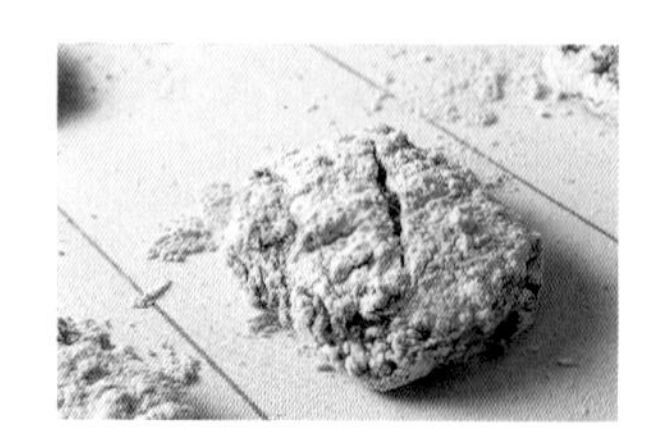
乾燥水果外露於表面的麵團，撒上大量的粉類就可以避免烤焦。

●不想烤焦的部分就撒上粉類

混入乾燥水果等糖分較多的副材料的麵團，只要材料外露至表面，很容易就會烤焦。像這樣的情況，如果在放入烤箱前先撒上多點粉類，粉類可以減少其受熱。這個方法也可適用於想要使表層外皮的顏色稍淡時。

14. 烘烤 — 在烘箱中進行的過程

本書提及的麵包適用高熱能，具熱循環且蓄熱性優異的烤箱。

●烘烤溫度和烘烤方式會因機種而改變

本書提及的麵包，都是設定上火與下火兩者的溫度，如果非高熱能，可注入蒸氣功能的烤箱，就無法順利完成烘烤。本書當中使用的是瓦斯加熱、高熱能、具熱幅射效果和熱循環效果，且蓄熱性優異的機種（P.204）。機種不同時，烘烤溫度、時間、烘烤方式也會有所不同，請試著多烘烤幾次加以調整。

●上火與下火的平衡，溫度設定的方法

烤箱內的熱循環，可以讓麵包全方向受熱。上火和下火的火力搭配，會因麵包種類而改變，但幾乎都是下火的設定低於上火。麵團因直接接觸烤箱，所以當下火過強時，底部就會因而烤焦。

想在短時間迅速膨脹的麵包，會設定較高的溫度，但加入含糖較多的副材料的麵包，持續高溫狀態會被烤焦，因此膨脹起來後就要降低溫度，設定兩段溫度是必要的。

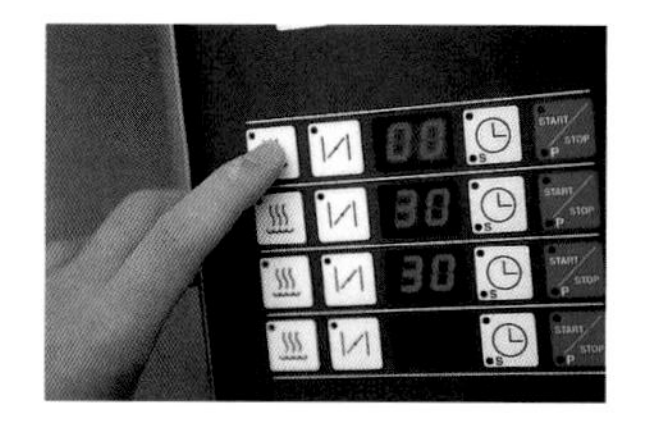

按壓蒸氣按鍵，烤箱內便會充滿蒸氣。因注入蒸氣而能烘烤出具有光澤的表層外皮。

●注入蒸氣的理由

注入蒸氣時，蒸氣在烤箱內會附著在溫度最低的麵團上。此時再增加熱度高溫，只有表面的一層外皮會糊化，當糊化部分烘烤凝固，就會形成具有光澤的表層外皮。

蒸氣分爲麵團放入烤箱前注入的前蒸氣，以及放入烤箱後的後蒸氣。前蒸氣的作用，就像是抽掉從鍋爐延伸至烤箱內的蒸氣管中殘留的空氣，另一個作用是在麵團放入烤箱前，藉由充滿其中的蒸氣，防止麵團進入烤箱的瞬間，因烤箱內高溫而使其表面乾燥。

後蒸氣，是爲補足前蒸氣而注入。即使注入了前蒸氣，但在麵團放入烤箱時，因爲打開烤箱而使得門邊的蒸氣流失，所以再補入後蒸氣。只是蒸氣若注入過多，特地劃切的割紋也會因而糊化而沾黏，所以請適量調整注入。

●烤箱內的溫度差

近來業務用烤箱，爲了不使烤箱內溫度產生差異，會在烤箱門邊多設幾道熱源，烤箱的底盤也爲了能消除溫度差異地，使其略呈傾斜狀態製作（較高處爲高溫）。但即使如此，溫度最爲安定之處仍是烤箱中央。

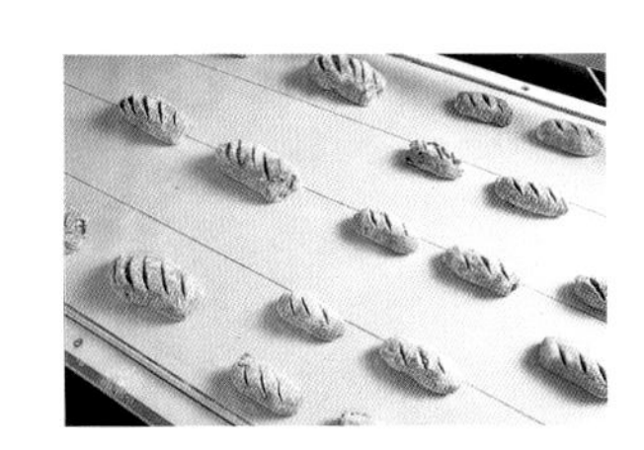

重量相同的麵團以同樣間隔並排。間隔以體積為比例，麵團越大間隔越大。

●規律地排放麵團，不過度緊塞

考量烤箱內的溫度差異、麵團的排放方式，烘烤方法也會因而改變。基本上相同重量的麵團採等距地並排。放置排列不均時，每個麵團的受熱也因而不同，就會產生烘烤不均的狀況。另外也會依照體積的比例，體積越大的麵團其間隔越大。

再者，最外側的麵團因受熱最強，因此估計約烘烤至八成左右，就要翻轉方向、交換位置等，以避免烘烤不均。只是麵團若屬於任何外力觸碰就會萎縮的種類，無法在中途移動，最初就必須放置在烤箱中央，不再移動地完成烘烤。

烘烤至八成左右，就要翻轉方向、交換位置等以避免烘烤不均。

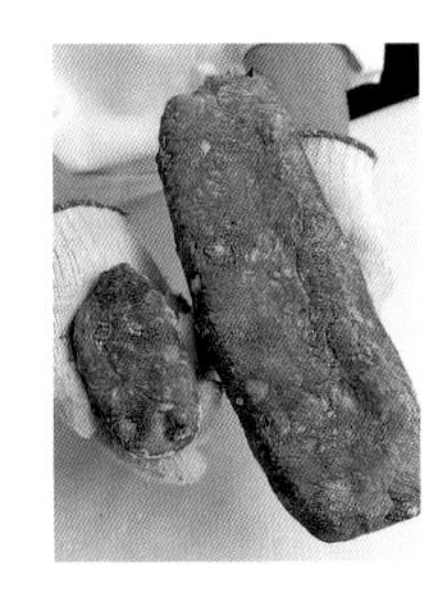

底面積越小的麵包，越容易烘烤上色。

●越重或越小的麵包，底部越容易燒焦

麵包接近烤箱底部的烘烤色澤，會與麵團的重量成正比，與麵團的底面積成反比。也就是越重的麵包底部越容易烤焦，底面積越小的麵包也越容易烤焦。即使是相同的麵團，也會依重量和形狀不同，必須調整其溫度及烘烤時間。

15. 烘烤完成後麵包的管理

●麵包的保存期限

表層外皮越薄的麵包越容易乾燥，保存天數也較短。表層外皮越厚越堅硬的麵包，因表層外皮可以持保住柔軟內側的潤澤口感，只要不切成片狀可以保存較長的天數。特別是大型麵包，更可以保持住內側的水分。油脂越多的麵包越不容易乾燥，但另一方面，油脂易氧化變質而因此影響風味，所以放涼後就要裝袋密封。含糖分較多的麵包比較不容易乾燥，也比較能持久保存。

表層外皮較厚的大型麵包，雖然可保存較長的天數，但切片後會迅速乾燥劣化，所以要儘速裝入袋內。

●大型麵包剛烘烤完成之際不能進行切片

以籐籃製作烘烤的大型麵包，或是大型方模烘烤的吐司麵包等，如果沒有放置至內部完全冷卻，就無法進行分切。大型麵包放至完全冷卻約需半天的時間。

粉類的基礎知識

1. 粉類決定麵包的風味及口感

●組合粉類製作出個人喜好的口味

本書大部分的配方食譜，都是一種麵包混合使用了幾種不同的麵粉或裸麥粉。或許有人會感到疑惑，為什麼要使用多種粉類複雜的組合呢？粉類約佔麵包製作材料中的八成，是比例最高的材料。也就是粉類的風味及性質，是決定麵包風味及口感的最大要素。粉類因製品不同，不僅蛋白質及灰分等成分比例、顆粒粗細等不同，連風味也有差異，請大家務必理解這點。

我在思考粉類組合時，是用以下三項要素為主軸思考。

・要如何製作出麵包的骨架？
・發酵過程中可以給予酵母活動什麼樣的作用呢？想要蘊釀出什麼樣的風味？
・烘烤後會變成何種風味？

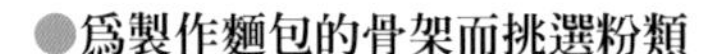

●為製作麵包的骨架而挑選粉類

關於粉類的成分，會在P.34以後依類別再深入介紹，但決定麵包骨架的是蛋白質的含量。追求較膨脹的體積時，蛋白質含量較多的高筋麵粉不可或缺，如果一般的體積膨脹即可，那麼可以使用法國麵包專用粉或法國產麵粉。另外，想要適中的膨脹體積時，可以混合二者一起使用。

●選擇的粉類會對發酵中的酵母產生作用

發酵過程中，酵母是以粉類中所含的某些成分做為營養素進行活動。也就是粉類的成分，對於發酵的進行方式以及發酵後的香氣與味道，都有很大的影響。像是機器大量製作的粉類，會因馬達的熱度和靜電而流失某些成分，相對於此，以石臼少量碾磨的粉類，具最低限度的成分流失，所以除了活化酵母的活動之外，粉類本身的熟度也比較高，就可產生各種風味及香氣的結果。

依發酵時間的長短，選擇的粉類也會因而改變。長時間發酵的麵包一旦大量使用新鮮石臼碾磨粉、全麥麵粉、裸麥粉等粉類時，酸味會變得過於強烈，發酵風味也會過強，使得麵團變得稀軟如泥。像這種時候還是混合搭配其他粉類使用比較好。3~4小時短期發酵時間就完全沒問題。

另一方面，若是想要成品呈現輕盈口感，但又同時想要保有些微香醇風味時，可以混入少量的石臼碾磨粉、全麥麵粉、裸麥粉，就能達到這個效果。

●試想烘烤時會成為何種風味地選擇粉類

粉類的風味產生最大變化的時間就是在烤箱內。高溫加熱時麵包的風味因此完成。燒烤階段中決定風味的最大要素，就是粉類成分中的澱粉。因加熱而產生甜味的粉類、變得芳香的粉類，以及產生混雜風味的粉類，製品的不同會使麵包風味因而改變。熟知這些麵粉製品的特性，就可以試著搭配組合出自己心中想要的風味。

2. 認識麵粉

●由小麥蛋白中產生麵筋

麵粉成分當中，對麵包有著最大影響的就是蛋白質和澱粉。

小麥蛋白質所含稱為醇溶蛋白（gliadin）和麥穀蛋白（glutenin）的成分，就是製成麵包骨架最不可或缺的物質。醇溶蛋白和麥穀蛋白不溶於水而且會吸收水分，在此加上外力（揉和）時就會形成麵筋的網狀組織。麵筋是同時具有黏性和彈性的薄膜組織，可以封閉住酵母活動時所產生的氣體，自由自在地延展開來。也就是蛋白質含量越多的粉類，就越容易形成麵筋，也越擁有可以使麵包膨脹的要素。

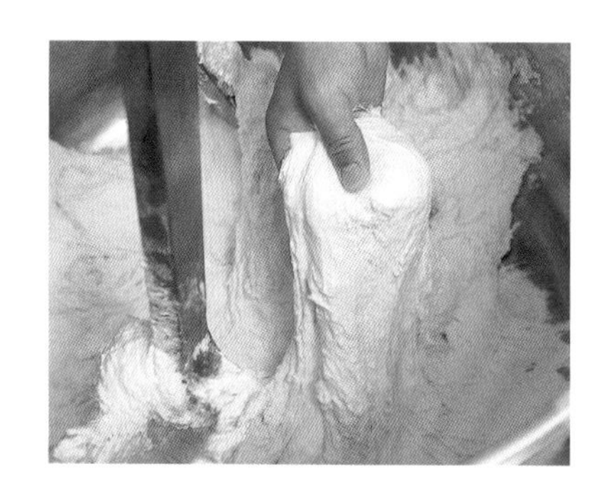

小麥澱粉的作用

另一方面，麵粉的成分約有七成是澱粉，其中所含的糖分正是酵母活動的營養來源，其餘的大都與水分結合並和麵筋組織連結，成為麵包骨架的支撐。在烤箱內當麵團被加熱時，麵筋組織產生熱變性，將蓄存的水分釋放出來，烘烤後僅餘骨架。澱粉結合了釋出的水分，因受熱而 α 化（變成柔軟且容易被改變的形狀），填滿麵筋所形成的骨架之間，因此形成麵包。

●麵粉的種類

麵包適合使用含有較多蛋白質的麵粉來製作。在日本依序將含較多蛋白質的粉類，區分為高筋麵粉、法國麵包專用粉、中筋麵粉、低筋麵粉。低筋麵粉原則上不適用於麵包的製作。日本國內製粉公司的麵粉，幾乎都是以加拿大、美國北部的硬質小麥為原料，為保持品質的安定，會混入複數品種。

此外，近來以法國為首的歐洲產麵粉，也開始部分輸入日本。法國產的產品，除了在法國製成粉類的製品之外，其餘都是法國產小麥在日本才製成粉類。歐洲產麵粉，並不像日本是以蛋白質含量來區分，而是以灰分*來進行分類。本書當中，使用的是法國產的Type65（灰分量0.6%左右）和芬蘭產的Type170（灰分量2.1%：全麥麵粉）。

* 灰分　指的是小麥表皮與胚芽所含的礦物質成分。包括：纖維質、鎂、鉀、磷、鐵...等。

本書所使用的高筋麵粉

3 GOOD
スリーグッド（第一製粉）
蛋白質13.1%　灰分0.5%
風味比較強。烘烤出的表層外皮香甜，柔軟內側有潤澤口感。下部（橫向膨脹力）、中段（向上膨脹力）的平衡狀態良好。

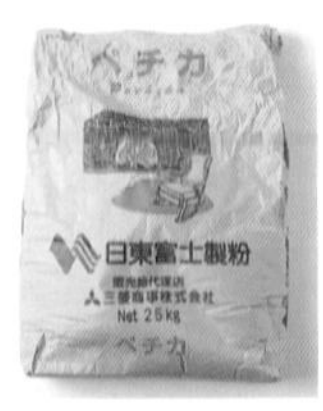

Petika
ペチカ（日東富士製粉）
蛋白質13.2%　灰分0.48%
含有適度的雜味，味道醇厚。吸水性佳，嚐起來有溫和穩定的潤澤口感。

Ocean
オーション（日清製粉）
蛋白質13%　灰分0.52%
風味均衡得恰到好處，有適度的雜味，但卻不影響其他材料的風味，是最萬用的粉類。

Grist Mill
グリストミル（日本製粉）
蛋白質13.5%　灰分0.9%
石臼碾磨的粉類。在接受訂單後才碾磨的新鮮粉類。含有的灰分成分較一般的高筋麵粉多，因含有部分表皮及胚芽的部分。風味濃郁，在發酵過程中也同時發揮各種風味。

本書所使用的法國麵包專用粉

Mont Blanc
モンブラン（第一製粉）
蛋白質11.3%　灰分0.4%
具甘甜濃郁氣息。風味均衡適用性佳。

LYS DOR百合花
リスドオル（日清製粉）
蛋白質10.7%　灰分0.45%
具甘甜風味，烘烤完成時更能增添香氣。

本書所使用的法國產麵粉

Baguette Meunier
バゲットムニエ
（HUCHEDÉ*）
蛋白質10.5%　灰分0.6%
石臼碾磨麵粉（Type 65）是混入了微量烘焙過的玉米粉製成，具特色的粉類。烘烤完成時會有特別的香味和甜味。烘烤初期會出現穀物特有蒸熟的氣味。因為是小規模製作，因此品質略不穩定。

Type 65
タイプ 65（HUCHEDÉ*）
蛋白質12.4%　灰分0.64%
石臼碾磨的粉類。強而溫和沈穩的味道。烘烤初期會產生穀物特有蒸熟的氣味。因為是小規模製作，因此品質略不穩定。

Bio Type 65
ビオタイプ 65
（Decollogne*）
蛋白質10.5%　灰分0.6%
風味非常強烈，烘烤完成時會產生深刻的香味。烘烤初期會產生強烈的，穀物特有蒸熟的氣味。

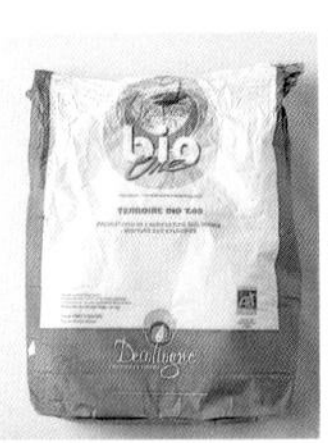

Meule de pierre
ムールドピエール
（熊本製粉）
蛋白質10.5%　灰分0.55%
法國產小麥在日本以石臼碾磨製成的粉類。很有特色濃郁甘甜的味道。烘烤初期會產生穀物特有蒸熟的氣味。

本書所使用的全麥麵粉

Stein Mahlen
シュタインマーレン
（第一製粉）
蛋白質12.6%　灰分1.6%
或許是原料小麥的影響，雖然是全麥麵粉但顏色卻略白。有雜味但整體風味清爽淡雅。

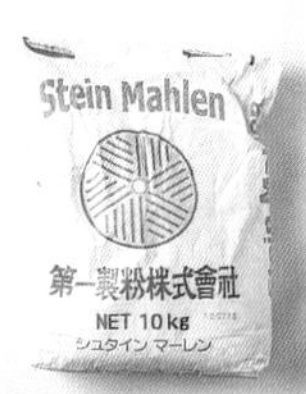

Bio Type 170
ビオタイプ170
（Helsinki Mills*）
蛋白質10.5%　灰分2.1%
芬蘭產有機小麥的全麥麵粉。風味濃郁，帶有酸味和甜味。碾磨成粗粒口感十足。製作發酵種時能發揮其效果。

本書所使用的中筋麵粉

麵許皆伝（日清製粉）
蛋白質8.2%　灰分0.36%
爲添加於烏龍麵或蕎麥麵所製成之中筋麵粉。味道濃厚且保濕性佳。在本書當中是爲了將法國麵包專用粉的蛋白質含量，降低至法國產麵粉Type65左右時，用以輔助的粉類。

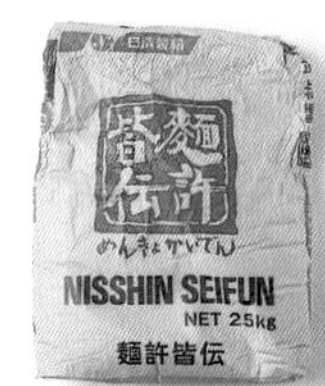

本書所使用的粗粒小麥粉

Semolina
ジョーカー A（日本製粉）
蛋白質13%　灰分0.7%
將加拿大產的杜蘭小麥磨成義大利麵用的粗粒粉類。蛋白質含量足以與高筋麵粉匹敵。灰分含量與法國產麵粉Type 65同等。各步驟的容許範圍非常小。只要水量太少麵團就會呈乾燥狀態，水多了一點時又呈離水狀態。

灰分　指的是小麥表皮與胚芽所含的礦物質成分。包括：纖維質、鎂、鉀、磷、鐵...等。
BIO　在歐洲是organic（有機栽培）的意思。
*記號的是國外製粉公司的粉類，由パシフィック洋行（株）代售處理。洽詢：03-5642-6083 www.pacificyoko.com/

3.認識裸麥粉

●裸麥蛋白無法製造出麵筋組織

裸麥，和小麥一樣同屬禾本科，大約會生長至成人的高度。其種子（右側照片是未碾壓的麥子）製成的粉類就是裸麥粉。顏色較小麥麵粉深，裸麥粉的配方比例越高，麵包的顏色就越呈茶色。

裸麥粉的蛋白質含量比小麥麵粉略少，但其性質卻有相當大的不同。小麥蛋白加水揉和後，會形成麵筋組織，但裸麥蛋白無法形成麵筋組織，即使加入水分揉和，也僅呈現黏糊狀態而已。製作出麵包骨架，必須要同時具備黏性和彈性的要件才行，但裸麥僅能產生黏性，如此一來麵包無法膨脹，只會成爲緊實沈重的塊狀。裸麥麵包總括而言，用100%裸麥製作的僅佔極少部分，幾乎所有的裸麥麵包配方中都含有小麥麵粉。

●阻礙麵包骨架形成的戊聚糖

澱粉中含有大量稱之爲戊聚糖（pentosans）的物質，也是裸麥與小麥不同的一大特徵。戊聚糖，有非常容易吸收大量水分的特性（同時也會阻礙麵筋的形成），所以裸麥粉的配方用量越多，麵團就會變得越軟，而水分在烘烤過程中若呈離水狀態，烘烤完成的麵包會帶著濕氣。但只要降低麵團的pH值（使其成酸性），就可以抑制離水狀態。使用裸麥粉的麵包會運用酸種，是因爲酸種具有一種獨特的風味，非常適合與裸麥搭配。雖然是發酵種但加上其酸度，正可以發揮抑制離水狀態的效果。

關於裸麥粉，目前在日本製品的選擇仍然很少，無法充分地進行比較與檢討，但以同一原料來進行比較時，我個人覺得顆粒越粗、香味越強，顆粒越細越能感覺到甜味及柔和的口感。比較我所使用的德國與芬蘭產的製品，德國產的味道直接，芬蘭產的則有柔和的感覺。

4.認識燕麥粉

燕麥粉的原料正如大家所知是燕麥（Oat），與小麥同樣是禾本科。以其種子爲原料的燕麥粉具有優異的保濕性。因爲無法形成麵筋組織，所以即使烘烤後也不會膨脹，配方用量超過20%時，麵團會黏糊而難以整合成團。營養學上，燕麥含有豐富的可溶性纖維，具有降低膽固醇的作用。

本書所使用的裸麥粉

Male Dunkell
メールダンケル（日清製粉）
蛋白質7.3%　灰分0.9%
德國產裸麥碾磨成極細粉類。具甜味，烘烤完成時口感潤澤又具香氣。

Allefein
アーレファイン（日清製粉）
蛋白質8.4%　灰分1.5%
德國產裸麥的細粒全麥粉。酸味與甜度均衡又具濃郁風味。

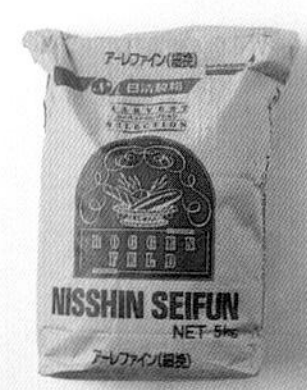

Allemittel
アーレミッテル（日清製粉）
蛋白質8.4%　灰分1.5%
德國產裸麥碾磨成的中粒全麥粉。在前段會出現酸味與雜味。仍略微有粉粒的口感。

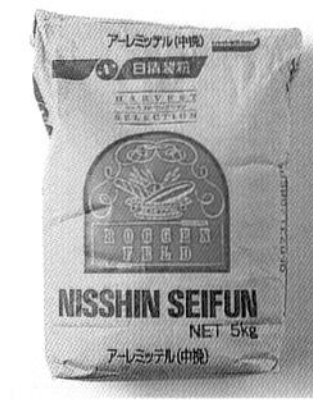

Bio裸麥粉
ビオライ麦粉
（Helsinki Mills*）
蛋白質12.0%　灰分0.8%
芬蘭產的有機裸麥碾磨成的粉類。具有濃郁的風味。

RYE FLAKE
ライフレーク（日清製粉）
蛋白質11.5%　灰分1.7%
德國產裸麥全粒烘焙後壓製。吸水後加熱會有Q軟口感。

本書所使用的燕麥粉

Bio燕麥粉
ビオオーツ麦粉
（Helsinki Mills*）
蛋白質6~8%
灰分1.3~1.7%
芬蘭產的有機儿燕麥碾磨成的粉類。本書當中是爲了提高麵團的保濕性而添加輔助使用。

灰分　指的是小麥表皮與胚芽所含的礦物質成分。包括：纖維質、鎂、鉀、磷、鐵...等。
BIO　在歐洲是organic（有機栽培）的意思。
*記號的是國外製粉公司的粉類，由パシフィック洋行(株)代售處理。洽詢：03-5642-6083 www.pacificyoko.com/

本書食譜配方的注意重點──範例

●本書的配方食譜是針對麵包坊所製作的麵包，使用的是麵包製作用的大型攪拌機和大型烤箱（使用機種標示如P.204）。因機種不同，攪拌速度・時間、烘烤溫度・時間也會略有不同，所以請做適度的調整。

●配方用量，基本上是用烘焙比例和重量合併標記。烘焙比例的數據，是以粉類（麵粉、裸麥粉、燕麥粉）合計爲100%時的比例來標示。但若是製作使用了一定用量酸種的麵包時，請將酸種的一半用量以裸麥粉來計算。也有部分不以粉類合計用量爲100%的情況（爲使容易計算出用量，權宜地將烘焙比例套用的原故）。

●麵包麵團所需要的水分，會因粉類或副材料的保存狀態、工房的溫度和濕度等而改變。攪拌過程中，在粉類吸收水分之際，請確認麵團的狀態並調節溫度（如果仍有粉類殘留時就添加水分，若有水分殘留時則補足粉類）。比配方表的水分用量增減-2%~+2%的程度，都有可能。

●麥芽糖精，直接用原液的狀態，會因濃度過高而不易分散在全體麵團中，故溶於等量的水分中來使用。這些水分並不含在配方用量中。

●配方作業表內Ⓛ是指麵包製作專用攪拌機的轉速爲低速，Ⓗ則表示高速，㊤是烤箱的上火，而㊦則是表示下火。

●手粉沒有特別指定時，就是使用該款麵包所使用的主要粉類。

●蛋液，是使用全蛋攪打後過濾的蛋汁。

●模型尺寸的單位，全部都是公分。方型模標示的是底部的長寬。

●金屬製模型，沒有使用鐵氟龍或陶瓷加工時，要先刷塗奶油後再放入麵團。

●食譜中僅標示「室溫」時，意指是22~23℃（濕度60~70%）。

關於用語

表層外皮 Crust 烘烤出烤焙色澤的外皮部分。

柔軟內側 Crum 沒有烤焙色澤的內側部分。

pH值 標示物質的酸性、鹼性程度的氫離子指數。純水pH7是中性，比此數値高時爲鹼性，以下的數值則爲酸性。本書當中是作爲提示麵包麵團或發酵種的酸度（酸性程度）的指標。

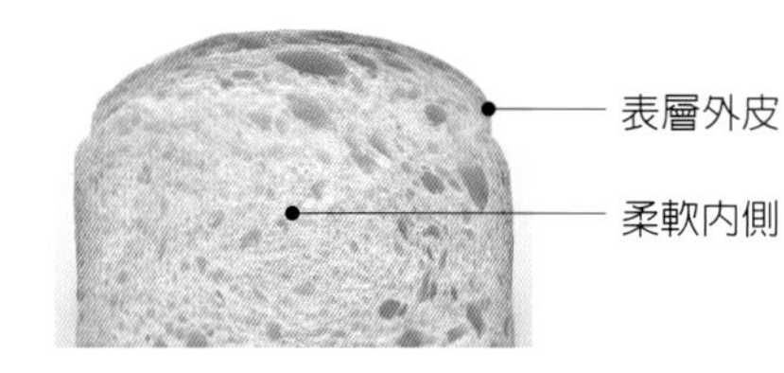

①

微量酵母菌・長時間發酵製作的麵包

法國長棍麵包

Baguette

酵母菌用量約是一般法國長棍麵包的1/20，水分相當多，經過半天以上徐緩低溫發酵 — 各方面都不符合既有理論的法國長棍麵包，具體代表著我對於麵包的思考方式。如果品嚐這樣的麵包，應該就能夠讓人理解我是什麼樣旳麵包師傅吧。堅持微量酵母菌、低溫長時間發酵的理由，是不想要僅藉由酵母的發酵能力，也希望能夠發揮小麥的力量。請試著回想起所謂的麵包發酵，本來就應是如此的狀態。

這是一款味道非常濃厚的法國長棍麵包。酥脆噴香有著糖果色澤的表層外皮香甜，咬下彈力十足的柔軟內側時，還可以感受到美味迴盪在口中。甜味和美味的最大原因是酵母菌用量較少的原故。小麥中所含的糖分沒有被酵母菌分解，沒有添加砂糖，麵包味道更有著前所未有的風味。

味道並不完全取決於材料。柔軟內側的狀態也與味道有直接的關聯。氣泡變大，氣泡膜越厚，味道越強。在此較多的水分，控制攪拌狀態可形成均勻的麵筋組織，做出粗且厚的薄膜，蜂巢狀的柔軟內側，因而產生深刻的風味。

1. 乾燥酵母菌的預備發酵 40~42℃ 15分鐘
2. 攪拌 Ⓛ2分鐘 +Ⓛ90秒 → 放置20分鐘→ Ⓛ5秒
揉和完成溫度18~20℃
3. 低溫長時間發酵 18~20℃ 80% 12~20小時
pH6.2 膨脹率約1.5倍
4. 分割·滾圓 350g 滾動翻捲2次（P.198）
5. 整形 法式長棍形
6. 最後發酵 26℃ 80% 1小時30分鐘~1小時50分鐘
7. 烘烤 ㊤255℃ ㊦225℃ 約32分鐘
蒸氣：放入烤箱前後

配方（粉類4kg的用量）

法國麵包專用粉（Mont Blanc） 70%（2800g）
法國產麵粉（Type 65） 20%（800g）
中筋麵粉（麵許皆伝） 10%（400g）
鹽 2.1%（84g）
麥芽糖漿液＊ 0.8%（32g）
乾燥酵母菌（saf） 0.021%（0.84g）
水 約70%（約2800g）

●乾燥酵母菌的預備發酵

溫水（40~42℃） 乾燥酵母菌的5倍用量
細砂糖 乾燥酵母菌的1/5用量

＊使用與麥芽糖漿原液等量的水分（配方外）溶解的液體。

1. 乾燥酵母菌的預備發酵

將細砂糖溶化至溫水中，加入乾燥酵母，隔水加熱並務必保持在40~42℃使其發酵。7分鐘後混拌，再使其發酵8分鐘（a）。

＊如果沒有保持在40~42℃，就必須重新製作。

a

2. 攪拌

將水、麥芽糖漿液、鹽放入攪拌機盆缽內，用攪拌器混拌。加入粉類，再將預備發酵的酵母菌加至粉類上（b），以低速攪打2分鐘。用刮板將附著在缽盆的麵團刮落（c），適度地調整麵團的硬度，以低速攪打90秒（d）。再次刮落附著的麵團，直接放置20分鐘。最後用低速轉動大約缽盆一圈的程度（5秒），稍稍揉和麵團。製作成水分稍多，柔軟且沾黏的麵團（e）。揉和完成溫度18~20℃。

＊藉由放置20分鐘，可以得到如自我分解法般的效果，麵團在烘烤時的延展性會變得更好。

＊最後的低速攪打，是爲了讓放置20分鐘坍軟的麵團有緊實的張力。

b

c

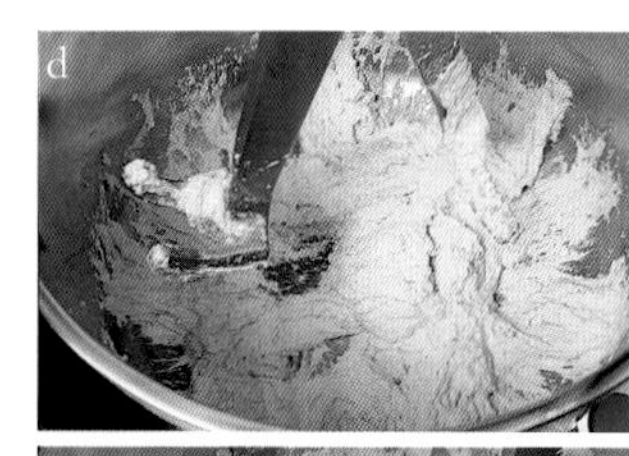
d

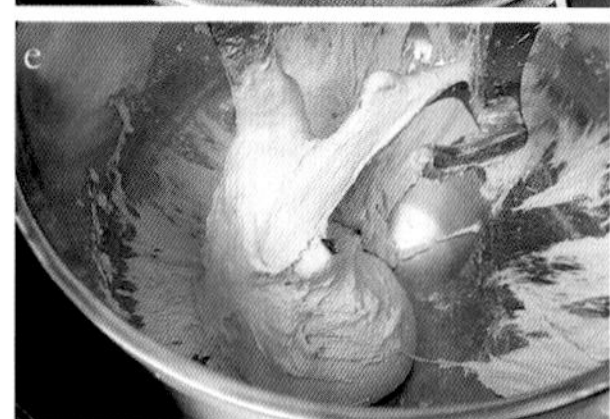
e

3. 低溫長時間發酵

將麵團放入發酵箱中（f）。連同發酵箱一起放入塑膠袋內，以18~20℃·濕度80%的環境發酵12~20小時（g）。發酵後pH6.2，膨脹率約1.5倍。

＊用這個法國長棍麵包麵團包裹上大納言蜜紅豆，就可以變化出其他風味（P.48大納言）。

f 發酵前
g 發酵後

麵團內的水分在烤箱內會全部變成水蒸氣，將麵團朝四面八方延伸推展。氣泡粗大且不均勻是因爲低速攪拌，麵筋薄膜無法成爲均勻的連結。氣泡越粗、氣泡膜越厚，越有彈性張力就會有嚼感。柔軟內側成爲奶油色澤，是因爲麵粉中葉紅素的殘留。表層外皮變成略紅的糖色，則是麵粉中糖分的作用。通常酵母菌幾乎會將糖分完全分解，但因酵母菌的用量較少，所以仍有糖分殘留，使烘烤出的風味帶著甜味和香氣。

4.分割・滾圓

撒上手粉，將麵團放置於工作檯上。分切成350g的長方形（h）。由身體前方向前捲動2次，並排放置在帆布墊上（i）。靜置於室溫（23℃）中15分鐘。

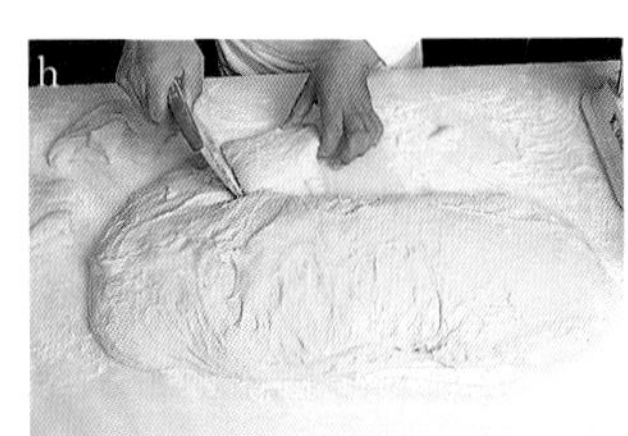

5.整形

整形成法國長棍麵包的形狀（j）。避免麵團內的氣體流失，要小心處理。接口貼合處朝下地排放在折疊成山形的帆布墊上。

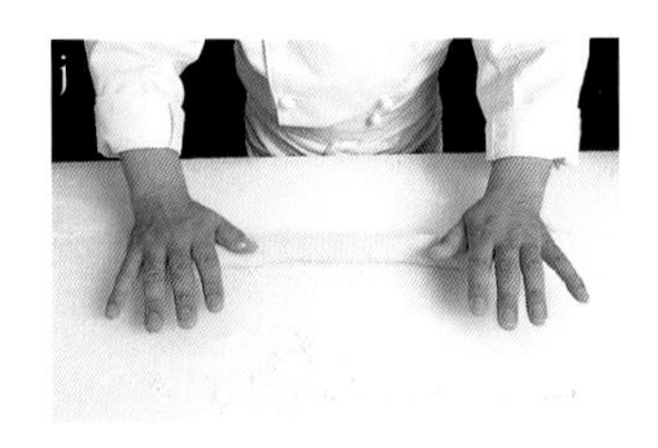

6.最後發酵

在26℃・濕度80%的環境下，使其發酵1小時30分鐘~1小時50分鐘（k）。

7.烘烤

放置於麵包取板上，再移至滑送帶上（l），劃切出5條深2mm的極淺割紋（m・插畫）。上火255℃・下火225℃，在放入烤箱前，及放入後都注入等量蒸氣，約烘烤32分鐘。當表層外皮呈糖色時即可。

＊因麵團非常柔軟，因此割紋不能以過淺的角度劃切，過淺的角度在麵團烘烤過程中會沾黏住。

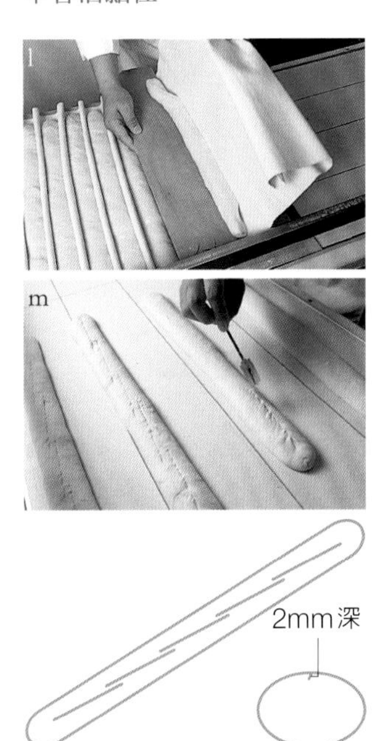

墨尼耶長棍麵包

Baguette Meuniere

〈墨尼耶長棍麵包〉冠上了獲得法國最佳工藝獎MOF（Meilleur Ouvrier de France）麵包師－提耶里墨尼耶Thierry Meunier生產的麵粉名稱。墨尼耶大師非常熱愛自己所出生家鄉的小麥，因此與當地農家及製粉廠共同開發而成，混入了微量的烘焙玉米粉，以石臼碾磨，蘊藏著展現大自然力量的強勁甘甜滋味，烘烤完成時的美味及香氣也別具一格。在墨尼耶大師巴黎的麵包店〈Au Duc de la Chapelle〉研究學習時，完全可以感受到大師對於麵包眞摯的態度，爲表達敬意地在此將長棍麵包冠以此麵粉的名稱。

製作方法也是採用向大師習來的自我分解法—僅混合麵粉、水和麥芽糖漿，放置30分鐘後，再添加酵母菌製作。在添加會阻礙麵筋組織形成的鹽和酵母菌之前，先確實地揉和使麵筋形成，製作成具彈性且光滑的麵團。酵母菌的用量較少，約是一般長棍麵包的1/4，但用低溫緩慢地進行發酵，帶出了小麥的美味。在烤箱中延展，火候穿透性佳，表層外皮薄且柔軟內側也烘烤得輕柔。是一款與P.41所介紹的法國長棍麵包完全不同的風味。

1.自我分解法 Ⓛ4分鐘 揉和完成溫度18℃
18℃ 80% 30分鐘

2.乾燥酵母菌的預備發酵 40~42℃ 15分鐘

3.正式揉和 Ⓛ1分鐘→ 鹽 ⬇ Ⓛ4分鐘
揉和完成 溫度23℃

4.增加體積 以刮板拉動翻轉麵團1圈半 ×2次

5.冷藏長時間發酵 6℃ 18小時 pH5.6

6.分割・滾圓 280g 中央較粗地滾動翻捲2次
(P.199)

7.整形 傳統長棍形

8.最後發酵 26℃ 80% 40~50分鐘

9.烘烤 上270℃ 下240℃ 約25分鐘
蒸氣：放入烤箱前

配方（粉類4kg的用量）

法國產麵粉（Baguette Meunier） 100%（4000g）
鹽 2%（80g）
麥芽糖漿液＊ 0.6%（24g）
乾燥酵母菌（saf） 0.15%（6g）
水 約65%（約2600g）

●乾燥酵母菌的預備發酵

溫水（40~42℃） 乾燥酵母菌的5倍用量
細砂糖 乾燥酵母酵菌的1/5用量

＊使用與麥芽糖漿原液等量的水分（配方外）溶解的液體。

1.自我分解法

將水、麥芽糖漿液和粉類放入攪拌缽盆內，用低速攪動揉和4分鐘（a）。揉和完成溫度18℃。麵團放入發酵箱中，在18℃・濕度80%的環境放置30分鐘。

＊添加會阻礙麵筋形成的鹽或酵母菌之前，在這個階段先確實地使麵筋形成（＝烤箱內的延展性會變好）。

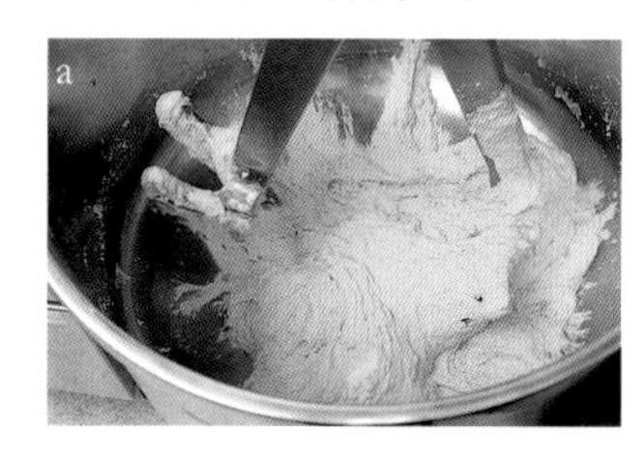
a

2.乾燥酵母菌的預備發酵

將細砂糖溶化至溫水中，加入乾燥酵母，隔水加熱並務必保持在40~42℃使其發酵。7分鐘後混拌，再使其發酵8分鐘（b）。

＊如果沒有保持在40~42℃，就必須重新製作。

b

3.正式揉和

將1的麵團放回攪拌盆中，加入預備發酵的酵母菌（c），以低速攪打1分鐘。加入鹽，再以低速攪拌4分鐘，過程中用刮板將附著在缽盆的麵團刮落（d）。攪拌至麵筋組織確實形成，成爲延展性良好的麵團（e）。揉和完成溫度23℃。麵團放入發酵箱中，在室溫（23℃）靜置20分鐘。

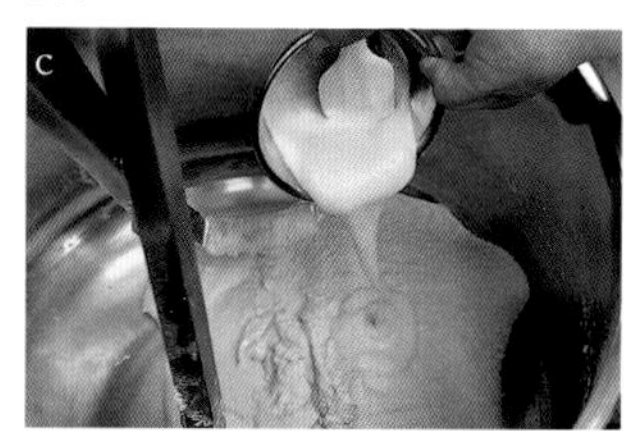
c

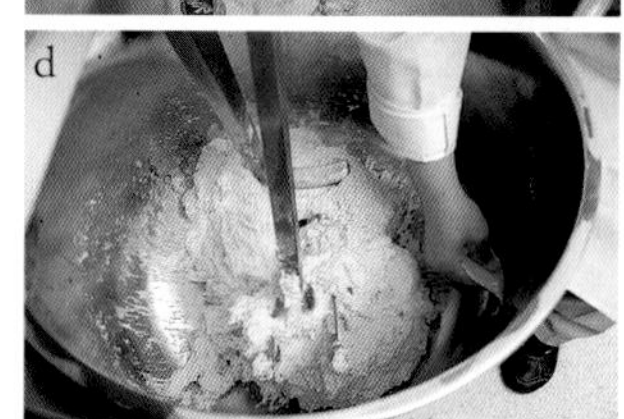
d

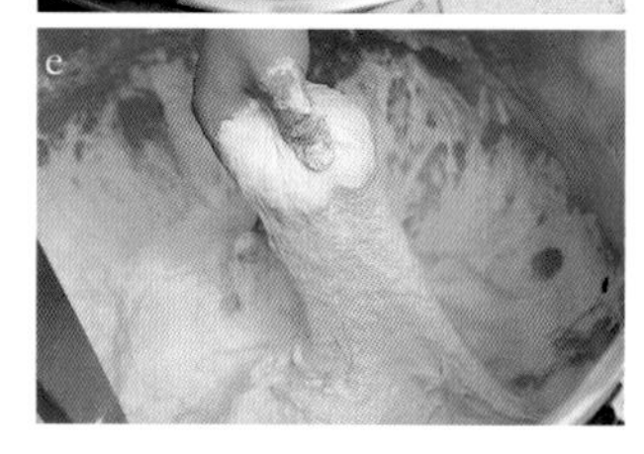
e

4.增加體積

用刮板將麵團從周圍舀起翻至中央，就會有強大的拉力（f）。一邊將發酵箱轉動45度一邊持續強力拉動，動作至發酵箱旋轉一圈半爲止。在室溫中靜置20分鐘後，再一次進行相同的動作。

＊在此使用的是法國產麵粉，蛋白質含量較法國麵包專用粉約低1%。爲補強麵筋組織的不足，會用力地舀起拉動麵團，提高麵團的張力使其能確實地膨脹增加體積。

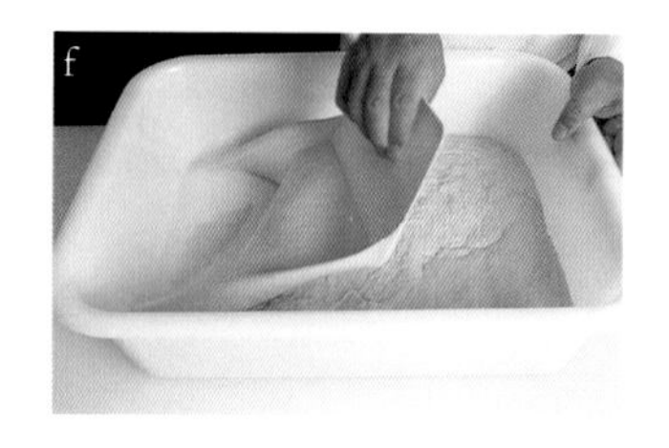
f

因石臼碾磨的法國產麵粉味道濃厚，使麵團體積膨大，氣泡膜變薄可以做出更美味的法國長棍麵包(過於緊實會變得沈重，且留有粉類蒸熟的氣味)。自我分解法可以將麵筋組織確實地連結，再加上手工作業使麵筋確實緊實地張開，在烤箱內狀況良好地延展，烘烤出足夠的體積。利用短時間的高溫烘烤，烘焙出薄脆的表層外皮，和氣泡量適度且氣泡膜輕盈的柔軟內側。

5.冷藏長時間發酵

在麵團表面緊密地包覆上保鮮膜，以避免乾燥（g），連同發酵箱一起放入塑膠袋內，在冷藏室（6℃）放置18小時使其發酵（h）。發酵後pH5.6。

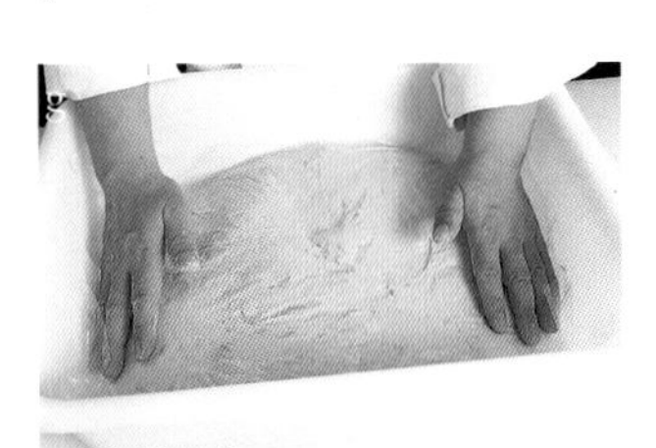

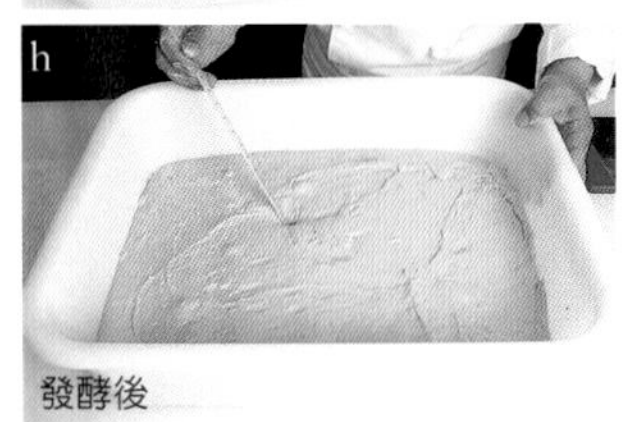

發酵後

6.分割・滾圓

在18℃・濕度80%的環境中，使麵團回復至12℃。撒上手粉，將麵團放置於工作檯上。切分成280g（i）。捲成中央處稍粗的狀態，並排放置在帆布墊上（j）。靜置於室溫（23℃）中30分鐘。

＊避免麵團底部的氣體逸出地，拉緊表面捲起。

7.整形

整形成墨尼耶長棍麵包的形狀（k）。接口貼合處朝下地並排放置在折疊成山形的帆布墊上。

＊將表面像氣球般突出的氣體排出，內部氣體不需排出地，將表面拉緊整形。

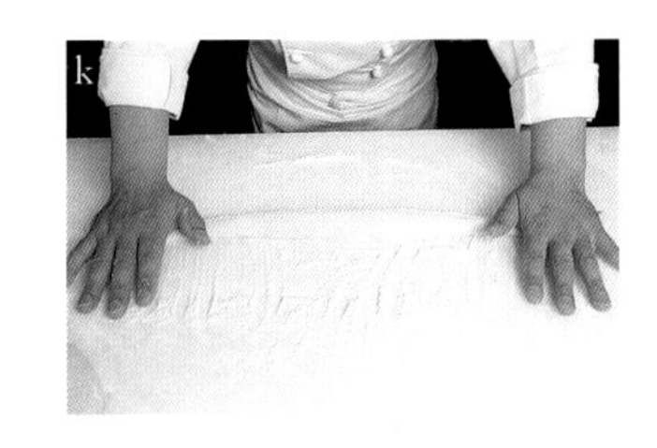

8.最後發酵

在26℃・濕度80%的環境下使其發酵40~50分鐘（l）。

9.烘烤

移至滑送帶上，若粉類不足時，可用茶葉濾網篩撒補足，劃切4條5mm深的割紋（m・插畫）。

上火270℃・下火240℃，在放入烤箱前注入大量蒸氣，約烘烤25分鐘。

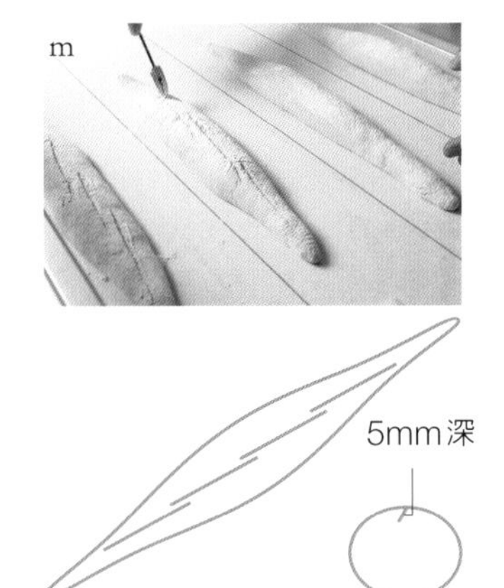

大納言

Dainagon

柔軟又有彈性的口感，是一款越咀嚼濃郁的風味隨之在口中擴散的法國長棍麵包麵團，搭配散入隱藏於其中大納言的甘甜。雖然說麵包搭配紅豆是最基本的組合，但這樣具衝擊性的絕妙和諧風味，是我非常自豪的推薦。彎曲的形狀，像是問號也像是雨傘的傘柄，利用這個機會將麵包嚐試以立體形狀來表現，就成了如此幽默感十足的造型了。

1. 法國長棍麵包麵團　請參考 P.42 1~3
2. 分割・滾圓　150g　滾動翻捲2次
3. 整形　包裹住大納言的法國長棍麵包形
4. 最後發酵　26℃ 80% 1小時
5. 烘烤 ㊤255℃ ㊦225℃　約25分鐘
蒸氣：放入烤箱前後

配方

法國長棍麵包麵團（P.42）　150g/1個
蜜漬大納言　約100g/1個

＊大納言是大顆粒紅豆的總稱。北海道的あかね（AKANE）大納言、東北的岩手大納言、丹波的丹波大納言、京都的京都大納言等等，都非常有名。使用的是市售蜜漬或糖煮的種類。

1. 預備法國長棍麵包麵團

請參考 P.42 步驟1~3，準備法國長棍麵包麵團。

2. 分割・滾圓

撒上手粉，將麵團放置於工作檯上。切分成150g的大小。由身體前方滾動般2次捲起，並排放置在帆布墊上，靜置於室溫（23℃）中15分鐘。

3. 整形

將蜜漬大納言的殘餘水分瀝乾備用（a）。使用大量手粉輕輕地按壓麵團，使其成爲扁平的長方形。由身體前方向中央疊起1/3輕輕按壓（b），用兩手將麵團提舉起來，橫向地輕輕拉開重新整形成長方形，均勻大量地將大納言舖放按壓在麵團上（c）。由外側朝身體方向捲起至麵團邊緣的1cm處（d），再將麵團折起收口，並用掌根按壓使麵團接口貼合（e）。前後滾動地將麵團整合成棒狀（f），放置在折疊成山形的帆布墊上。

4. 最後發酵

在26℃・濕度80％的環境下發酵1小時（g）。

5. 烘烤

若粉類不足時，可用茶葉濾網篩撒補足，移至滑送帶上整形成問號般的形狀，並排放置（h）。上火255℃・下火225℃，在放入烤箱前及放入後，注入等量蒸氣，約烘烤25分鐘。

a

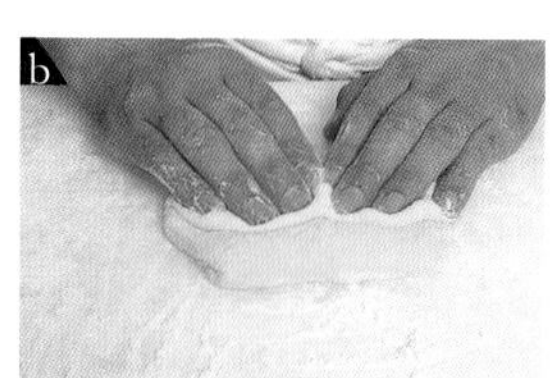
b

c

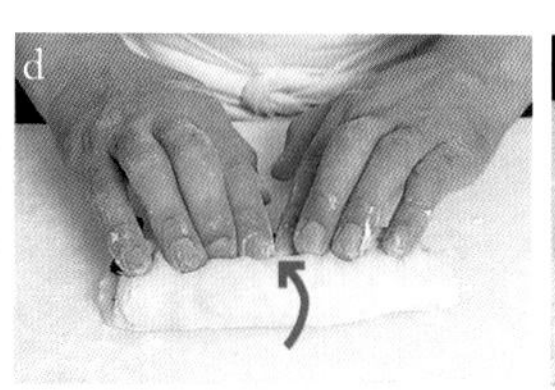
d

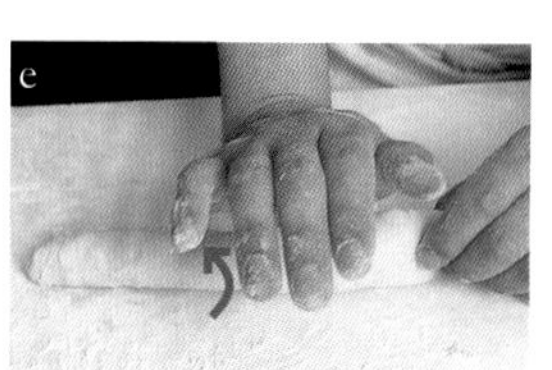
e

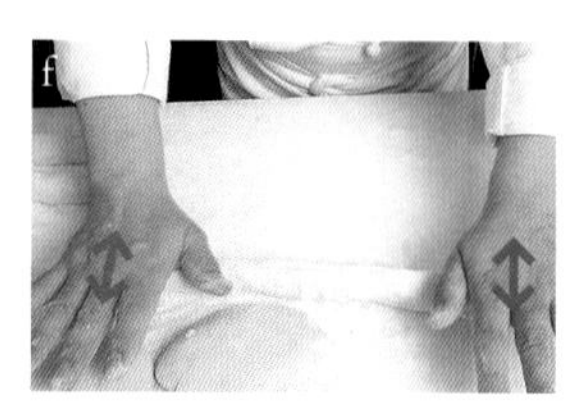
f

g

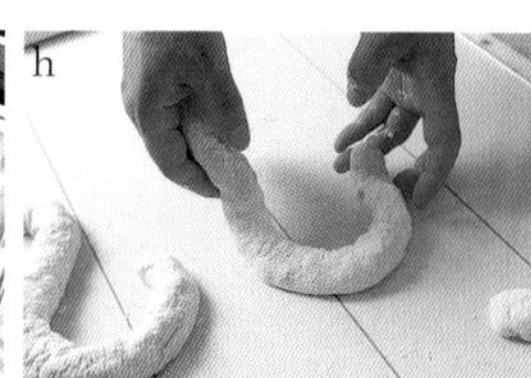
h

②

酵母菌・一般發酵製作的麵包

農家麵包

Pain rustique

農家麵包正如法文名稱般，是樸素的、農村風格，單純而質樸的狀態，是款紮實堅硬的麵包。這樣的麵包或許由自己的雙手製作出來，特別有一番體會也說不定。直接傳達出麵包製作者的力量，每個麵包都有各自的風味。

農家麵包，首先有著堅硬的表層外皮。也就是低速攪拌，麵筋並沒有完全形成的高吸水性麵團，用高溫烘烤而成。會因其膨脹程度的不同，使柔軟內側的風味及形狀因而產生很大的變化，這些都是手製作業上微量的調整。此外，這些作業過程也正是麵包製作上的醍醐味。是要強而有力地拉緊麵團，使其膨脹而口感輕盈；或是減弱力道地折疊麵團，以追求口感及風味呢？可以邊想像完成時的狀態，邊進行麵包製作。

也可以自由自在的應用。夏威夷果和苦甜巧力混入時，堅果爽脆的口感與巧克力的苦甜印象，藉由食材組合感覺到成熟的風味。建議可以抹上含鹽奶油食用，另外也可以混入煎焙過的麥粒(freekeh)一起烘烤，更是迥然不同的風味。顆粒狀口感的煎焙麥粒，咀嚼後在口中湧出的香氣，所含的營養成分也極佳，會成爲非常有飽足感的麵包。

1. 攪拌 Ⓛ2分鐘 揉和完成溫度20°C
2. 建立骨架 以刮板折疊1圈半 ×2次
3. 一次發酵 26°C 80% 4小時
4. 增加體積＝整形1 三折疊 ×2次
5. 分割＝整形2 150g 正方形
6. 最後發酵 26°C 80% 40分鐘
7. 烘烤 上270°C 下250°C 10分鐘→ 上250°C 下230°C 合計約25~30分鐘 蒸氣：放入烤箱前後

配方（粉類1.5kg 的用量）

法國麵包專用粉（Mont Blanc） 60%（900g）
法國產麵粉（Type 65） 30%（450g）
法國產麵粉（Meule de pierre） 10%（150g）
鹽 2.2%（33g）
麥芽糖漿液＊ 0.4%（6g）
即溶乾燥酵母菌（saf） 0.15%（2.25g）
水 約81%（約1215g）

＊使用與麥芽糖漿原液等量的水分（配方外）溶解的液體。

1. 攪拌

預先在粉類中加入即溶乾燥酵母菌，用手混拌。將水、鹽和麥芽糖漿液放入攪拌缽盆中，以攪拌器混拌。加入混有酵母菌的粉類，用低速攪打2分鐘。會成為水分較多具黏性的麵團（a）。揉和完成溫度20℃。將麵團移至缽盆中，於室溫（23℃）中靜置30分鐘。

＊攪拌的重點，依較多水分的配方比例特徵來判斷，粉粒的中央是否都吸收到水分。因爲不是膨鬆柔軟的麵包類型，所以沒有必要著重在於是否形成麵筋組織。

2. 建立骨架

用刮板將周邊的麵團刮向中央使其折疊。邊將缽盆每次轉動45度並同時進行麵團折疊（b），大約將缽盆轉動1圈半爲止地重覆進行作業。之後放置於室溫中30分鐘，再一次進行相同的作業。

＊在此就是決定麵包骨架的關鍵。將麵團拉緊地使其緊實地折疊即可。因低速攪拌而沾黏的麵團，經由重覆的折疊作業而變得光滑、Q彈緊緻（形成麵筋組織）。

3. 一次發酵

在26℃·濕度80%的環境使其發酵4小時（c）。

4. 增加體積＝整形1

撒上大量手粉，將麵團放置於工作檯上。形成恰到好處的麵筋網狀組織（d）。進行2次三折疊。首先從左右各向中央折入1/3，再由上下各向中央折入1/3（e）。折疊作業完成後，折疊面朝下地並排放置在帆布墊上（f），靜置於室溫中15分鐘。

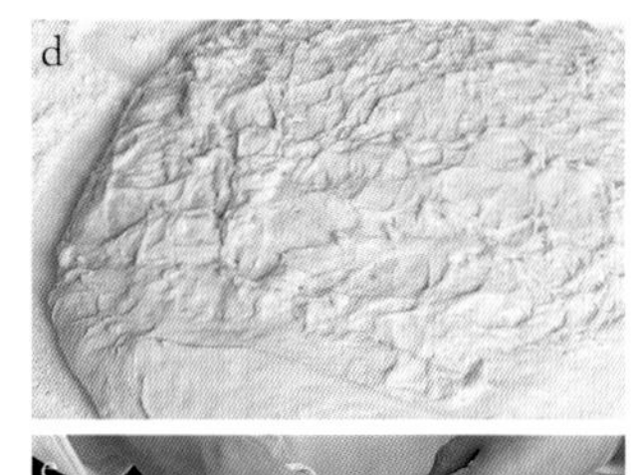

＊此時就是決定表面膨脹程度及風味的關鍵。同時若是整體麵團製作大型麵包，可以由此開始整形。在進行三折疊時，不要拉緊麵團，只要折疊就可以略微抑制膨脹，烘烤成口感紮實且風味濃厚的麵包。麵團確實地緊密拉緊時，麵團會向上膨脹而口感風味上也會較爲輕盈。

緊實略厚的表層外皮，和隨著縱向長形割紋延展的粗大氣泡，是農村麵包的絕對條件。其中所含81%的水分，幾乎可說是用量的極限，經高溫烘烤之後完全變成水蒸氣，這樣的力道並不向四面八方，而是集中朝上的方向。略深地劃切割紋將水蒸氣誘導至中央非常重要。想要向上地增加體積，只要將低速攪打的麵團以手工作業進行幾次折疊，即可得到此效果。

5. 分割＝整形2

上下面翻轉麵團（g）。放置於室溫中靜置15分鐘後，再次上下面翻轉麵團。輕拉麵團四角使其成四方形，分割成150g的正方形（約8cm的方形）（h）。排放在帆布墊上。

＊第2次的上下面翻轉，可以讓麵團沒有多餘的負擔，而形成均勻的厚度。

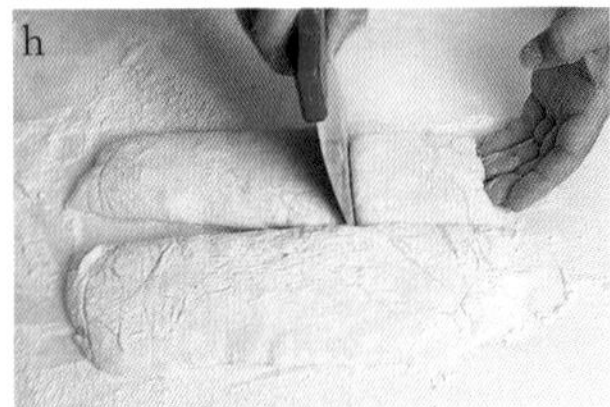

6. 最後發酵

在26℃・濕度80%的環境下使其發酵40分鐘。

7. 烘烤

用茶葉濾網篩撒粉類，以刮板舀起麵團移至滑送帶（slip peel）上（i）。斜向劃切出1條割紋。

上火270℃・下火250℃放入烤箱前、後都注入等量蒸氣，烘烤10分鐘後，將上火降至250℃・下火230℃，合計約烘烤25~30分鐘。

＊因為高溫而使麵團內水分同時一起變成蒸氣，使其形成烘烤膨脹，就是農家麵包的特徵。

◎加入巧克力＆夏威夷果

配方：水分變更為80%，追加副材料的巧克力為30%，夏威夷果（切半）35%。

副材料的添加方式：低速揉和2分鐘後添加，再低速攪拌2分鐘（k）。

其他作業與左側相同。

◎加入煎焙麥粒 freekeh

配方：將煎焙麥粒（煮過的）做為副材料添加30%。

煎焙麥粒的烹煮方式：依照烹煮米飯的要領，大約以1.2倍容量的水，添加鹽（麥粒的0.8%）來烹煮，待其完全冷卻備用。

麥粒的添加方式：麵團作業1~4完全相同。4的三折疊時，開始折疊前在麵團的中央攤放開麥粒（l），每回折疊前都先放上麥粒再疊入（m）。

其他作業與左側相同。

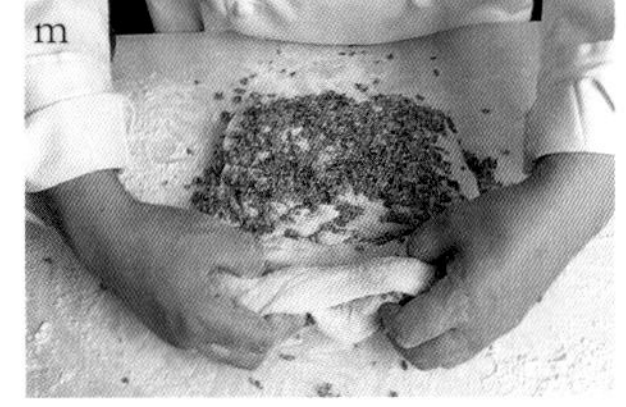

巧巴達

Ciabatta

扁平長方形是巧巴達的標籤。源自於義大利，現今在歐洲各國都非常普遍、深獲青睞。大氣泡凹凸不平的麵包內側，以及嚼感很好薄薄的表皮外層，很適合夾入其他食材搭配享用。不像吐司麵包製成三明治般柔軟的口感，而是有著香脆的表層外皮與麵包內側鮮明的嚼感。因此與大部分使用橄欖油的義大利料理格外對味。食用前再次烘烤是基本前提，略加烘烤即可，表層外皮呈現淡淡的色澤。

如果要直接享用，在麵團中混入用蜂蜜熬煮的生薑，會產生如何的變化呢？不僅是和洋風味的結合，在各種飲食領域皆能發揮其特色的生薑，到底適合什麼樣的麵包？經過多次多樣的嘗試之後，結果與巧巴達搭配最能發揮特長。潤澤甘甜、淡淡的香氣，更能絕妙地襯托出美好的風味。

1. 攪拌 Ⓛ2分鐘 揉和完成溫度20℃
2. 建立骨架 以刮板拉開緊實麵團 ×3次
3. 一次發酵 26℃ 80% 5小時
4. 增加體積＝整形1 三折疊 ×2次
5. 分割＝整形2 260g 長方形
6. 最後發酵 26℃ 80% 40分鐘
7. 烘烤 Ⓤ270℃ Ⓓ240℃ 7分鐘→
Ⓤ240℃ Ⓓ220℃ 合計約17分鐘
蒸氣：放入烤箱前後

配方（粉類2.5kg的用量）

高筋麵粉(Petika) 40%（1000g）
法國產麵粉(Type 65) 40%（1000g）
法國麵包專用粉(Mont Blanc) 20%（500g）
鹽 2.1%（52.5g）
麥芽糖漿液＊ 0.6%（15g）
即溶乾燥酵母菌(saf) 0.15%（3.75g）
水 約80%（約2000g）

＊使用與麥芽糖漿原液等量的水分（配方外）溶解的液體。

1. 攪拌

預先在粉類中加入即溶乾燥酵母菌，用手混拌。將水、鹽和麥芽糖漿液放入攪拌缽盆中，以攪拌器混拌。加入混有酵母菌的粉類，用低速攪打2分鐘。會成爲水分較多具黏性的麵團（a）。揉和完成溫度20℃。將麵團移至缽盆中，於室溫（23℃）中靜置20分鐘。

＊攪拌的重點，依較多水分的配方比例特徵來判斷，粉粒的中央是否都吸收到水分。因爲不是膨鬆柔軟的麵包類型，所以沒有必要著重在於是否形成麵筋組織。

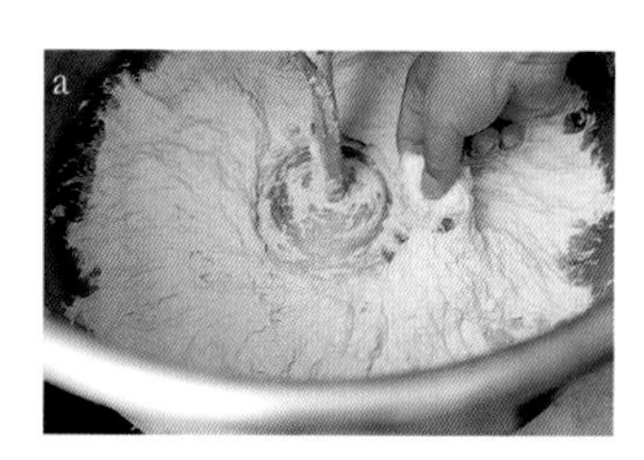
a

2. 建立骨架

用刮板由麵團的周圍開始向反方向拉動麵團。邊轉動缽盆邊將鬆弛的麵團拉動使其緊實（b）。待完成一圈動作後，於室溫中靜置20分鐘，之後再次進行相同的作業，再次靜置並重覆相同作業（c）。

＊在此就是決定麵包骨架的關鍵。將麵團朝四面八方強力地進行拉動緊實作業後，原本沾黏的麵團會開始變得光滑，並產生彈性（形成麵筋組織），烘烤後的麵包內側會有大氣泡存在。

b

c

3. 一次發酵

在26℃・濕度80%的環境使其發酵5小時（d、e）。

d 發酵前

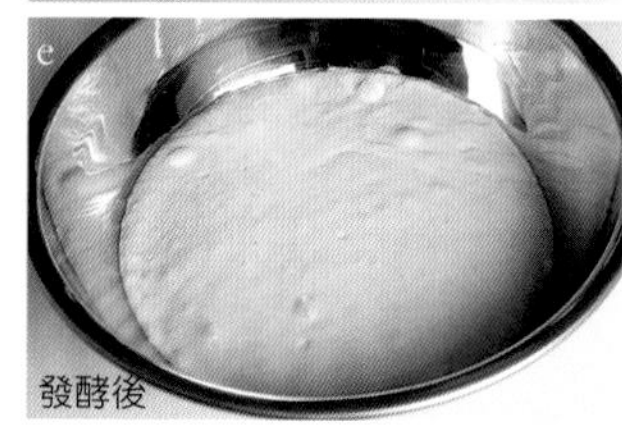
e 發酵後

4. 增加體積＝整形1

撒上大量手粉，將麵團放置於工作檯上。形成的麵筋網狀組織恰到好處（f）。進行2次三折疊。首先從左右各向中央折入1/3，再由上下各向中央折入1/3（g）。靜置於室溫中15分鐘。

＊此時就是決定表面膨脹程度的關鍵。巧巴達是以扁平形狀爲特徵的麵包，所以不需要用很強的力道拉動緊實麵團。太過緊實拉動麵團，會使得表面產生過度的膨脹。

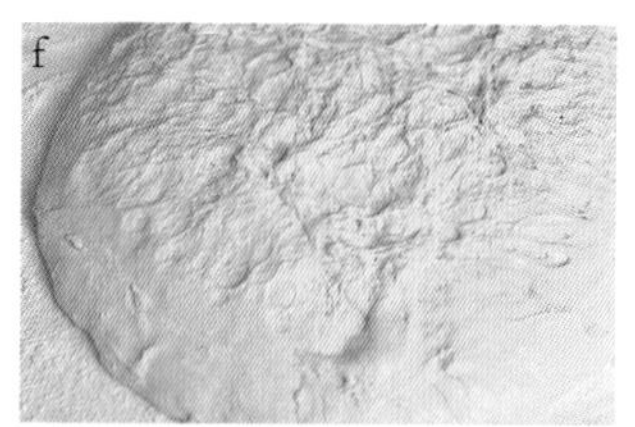
f

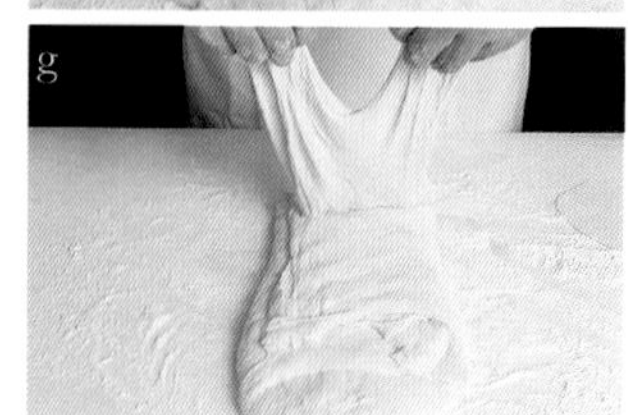
g

薄脆的表層外皮和凹凸不平、且有圓形大氣泡的麵包內側，正是巧巴達的特徵，也是口感良好的秘訣。水分用量較多，在烤箱內延展性良好的麵團，用高溫烘烤時就會產生大型氣泡。圓形的氣泡是因爲用刮板從四面八方地將麵團緊實拉開，使麵團表面的麵筋組織得以連結，麵團內產生的水蒸氣可以擴散至所有方向所致。略加烘烤，表層外皮較薄，因此隨著時間表皮會變軟，但只要再重新烘烤加熱，就可以回復表皮香脆的口感了。

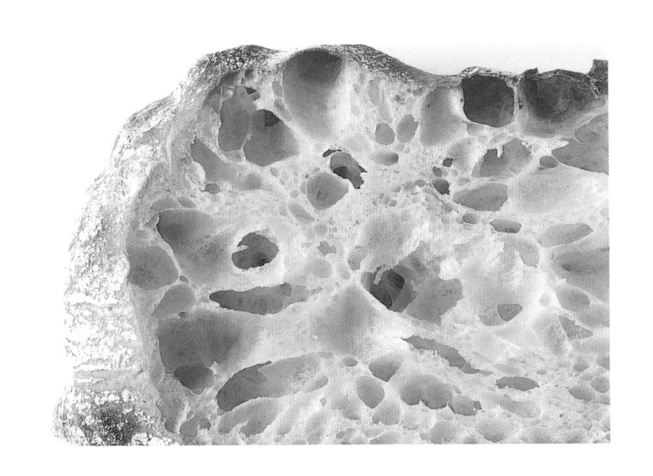

5. 分割＝整形2

上下面翻轉麵團。放置於室溫中靜置15分鐘後，再次上下面翻轉麵團。輕拉麵團四角使其成四方形，分割成260g的正方形(h)。排放在帆布墊上。

＊第2次的上下面翻轉，可以讓麵團沒有多餘的負擔，而形成均勻的厚度。

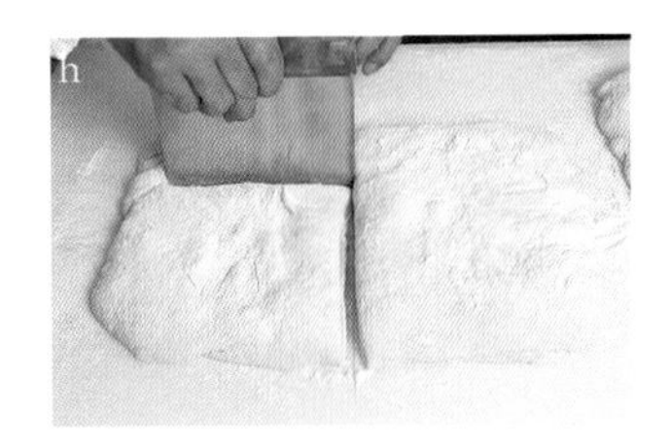

h

6. 最後發酵

在26℃・濕度80%的環境下使其發酵40分鐘。

7. 烘烤

用茶葉濾網篩撒粉類，用3根手指刺入麵團中4~5次(i)。將麵團以麵包取板移動至滑送帶(slip peel)上(j)。

上火270℃・下火240℃，放入烤箱前後注入等量蒸氣，烘烤7分鐘後，將上火降至240℃・下火220℃，合計約烘烤17分鐘。

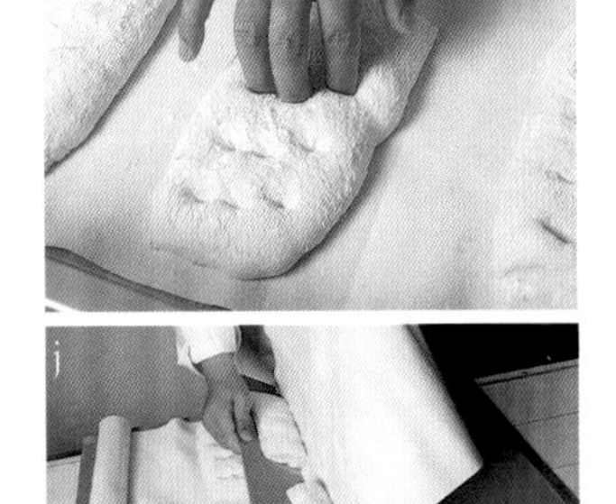

i / j

◎加入蜂蜜生薑

配方：做爲副材料的蜂蜜煮生薑5%、追加熬煮湯汁5%

蜂蜜煮生薑：除去生薑外皮，切成薑絲放入水中煮沸3次瀝乾之後，用蓋過薑絲的蜂蜜熬煮至薑絲變軟爲止。完全冷卻備用(k)。

加入時間：將水、鹽和麥芽糖漿液放入攪拌缽盆時，將蜂蜜薑絲一起加入，用攪拌器攪拌。之後，至最終發酵都與原作業相同。

烘烤：烘烤條件與7相同，7分鐘後調低設定溫度的同時，打開烤箱門以降低烤箱內溫度，再次關上烤箱門繼續烘烤至完成。

k

陽光番茄麵包

Tomatenbrot

拌入了半乾燥番茄和大量新鮮番茄泥，充滿元氣的橙色麵包，其圓融柔和的風味正是最大的魅力。不斷重覆試作，調整風味之後，少量逐次地增加副材料所完成的複合式風味。使用番茄和橄欖之外的任何材料，都覺得沒有那麼適合。一向都是直接反映出食材本身的美味進而加以提升，但像這樣多重的風味組合也別有一番滋味。

0. 預備　油漬半乾燥番茄：切成1cm塊狀
1. 攪拌　Ⓛ3分鐘＋Ⓗ3~4分鐘→奶油↓Ⓛ2分鐘 →副材料↓Ⓛ2分鐘　揉和完成溫度24℃
2. 一次發酵　26℃ 80% 2小時
3. 分割·滾圓　橄欖形：150g　丸子：60g－圓形
4. 整形　橄欖形　3個串連圓形
5. 最後發酵　27℃ 80% 1小時
6. 烘烤　㊤240℃ ㊦200℃　橄欖形：約18分鐘 圓形：約11分鐘　蒸氣：放入烤箱後

配方（粉類2kg的用量）

法國麵包專用粉(Mont Blanc)　60%(1200g)
中筋麵粉(麵許皆伝)　20%(400g)
粗粒小麥粉(Semolina)　20%(400g)
無鹽奶油　7%(140g)
油漬半乾燥番茄　20%(400g)
黑橄欖(去核)　10%(200g)
鹽　2.1%(42g)

A
- 麥芽糖漿液＊　1%(20g)
- 新鮮酵母菌　2%(40g)
- 普羅旺斯香草(herbes de Provence)1%(20g)
- 高湯粉(粉末)　1%(20g)
- 炸洋蔥　2%(40g)
- 蜂蜜　4%(80g)
- 牛奶　20%(400g)
- 新鮮番茄泥　30%(600g)
- 水　約24%(約480g)

＊使用與麥芽糖漿原液等量的水分(配方外)溶解的液體。

0. 預備

油漬半乾燥番茄是將半乾燥的番茄浸漬在混有各種香草、大蒜的橄欖油中製成。以廚房紙巾擦乾油脂後，切成1cm塊狀再量測重量。

1. 攪拌

將A的材料放入攪拌缽盆中，以攪拌器充分攪拌。加入粉類(a)，低速攪打3分鐘，轉爲高速攪打3~4分鐘，使麵團結合。將奶油剝成小塊後加入，以低速混拌2分鐘。待奶油混拌其中之後，加入預備好的油漬番茄和黑橄欖(b)，低速混拌2分鐘，轉爲高速攪拌3分鐘。使其成爲有光澤且具延展性的麵團(c)。揉和完成溫度24℃。

2. 一次發酵

整合麵團後放入發酵箱，以26℃·濕度80%發酵2小時。

3. 分割·滾圓

撒上手粉，將麵團放置於工作檯上。切分橄欖形麵包(大)150g、圓形(小)60g，兩者皆輕輕滾圓。以26℃·濕度80%靜置30分鐘。

4. 整形

大的整形成橄欖形(d)，小的整形成海參的形狀後，雙手以手刀按壓，前後滾動成3個串連的圓形(e)。撒上粉類，接口貼合處朝下地並排在烤盤上。橄欖形則是左右對稱地斜劃入7條割紋(如插畫)。

＊圓形的貼合處務必朝下放置。只要稍有偏離，烘烤時接合處就會裂開。

5. 最後發酵

在27℃·濕度80%的環境下使其發酵1小時。

6. 烘烤

層疊2片烤盤。上火240℃·下火200℃，在放入烤箱後注入大量蒸氣，橄欖形約烘烤18分鐘，圓形約烘烤11分鐘。

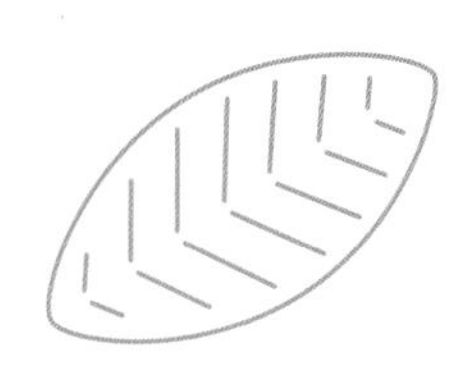

a

b

c

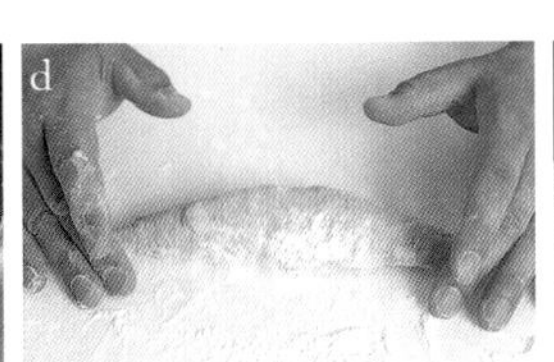
d

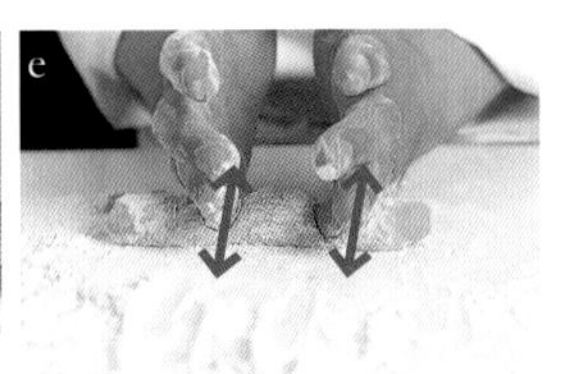
e

義式拖鞋麵包

Italienisches Brot

若是有麵包如蔬菜濃湯般──由這樣的突發奇想，而誕生了這款麵包。配方中沒有水分，含水分的只有蔬菜濃湯和牛奶而已。果眞是蔬菜濃湯的感覺吧。黃色的四角形是南瓜口味、三角形是紅蘿蔔、綠色則是菠菜的味道。表面上一點點的岩鹽，是爲了感受甜度提味用。大口咬下仍是容易咬斷的高油脂配方，無論是小朋友或年長者都可以安心快樂的享用。入口後還能感受融化在舌尖上的柔和風味。

0. 預備　製作南瓜泥
1. 攪拌 Ⓛ3分鐘＋Ⓗ2分鐘 揉和完成溫度23~24℃
2. 一次發酵 26℃ 80% 70分鐘
3. 整形1 折疊麵團 ×2次
4. 分割＝整形2 70g 正方形
5. 最後發酵 26℃ 80% 40分鐘
6. 烘烤 ㊤238℃ ㊦215℃ 約10分鐘

配方（粉類1kg 的用量）~ 南瓜口味 ~

高筋麵粉（3 GOOD） 30%（300g）
法國麵包專用粉（Mont Blanc） 40%（400g）
法國產麵粉（Type 65） 30%（300g）

A
- 鹽 2.2%（22g）
- 新鮮酵母菌 2.5%（25g）
- 鮮奶油（乳脂肪成分41%） 20%（200g）
- EV 橄欖油 10%（100g）
- 牛奶 約20%（200g）
- 南瓜泥 75%（750g）

迷迭香（新鮮） 0.4%（4g）*

●完成
岩鹽

*香草的用量可依個人喜好調整。此配方用量具強烈香氣。

0. 預備

製作南瓜泥。南瓜去皮去囊及籽，蒸熟。加入極少量的水一起放入食物調理機當中攪打至呈滑順狀態（a 右）。

*依使用的南瓜泥所含的水分量來調整麵團當中水分的添加量。攪拌時調整牛奶用量。

*紅蘿蔔、菠菜口味的製作方法，請參考右側◎。

1. 攪拌

將A的材料放入攪拌缽盆中，以攪拌器混拌。加入粉類（b），低速攪拌3分鐘。放入迷迭香（c），以高速攪打2分鐘。成為沒有延展力，一拉扯就斷裂，不離缸的麵團（d）。揉和完成溫度23~24℃。

2. 一次發酵

麵團放入發酵箱內，以26℃・濕度80% 的環境使其發酵70分鐘。

3. 整形1

撒上手粉，將麵團放置於工作檯上。輕輕拉開四角使其開展成四方形，左右1/4向中央折疊（e）。靜置於室溫（23℃）中15分鐘後，再將上下1/4各向中央疊入。最理想的厚度為3~4cm。

*此作業的目的，是為了整合麵團使其成為厚度3~4cm的四方形。必須要注意的是，如果用力進行折疊作業，因而產生麵筋組織，烘烤完成的成品會裂開。

4. 分割＝整形2

翻轉麵團，將折疊處朝下放置，切分成70g的正方形（f）。並排地置於烤盤上。

*麵團放置而不緊實拉動，可以做出像義大利麵包般乾鬆的口感。

5. 最後發酵

在26℃・濕度80% 的環境下使其發酵40分鐘。

6. 烘烤

在麵團上輕噴水霧，再放上1小撮岩鹽。疊放2片烤盤，以上火238℃・下火215℃，約烘烤10分鐘。

*當麵團中央也烤熟時，立刻取出。過度烘烤，柔軟內側就會變得乾巴巴。

◎紅蘿蔔口味

配方：將南瓜口味中去除迷迭香，鹽1.8%、牛奶約15%，南瓜泥也改為紅蘿蔔泥50%。

紅蘿蔔泥：去皮的紅蘿蔔和芹菜（分量比4：1）加入適量的水和少許鹽水煮軟。將煮好的紅蘿蔔加上極少量的煮汁，一起放入食物調理機中攪打成滑順泥狀（a 左上）。

分割＝整形2：切成70g的三角形。

其他作業與南瓜口味相同。

◎菠菜口味

配方：將南瓜口味中去除迷迭香，鹽1.8%。南瓜泥也改為菠菜泥30%，加入炒乾脂肪的切碎培根30%。

菠菜泥：燙煮菠菜，放入食物調理機中攪拌成滑順泥狀（a 左下）。

攪拌：菠菜泥在步驟1加入，但加入粉類後以低速攪打3分鐘，再轉為高速攪打90秒，培根加入後再改為低速攪拌30秒。後續的作業與南瓜口味相同。

a
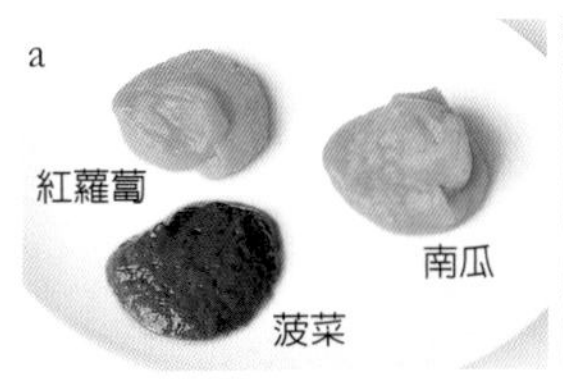

b

c
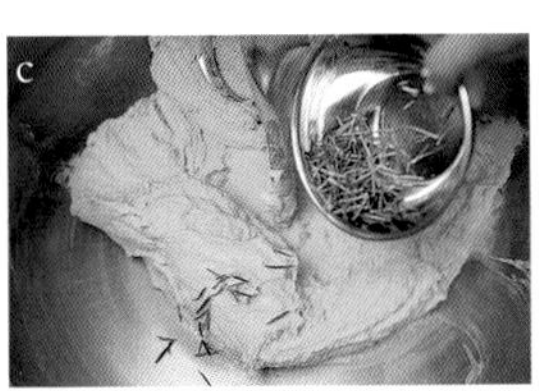

d
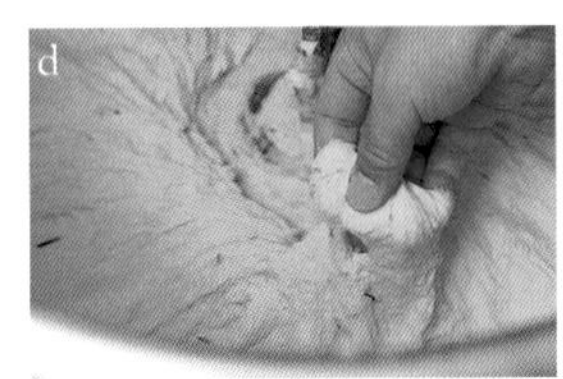

e
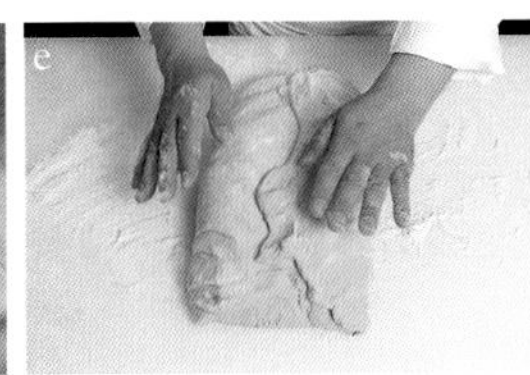

f
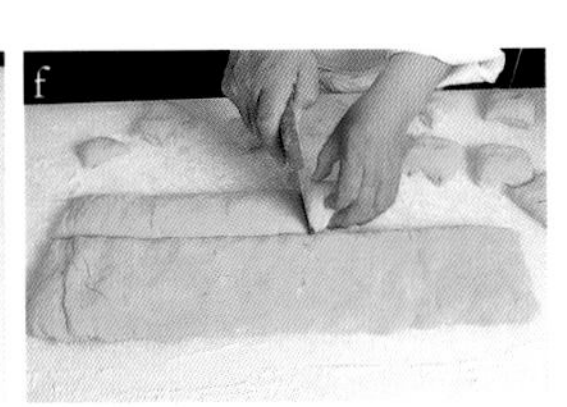

3

酵母菌製作的高成分（RICH）類&甜麵包

可頌

Croissant

可頌讓人下意識地就會關注在奢華的奶油口味上，但加上這個因素更重要的是麵團的配方比例，究竟該如何掌控麵團和奶油呢。先確實在腦海中勾勒出成品，要做出一口咬下時會出現什麼樣聲音的麵團，體積要膨脹到什麼樣的程度，爲了達到自己想要的成品，而在配方和製作方法上努力。

此處介紹的是一款邊緣帶著甘美香甜，有著酥脆痛快口感的可頌。烤後多層次的內側，最初是脆而有彈性，但隨著咀嚼而融化於舌尖，隨之奶油風味迴盪於唇齒。全麥麵粉與蔗糖的配方，在美味中帶著複雜的滋味，豐富中又隱含著質樸風味。請有耐心地讓麵團烘烤至烤焦的前一刻，正是最美味之時。也不要忘了要烤至內部完全熟透爲止。

0. 預備　折疊用奶油：24cm 的正方形
1. 攪拌　Ⓛ3分鐘15秒　揉和完成溫度20℃
2. 滾動揉和(rolling)　2次
3. 一次發酵　26℃ 80% 20~30分鐘
4. 擀壓　1.5cm 厚的正方形
5. 包覆奶油
6. 三折疊　3次
7. 整形　厚3.66mm、底邊8× 高20cm 的等邊三角形
8. 最後發酵　27℃ 80% 3小時
9. 烘烤　㊤260℃ ㊦220℃　約12分鐘

配方(粉類1kg 的用量)

●**麵團**(detrempe)

法國麵包專用粉(Mont Blanc)　60%(600g)
法國產麵粉(Type 65)　25%(250g)
全麥麵粉(Stein Mahlen)　15%(150g)

A
- 鹽　2%(20g)
- 蔗糖　8%(80g)
- 麥芽糖漿液＊　1%(10g)
- 新鮮酵母菌　2.5%(25g)
- 牛奶　42%(420g)
- 水　約8%(約80g)

無鹽奶油　7%(70g)
折疊用無鹽奶油　70%(700g)
蛋液

＊使用與麥芽糖漿原液等量的水分(配方外)溶解的液體。

0. 預備

折疊用奶油放置至溫度回到10~14℃之間，用擀麵棍輕敲至變薄，放入塑膠袋中，再繼續輕敲至呈24cm 的正方形(a)。放置冷藏(6℃)約20小時。

＊折疊作業，以1kg 用量為單位來進行較有效率，所以2kg 以上時，將粉類各別分成1kg 來進行製作較好。接下來的奶油、麵團重量、尺寸，都是以1kg 粉類用量為單位的數據。

＊奶油僅準備翌日使用的分量。放至冷藏數日會使得延展性變差。

a 折疊用奶油

1. 攪拌

混合粉類，放入麵團用奶油，使其與粉類混合並用手握捏奶油(b)。奶油剁成小塊，用兩手與麵粉一起搓成細小粗粒狀態(c)。

將A的材料放入攪拌缽盆中，以攪拌器混拌(d)。加進混入了奶油的粉類(e)，用低速攪打揉和3分鐘15秒。麵團變得略微乾燥，麵筋組織呈最低限度的連結狀態即可(f)。揉和完成溫度20℃。

＊在此想要完成的目標並不是鬆軟、體積膨脹的可頌麵包，而是酥脆紮實的口感。因此攪拌時很重要的是避免麵筋組織過度形成。2・5・6的步驟中也會有少量的麵筋形成，預見後續的作業，在此步驟就稍加控制攪拌狀況。

b

c

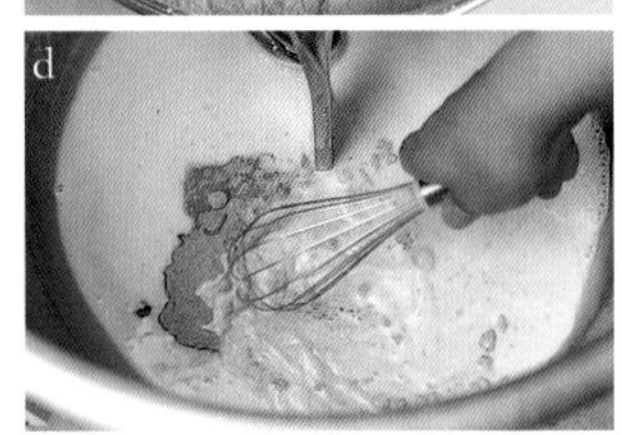
d

e

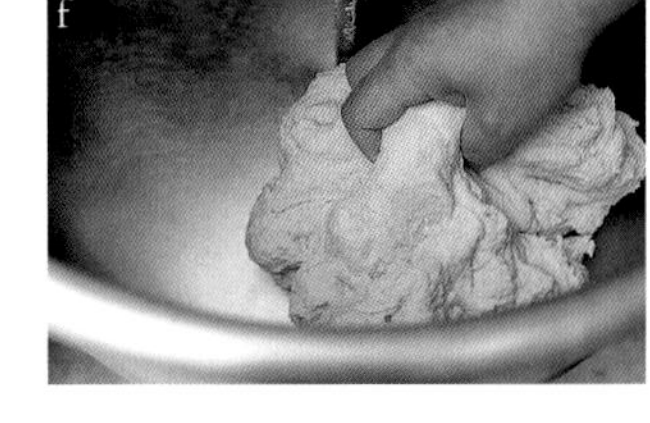
f

2. 滾動揉和(rolling)

將麵團放置在工作檯上，用兩手抓取麵團將上、下兩端朝中央推進(g)，前後滾動揉和使其表面呈光滑狀態。90度轉動麵團方向，抓取上下兩端，同樣地進行前後滾動揉和的動作。翻轉後表面呈光滑平順的狀態(h)。

＊滾動揉和的目的在於將麵團的凹凸不平處整合呈平滑狀態，同時也為了整合麵筋網狀組織的網目方向。這樣可以使麵團容易推展開成均勻的厚度。

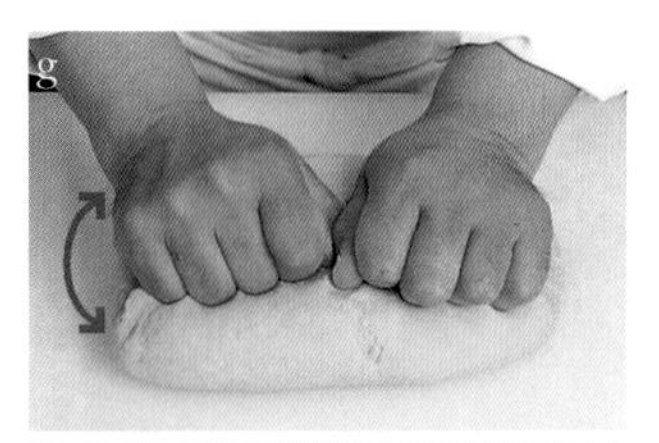
g

h

3. 一次發酵

在26℃・濕度80%的環境下使其發酵20~30分鐘。

沿著捲動方向不整齊的大型氣泡正是膨脹指標。要完成表皮酥脆、內部鬆脆口感，在攪拌作業時就要避免麵筋的過度形成（必須考慮到即使是在折疊階段，麵筋也會徐緩地形成）。一旦麵筋組織過度產生，體積會因而膨脹起來，每一層次都會變薄，而成爲柔軟且感受不到鬆脆的口感。但若是過度抑制麵團的膨脹，又會導致受熱不良，因此高溫迅速地使奶油溫度上升，隨之使麵團內的水分蒸發，至中央部分的層次都能烘烤成略略半透明的狀態。表層外皮的部分則請必須有耐心的讓麵團烘烤至烤焦的前一刻。

4. 擀壓

用擀麵棍將麵團擀壓成1.5cm厚的方形。將烘焙紙平舖在烤盤上，麵團連同烤盤一起放入塑膠袋中，放置於冷凍庫（-7℃）冷卻至-1℃（約6小時）。

5. 包覆奶油

先以擀麵棍敲打準備好折疊用的奶油，使其變得柔軟。將4的麵團整理成邊長爲奶油1.5倍的正方形，放上奶油。用擀麵棍按壓四邊接合奶油的麵團，並在麵團上壓印出線條，四角向中央折入包覆（i）。用擀麵棍在對角線上按壓，均勻推開麵團重疊處的厚度。在整體麵團上，用擀麵棍縱向橫向地按壓麵團，使其與奶油緊密貼合（j）。

＊輕敲奶油，不僅是爲了要使奶油變薄，同時也是爲了不改變溫度地使奶油可以與麵團有相同的柔軟度。如果奶油與麵團的硬度相同時，就可以有相同的延展性，而形成漂亮的層次。

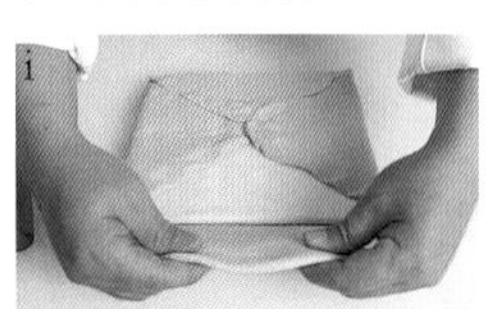

i

j

6. 三折疊 ×3次

用壓麵機（dough sheeter）將麵團縱向橫向地擀壓成40cm的正方形。

第1次三折疊：用壓麵機僅擀壓同一方向地將麵團延展成4mm厚。進行三折疊作業後，用擀麵棍按壓表面使麵團緊密貼合。用塑膠袋包妥後放入冷凍庫冷卻20分鐘。

第2次三折疊：將麵團轉向90度，與第1次三折疊相同地進行作業，再冷卻3小時。

第3次三折疊：再次將麵團轉向90度，進行相同的作業（k），放置冷卻12小時。

＊使麵團間緊密貼合是爲了防止麵團偏移或收縮。

k

7. 整形

依第3次三折疊的擀壓方向將麵團轉向90度，將邊長擀壓至80cm（約6mm厚）。將邊長切分成4等分，切成20cm寬的長方形。用塑膠袋包妥後放入冷凍庫靜置，再將麵團依之前擀壓方向轉向90度，擀壓至厚3.66mm。切成20cm寬的帶狀，再切成2個底邊8cm×高20cm的等邊三角形（l）。一片約46g。必須注意不要碰觸斷面以免壓垮麵團層次，輕輕地捲起等邊三角形（m）。捲起後接合處（頂點）朝下地排放在烤盤上。

＊使用磨得鋒利的刀子，避免壓垮麵團層次地每次都迅速切下。

l

m

8. 最後發酵

在27℃・濕度80%的環境下使其發酵3小時（n、o）。

＊發酵的標準是，當搖動烤盤時，麵團會微微地晃動的程度。

n 發酵前

o 發酵後

9. 烘烤

將蛋液刷塗在麵團表面，以上火260℃・下火220℃烘烤約12分鐘。

＊必須注意蛋液不可刷塗至麵團斷面。斷面的層次接觸到蛋液後就無法膨脹起來了。

＊高溫迅速地加熱時，即可烘烤成表面呈赤褐色，中央口感潤澤，外層酥脆爽口的可頌麵包。

丹麥麵包

Danish pastry

丹麥麵包要與擺放在表面的材料相搭配，才能算是完整。在製作這款麵包時，我心裡意識到必須抑制麵團的彈力使麵包脆口，而且要能與擺放在表面的食材相互融合。當兩者在口中結合，入喉時的柔和感就是製作時想像的畫面。水果的水分會濕潤麵團，所以容易出水的材料，事前的糖煮或焦糖化的處理不可或缺。高聳立體的裝飾在上方，完全不輸給蛋糕的鮮活表現。

0. 預備　折疊用奶油：24cm 的正方形

1. 攪拌　Ⓛ4分鐘　揉和完成溫度20°C

2. 滾動揉和(rolling)　2次

3. 一次發酵　26°C 80% 20~30分鐘

4. 擀壓　1.5cm 厚的正方形

5. 包覆奶油

6. 三折疊　3次

7. 整形　厚4mm、6.5cm 方形的變化

8. 最後發酵　27°C 80% 2小時

9. 烘烤　Ⓤ250°C Ⓓ200°C　約12分鐘

10. 完成　盛放上水果或堅果

配方(粉類2kg 的用量)

●**麵團**(detrempe)

法國麵包專用粉(Mont Blanc)　100%(2000g)

A
- 鹽　1.6%(32g)
- 細砂糖　8%(160g)
- 新鮮酵母菌　4%(80g)
- 牛奶　36%(720g)
- 全蛋　16%(320g)

無鹽奶油　5%(100g)

折疊用無鹽奶油　70%(1400g)

卡士達奶油餡 Crème pâtissière　(P.201)

杏仁奶油餡 Crème d'amandes　(P.201)

蛋液

●**完成**

香蕉、柿子、梨子、無花果、覆盆子、藍莓、栗子帶皮糖煮、開心果、細砂糖、糖粉、焦糖醬

0. 預備

折疊用奶油1400g，使用在粉類2kg的用量時，請各分爲700kg，依照可頌(P.68)步驟0的要領，將其輕敲成24cm 的正方形，放置冷藏(6°C)約20小時(a)。

＊因折疊作業以粉類1kg爲單位來進行較有效率，2kg的用量時，請將奶油和粉類都均分成兩份，接下來的奶油、麵團重量以及尺寸，都是以1kg 粉類爲用量的數據。

1. 攪拌

和可頌的步驟1相同，在粉類中混入麵團用奶油。將A的材料放入攪拌缽盆中，以攪拌器混拌(b)。加入混拌奶油的粉類，用低速混拌4分鐘。麵團變得略微乾燥(c)。揉和完成溫度20°C。

＊考量到與以上水果材料的搭配，也爲使口感更好地避免麵筋組織過度形成。

2. 滾動揉和(rolling)

將麵團分成兩等分(將粉類各分成1kg)。和可頌的2一樣進行滾動揉和至麵團呈光滑平順的狀態。

3. 一次發酵

在26°C・濕度80% 的環境下使其發酵20~30分鐘。

4. 擀壓

用擀麵棍將麵團擀壓成1.5 cm 厚的方形。將烘焙紙平舖在烤盤上(e)，連同烤盤一起放入塑膠袋中，放置於冷凍庫(-7°C)中冷卻至 -1°C(約6小時)。

5. 包覆奶油

與可頌步驟5相同地用麵團包覆奶油。

6. 三折疊 ×3次

與可頌步驟6相同地進行3次麵團的三折疊(f)。

7. 整形

依第3次的三折疊的擀壓方向將麵團轉向90度，將麵團擀壓成4mm 的厚度。靜置於冷凍庫1小時以上，再切成喜好的形狀(在此是採用切成6.5cm 的正方形，再切下一角的變化形)排放在烤盤上。

＊圓形、正方形、長方形或將邊角折起 ... 等，可以依個人喜好地變化出各式各樣的形狀。

8. 最後發酵

在27°C・濕度80% 的環境下使其發酵2小時。麵團變乾時噴撒水霧。

9. 烘烤

將蛋液刷塗在麵團表面，中央處用手指按壓出凹陷，將卡士達奶油餡或杏仁奶油餡絞擠在凹處(g)。

重疊2片烤盤，以上火250°C・下火200°C烘烤約12分鐘。

10. 完成

香蕉：將細砂糖撒在切成圓片狀的香蕉上，用瓦斯噴槍使其焦糖化，擺放在丹麥麵包表面。澆淋上焦糖醬並撒放切碎的開心果。

栗子・柿子・梨子：帶皮熬煮的栗子、用加入義式渣釀白蘭地(grappa)的糖漿浸泡一天的柿子、以瓦斯噴槍使其表面焦糖化的梨子，一起擺放在丹麥麵包上，撒上開心果。

無花果 & 莓果：排放上無花果、覆盆子、藍莓，再撒上糖粉。

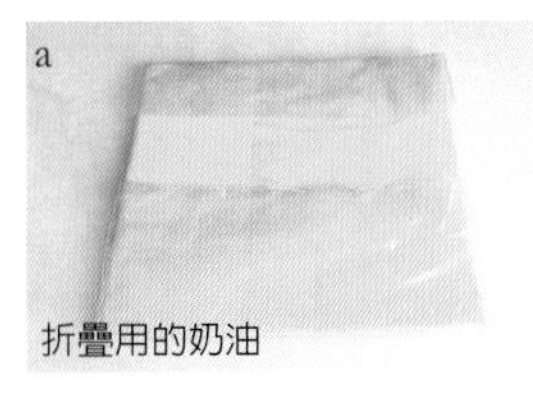

a

b

c

d

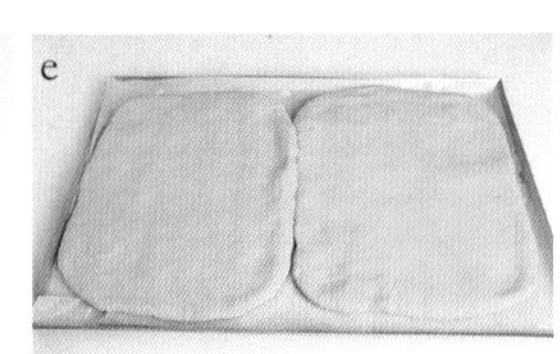
e

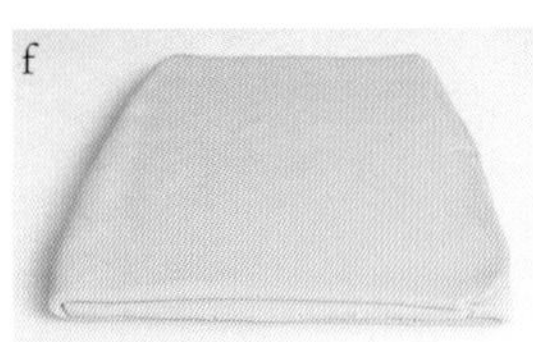
f

g

英式菠蘿麵包

English melon buns

從以前至今，菠蘿麵包的乾硬與酵母菌的味道，一直都讓人有不太協調的感覺。但長時間總是不太受到關注的這款麵包，終於在某次因受請託開發新食譜，而正式地有了重新挑戰的機會。而且正因爲自己一向都不太滿意菠蘿麵包，或許能藉著這個機會考量設計出可以讓衆人都點頭喜愛的食譜。

主體的麵團中添加了榛果粉，讓麵包整體具有豐潤的口感。完成了具有餅乾般脆爽，入口即碎的口感與風味在口中擴散，還能在其中嚐到伯爵茶的高雅香氣。最後撒上的奶油砂糖碎粒（streusel）更散發出奶油的香味 ....　。每項食材都具有各自的效果，而這些效果融爲一體時，就產生了美味相乘的英式菠蘿麵包，很接近糕點般的表現。

左頁照片，左邊的是伯爵茶風味、右邊是混入了糖漬栗子的麵團，撒放了杏仁粉餅乾。無論哪一種，都與大家所熟知的菠蘿麵包有著截然不同的風味。

1. 中種 Ⓛ2分鐘＋Ⓗ2分鐘 揉和完成溫度22℃ 26℃ 80% 30分鐘→6℃ 80% 12~24小時
2. 準備奶油砂糖碎粒
3. 準備表皮麵團 -7℃ 12小時以上
4. 按壓表皮麵團的形狀 5mm厚、直徑7cm圓形
5. 正式揉和 Ⓛ3分鐘＋Ⓗ2分鐘→奶油↓Ⓛ2分鐘 →Ⓗ2分鐘 揉和完成溫度25℃
6. 一次發酵 26℃ 80% 90分鐘
7. 分割・滾圓 40g圓形
8. 整形 表皮麵團：4mm厚、圓形 主體麵團：圓形 以表皮麵團包覆主體麵團
9. 最後發酵 26℃ 60% 3小時
10. 烘烤 ㊤260℃ ㊦200℃ 約10分鐘

配方（粉類2kg的用量）

●**主體麵團**

〈中種〉
高筋麵粉（3 GOOD） 50%（1000g）
A
- 鹽 0.4%（8g）
- 細砂糖 5%（100g）
- 新鮮酵母菌 1%（20g）
- 牛奶 20%（400g）
- 水 10%（200g）

〈正式揉和〉
中種 左方全部用量
高筋麵粉（3 GOOD） 20%（400g）
法國麵包專用粉（Mont Blanc） 20%（400g）
榛果粉（含皮） 10%（200g）
B
- 鹽 1%（20g）
- 細砂糖 20%（400g）
- 新鮮酵母菌 3%（60g）
- 全蛋 20%（400g）
- 鮮奶油（乳脂肪成分41%） 10%（200g）
- 牛奶 4%（80g）

無鹽奶油 10%（200g）

1. 中種

將材料A放入攪拌缽盆中，用攪拌器混拌。加入粉類後，以低速攪拌2分鐘，再轉為高速攪拌2分鐘。揉和完成溫度22℃。整合麵團後，放入缽盆中(a)。在26℃・濕度80%的環境下使其發酵30分鐘，再放入冷藏(6℃)使其發酵12~24小時(b)。

a 發酵前

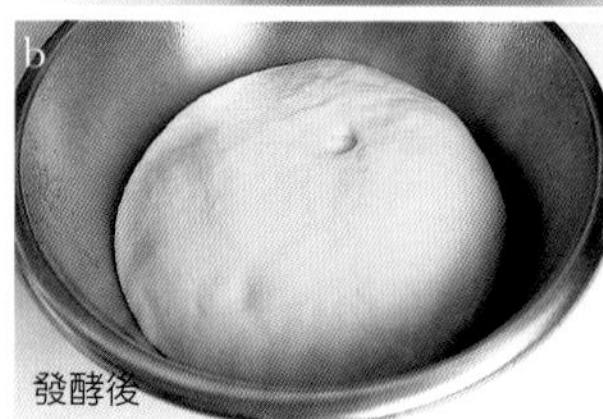
b 發酵後

2. 準備奶油砂糖碎粒

於室溫中放置奶油至溫度回復至23℃，加入細砂糖用網狀攪拌器充分混拌。加入低筋麵粉不需攪打地，僅用手大致將其混拌至鬆散狀即可。用5mm網目的網篩過篩，放入冷藏室內備用。

3. 準備表皮麵團

混合低筋麵粉、伯爵茶葉、榛果粉過篩。用裝有攪拌器的糕點專用攪拌機將奶油攪拌成乳霜狀，加入細砂糖混拌，逐次少量的加入全蛋。移至缽盆中，加入過篩好的粉類(c)。在烤盤上鋪成2cm的厚度，放置於冷凍庫(-7℃)，冷卻12小時以上。

＊加入糖漬栗子製作時，表皮麵團會有另外的配方(P.201)。

c

4. 按壓表皮麵團的形狀

將3放入壓麵機中擀壓成5mm厚，以直徑7cm的圓形壓模按壓出形狀，排放在烤盤上放置於冷凍庫內3小時以上使其冷卻。

5. 正式揉和

將材料B放入攪拌缽盆內用攪拌器混拌，撕碎步驟1的中種加入(d)。加入粉類再用低速攪打3分鐘，轉為高速攪打2分鐘。加入用手捏成小塊的奶油，以低速攪拌2分鐘，再轉為高速攪拌2分鐘。成為具延展性的麵團(e)。揉和完成溫度25℃。

＊加入糖漬栗子製作時，混合完成的麵團中加入30%的糖漬栗子，以低速攪拌1分鐘。

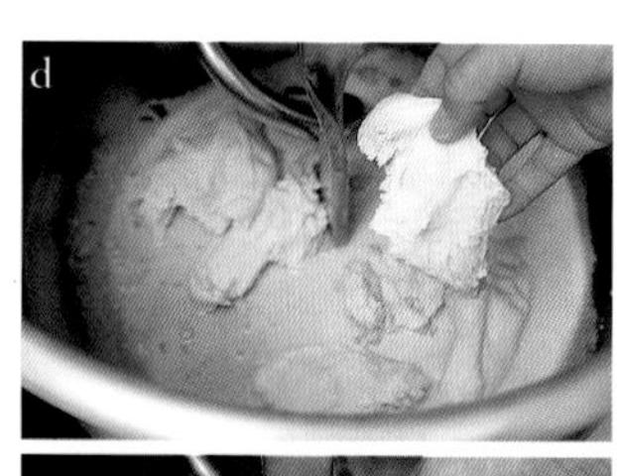
d

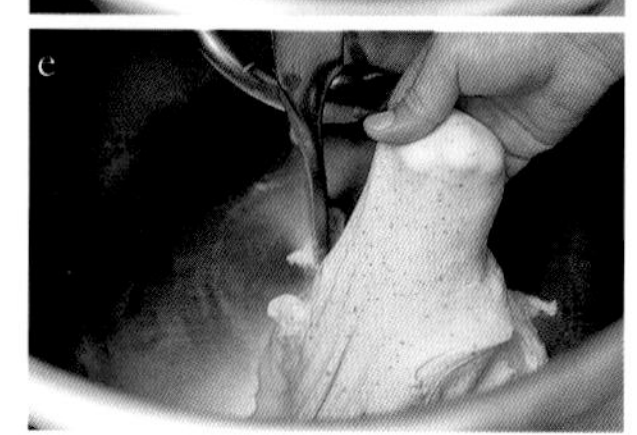
e

6. 一次發酵

整合步驟5的麵團放入缽盆中(f)，在26℃・濕度80%的環境下使其發酵90分鐘(g)。

f 發酵前

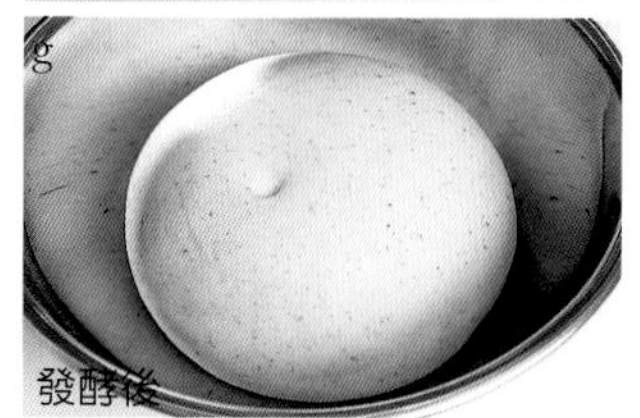
g 發酵後

●表皮麵團

低筋麵粉（Violet 紫羅蘭） 90%（1800g）
泡打粉 1%（20g）
伯爵茶（粉末*） 2%（40g）
無鹽奶油 20%（400g）
細砂糖 55%（1100g）
全蛋 20%（400g）

●奶油砂糖碎粒

無鹽奶油 18%（360g）
細砂糖 15%（300g）
低筋麵粉（Violet 紫羅蘭） 30%（600g）

●完成

細砂糖

＊用研磨機（Grinder）或磨豆機（mill）將茶葉研磨成的粉末。

7. 分割・滾圓

分割成每個40g後滾圓。排放在舖有焙烘紙的烤盤上，在26℃・濕度80%的環境下靜置30分鐘。

＊加入糖漬栗子時切分成每個30g，滾圓。

8. 整形

用擀麵棍將步驟4的表皮麵團擀壓成4mm厚的圓形。包覆住7的麵團後重新滾圓，外皮約包覆70%的面積（i）。表皮沾裹上細砂糖（j），用橡皮刮刀劃出格子般的線條（k左）。並排放置在舖有烘焙紙的烤盤上。

＊加入糖漬栗子的麵團則整形成橄欖形，以擀壓成橢圓形的表皮麵團包覆70%的面積（l、k右）。

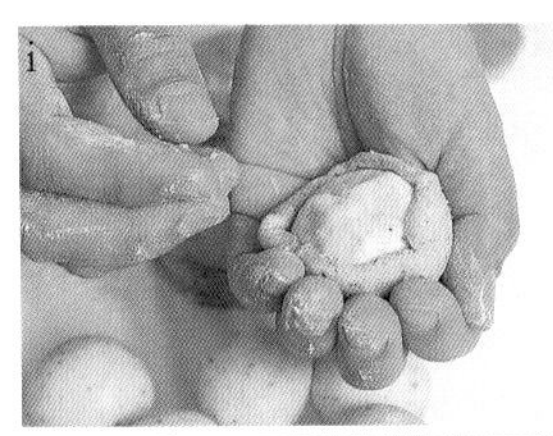

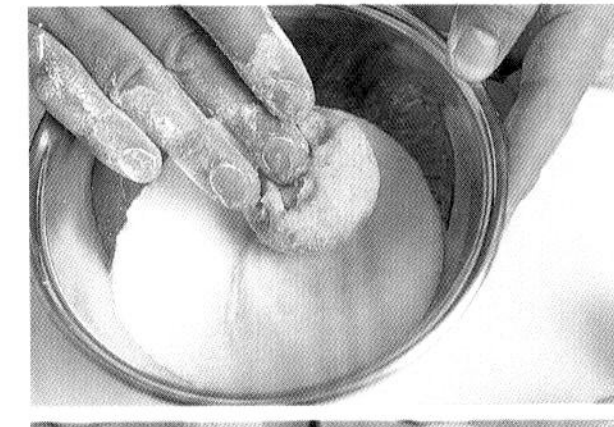

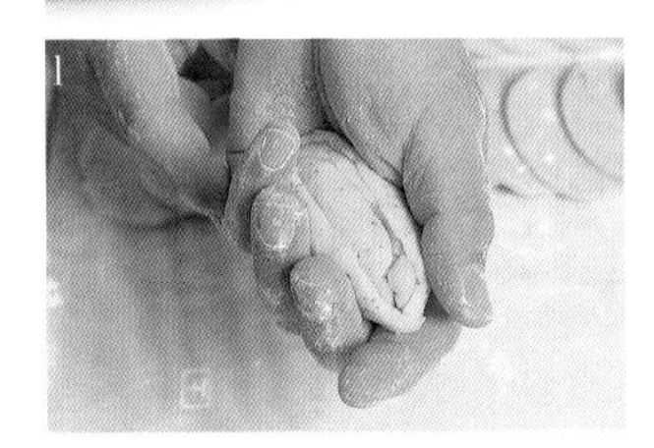

9. 最後發酵

在26℃・濕度60%的環境下使其發酵3小時。

＊濕度更高時，會使表皮麵團融化變成表面平滑的質感。

10. 烘烤

擺放上步驟2的奶油砂糖碎粒（m），上火260℃・下火200℃，約烘烤10分鐘。

皮力歐許

Brioches

皮力歐許雖是軟質麵包，同時也是一款對麵團組織要求十分確實，強而有力的麵包。我個人對於自己做出的皮力歐許，設定了許多的條件。像是柔軟內側絲毫不能有乾燥狀況，雖然口感潤澤但同時也必須兼有彈力，甘甜風味在舌尖上散開的同時，要兼具奶油的濃郁香氣，但卻不能有雞蛋的腥味。表層外皮厚實但香甜，放至次日也不會塌陷或產生皺折，整體的印象是濃郁的風味並且餘韻十足。

爲了實現這樣的條件，首先就必須控制酵母菌的用量。用量越多麵團就會越乾燥。加入大量鮮奶油的配方，是爲了追求滑順的口感。麵粉吸水性佳和濃厚風味是基本的選項，因此採用自我分解法，使其在烤箱內得以充分延展並且能發揮麵粉的美味。雖然希望能在食用時感覺到輕盈的口感，但是一旦體積過度膨脹，會變得乾燥、味道也會變得薄弱，所以絕對不能過度攪拌以避免過度發酵。話雖如此，反之若是麵團過度緊實口感變差，又會變成口感太過沈重的麵包，所以經驗和集中注意力分辨麵團狀態非常必要。在烤焙時請不要猶豫地充分進行烘烤。如果火候不夠，雞蛋的腥味無法排出，也烤不出表層外皮的香氣和美味。

1. 中種 Ⓛ4分鐘 揉和完成溫度 22~23℃
26℃ 80% 1小時→6℃ 20~24小時

2. 自我分解法 Ⓛ3分鐘 → 奶油↓Ⓛ2分鐘
揉和完成溫度23℃ 6℃ 12~24小時

3. 正式揉和 Ⓛ3分鐘＋Ⓗ5分鐘 → 奶油½↓
Ⓛ2分鐘→奶油½↓Ⓛ2分鐘→
Ⓗ2分鐘 揉和完成溫度23℃

4. 一次發酵 26℃ 80% 1小時30分鐘 ~2小時

5. 分割・滾圓 32g 圓形

6. 整形 雪人形狀 皮力歐許模(直徑6cm)

7. 冷卻 -6℃ 3~12小時

8. 最後發酵 27℃ 80% 3小時

8. 烘烤 ㊤255℃ ㊦230℃ 約8分鐘

配方(粉類2kg 的用量)

●中種

高筋麵粉(Petika) 20%(400g)

A
- 鹽 0.5%(10g)
- 新鮮酵母菌 0.5%(10g)
- 鮮奶油(乳脂肪成分41%) 18%(360g)

●自我分解法

高筋麵粉(3 GOOD) 80%(1600g)

B
- 細砂糖 12%(240g)
- 蛋黃 30%(600g)
- 牛奶 30%(600g)

無鹽奶油 20%(400g)

●正式揉和

中種 如左所記的全部份量

自我分解法麵團 如左所記全部份量

C
- 鹽 1.5%(30g)
- 新鮮酵母菌 2%(40g)
- 牛奶 6%(120g)

無鹽奶油 40%(800g)

蛋液

1. 中種

將材料A放入攪拌缽盆中，用攪拌器混拌(a)。加入粉類後，以低速攪拌4分鐘(b：揉和完成)。揉和完成溫度22~23℃。

整合麵團成圓形後，放入缽盆中(c)，在26℃・濕度80%的環境下使其發酵1小時，放入冷藏(6℃)使其發酵20~24小時(d：內部因發酵而產生了氣泡)。

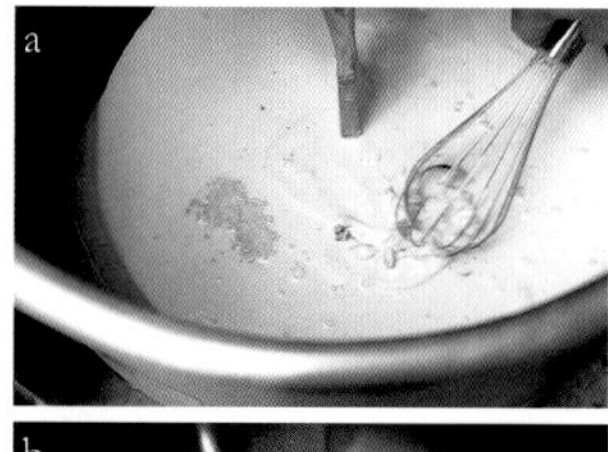

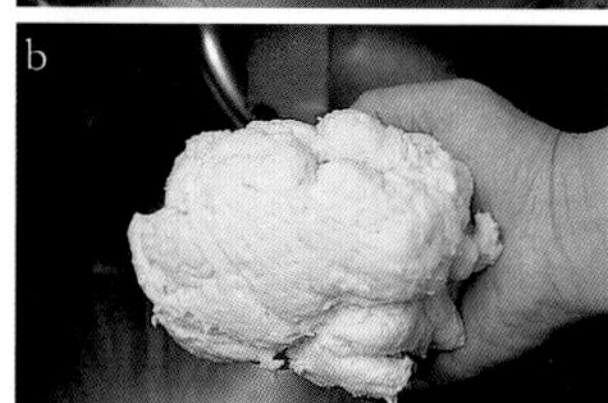

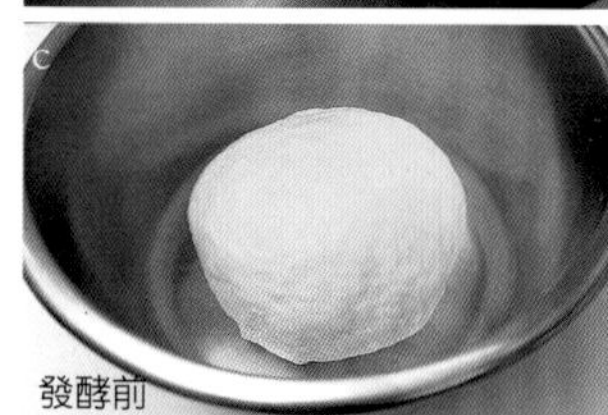

發酵前

發酵後

2. 自我分解法

將材料B放入攪拌缽盆內用攪拌器混拌(e)。加入粉類用低速攪拌3分鐘。加入用手捏成小塊的奶油(f)，以低速攪拌2分鐘。麵團不用攪拌成離缸的狀態即可(g)。揉和完成溫度23℃。

稍加整合輕按壓後移至缽盆中，放入塑膠袋內冷藏(6℃)，使其酵 12~24小時。

＊因自我分解法而進行熟成，所以在烤箱的延展性也較好。此外能縮短正式揉和的時間。

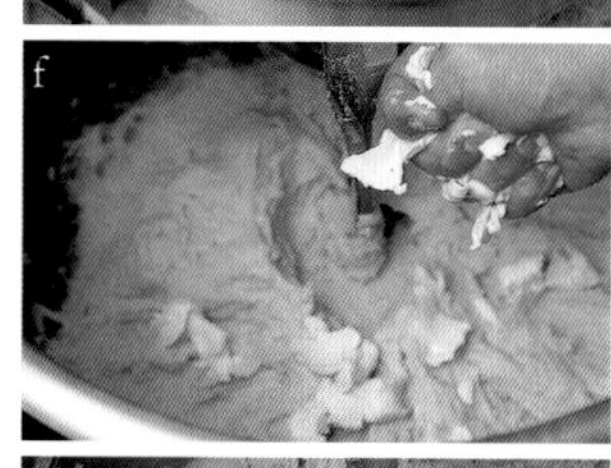

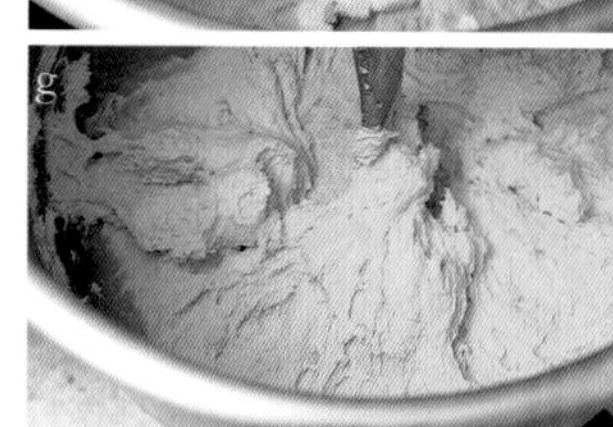

3. 正式揉和

將材料C放入攪拌缽盆內用攪拌器混拌。將步驟1的中種與2的自我分解法麵團撕成小塊加入(h)，用低速攪拌3分鐘。刮落附著在缸邊的麵團，再改以高速攪拌5分鐘。加入用手捏成小塊，用量一半的奶油(i)，以低速攪拌2分鐘，同樣地再放入其餘的奶油，以低速攪拌2分鐘。待奶油完全混拌後，轉爲高速攪拌2分鐘。攪打至麵團滑順且產生光澤，成爲拉動麵團時，底部會自然彈起，具有強烈彈性的麵團(j)。揉和完成溫度23℃。

＊加入奶油前先形成麵筋組織。因奶油會阻礙麵筋組織的形成，因此配方中奶油較多時，分兩次加入，以減輕對麵團的傷害。

＊揉和完成的標準，是將麵團薄薄地拉開至產生破洞時，破洞的邊緣不是不規則狀態，而呈平滑線條時即可。

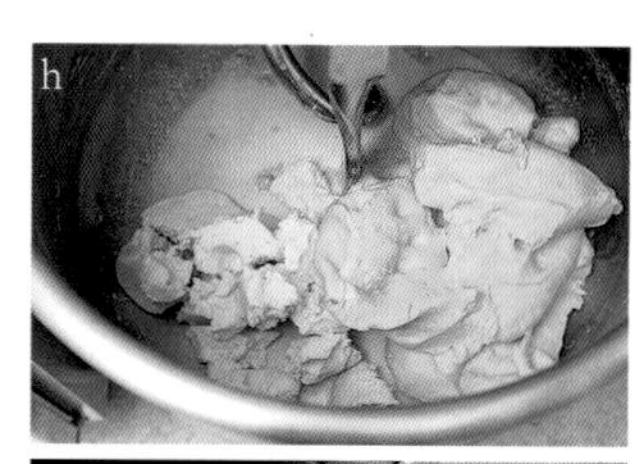

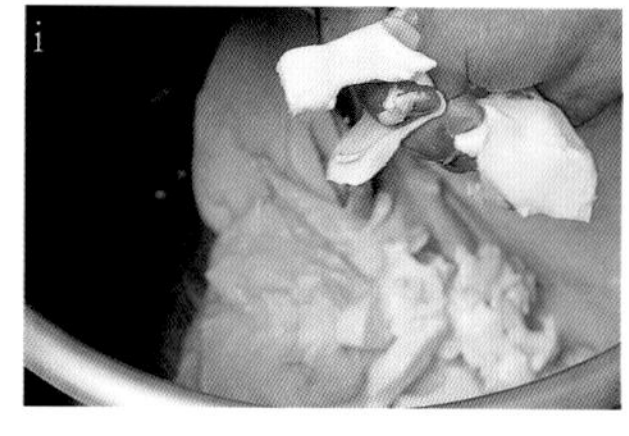

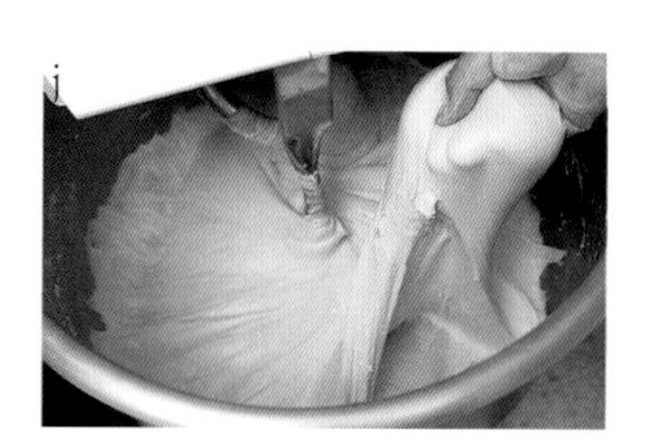

4. 一次發酵

使麵團內含有空氣地將麵團整合後，放入發酵箱內，以26℃・濕度80%的環境下使其發酵1小時30分鐘 ~2小時。

表層外皮無論是爲了保持柔軟內側的水分、或是爲了風味，都希望能烘烤得略爲厚實。烘烤至烤焦前一刻爲止，充分烘烤成固定狀態，可以防止塌陷或皺折。爲能支撐配方中的油脂而必須要形成麵筋組織，但若是麵筋組織過度形成，會使得麵團體積增加而變得粗糙乾燥。麵包內側在細小氣泡之間混雜著粗大氣泡，在柔軟中有適度口感是皮力歐許魅力的指標。

5. 分割・滾圓

將麵團放至烤盤上(k)，在表面撒上手粉用手將麵團薄薄地攤開。爲方便作業地先放置冷凍庫(-6℃)，約3小時使其緊實。

取出後，分切成32g(l)，迅速地將麵團輕輕地滾圓(m左)。放置冷凍庫使其緊實後，再次滾圓(m右)，再次放入冷凍庫緊實麵團。

＊若沒有這般再三冷卻麵團地進行作業，會因手心的溫度而使得奶油因而融出。

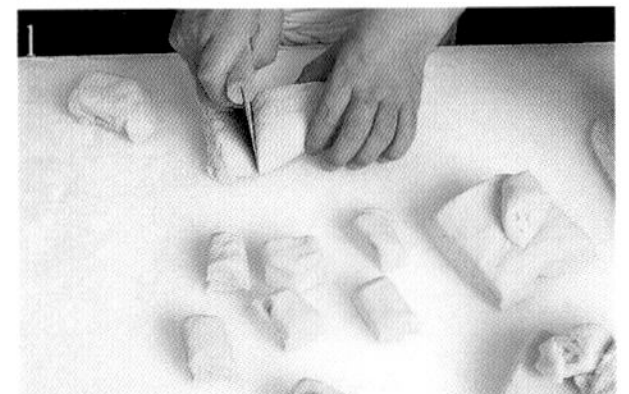

6. 整形

撒上手粉，用手刀貼著麵團前後稍加滾動，做成雪人般的頭形(n)。頭部朝上地放入皮力歐許模型(直徑6cm)中，用手指將頭部下方麵團按壓至底部(o)，使頭部安置於模型中央(p)。

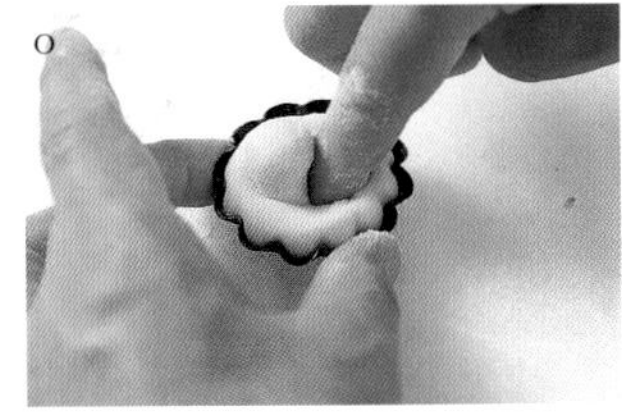

7. 冷卻

放置冷凍庫(-6℃)，使其冷卻3~12小時。

8. 最後發酵

在18℃・濕度80%的環境中放置2小時使其解凍，在27℃・濕度80%的環境下使其發酵3小時。

＊冷卻中的麵團，突然放置於27℃的環境中使其發酵，很容易在烘烤過程中，造成麵團中央的頭部坍塌。

9. 烘烤

刷塗上蛋液(q)，並排放在層疊2層的烤盤上。以上火255℃・下火230℃烘烤8分鐘。烘烤完成後，立即脫模。

◎皮力歐許吐司
Brioche Nanterre

烘烤成方型的皮力歐許，就稱爲皮力歐許吐司(皮力歐許拿鐵魯)。

分割：250g

滾圓・整形：整形成符合方型模長度的四角形，從身體向前方開始捲動2圈(與左側步驟5相同地，邊冷卻邊進行2次的滾圓作業：m左後方第1次、m右後方第2次)。接合處朝下地放入方型模(長20×寬7×高8cm)，與步驟7・8相同。

烘烤：以上火210℃・下火200℃烘烤約30分鐘。表面塗抹上鏡面果膠即完成。

④

老麵製作的麵包

埃德爾麵包

Edelbrot

我理想的吐司麵包就如同白米的米飯一樣。雖然柔軟，但就像吃米飯時一樣有嚼感，而且是 Q 彈的口感。吃起來軟綿綿的吐司，烘烤後的麵團體積約是揉和完成的 4~5 倍，是不太有嚼感的，同時也無法感受到小麥的美味。

先放下吐司麵包應該就是這個樣子的既有想法，自由發揮所創造出的就是這款麵包。只要稍稍改變模型，看起來的印象就完全不同。想法跳出窠臼的呈現，是否很有新鮮感呢？雖然可以選擇各式發酵種，但在此挑選的是除了酵母菌的安定感之外，還帶有熟成酵母所特有的甘甜及略微酸味的老麵種。低溫 15 小時發酵，伴隨著小麥的美味，還隱約帶著溫和的甘甜風味。要製作出讓人想到米飯般柔和又潤澤的吐司麵包，這眞是最適當的發酵種。

在清爽之中帶著 Q 彈口感，用攪拌無法完全製作出麵團，使表面麵筋緊實的手工作業，是製作時不可或缺的一環。這樣的手法，承襲自大師福田元吉先生，也是我個人重要的資產。雖然多一道手續，但卻能更愼重地發揮其中的美味，相信這樣的麵包一定可以更加豐富餐桌上的每一天。

1. 攪拌 Ⓛ5分鐘＋Ⓗ30秒→奶油↓Ⓛ2分鐘→Ⓗ30秒 揉和完成溫度20°C

2. 增加體積 三折疊 ×2次

3. 低溫長時間發酵 21°C 80% 15小時 pH6.2（18°C 80% 18小時）

4. 分割・滾圓 200g×2個 圓形

5. 整形 圓形×2個 薄木片製的帽型麵包盤（PANIER）（長20×寬13×高6cm）

6. 最後發酵 27°C 80% 3小時

7. 烘烤 ㊤218°C ㊦200°C 約27分鐘
蒸氣：放入烤箱後

配方（粉類3kg的用量）

高筋麵粉（3 GOOD） 90%（2700g）
法國麵包專用粉（Mont Blanc） 10%（300g）
鹽 2%（60g）
細砂糖 4%（120g）
麥芽糖漿液＊ 0.8%（24g）
老麵 5%（150g）
水 約68%（約2040g）
無鹽奶油 5%（150g）

＊使用與麥芽糖漿原液等量的水分（配方外）溶解的液體。

1. 攪拌

將水、鹽、細砂糖、麥芽糖漿液放入攪拌缽盆中，用攪拌器混拌（a）。加入粉類（b），邊將老麵撕成小塊加入，一邊以低速攪打5分鐘（c）。攪拌過程中，必須將附著在周圍的麵團刮落下來。用高速攪打30秒，加入用手捏成小塊的奶油（d），以低速攪拌2分鐘。待奶油混拌完成後，改以高速揉和30秒。變成延展性佳且平滑光澤的麵團（e）。

揉和完成溫度20°C。將麵團放入發酵箱中，在26°C・濕度80%的環境下靜置10分鐘。

＊攪拌的時間過長時，麵筋組織會更發達，如此在這個階段過度形成麵筋組織時，體積會過度膨脹，變成軟而沒有嚼感的麵包。因而在此稍稍留下可以在下個階段中調整膨脹體積的餘地。

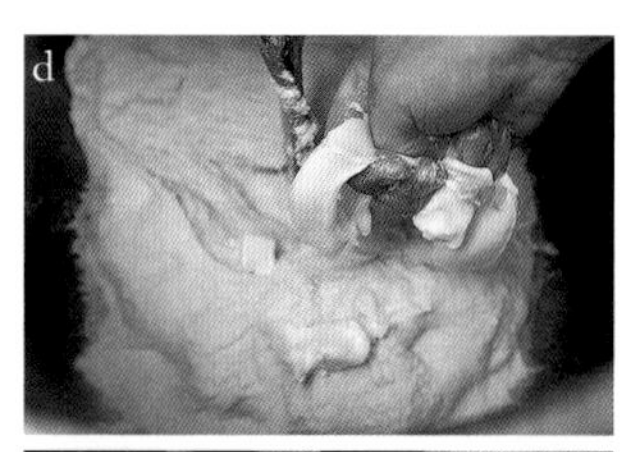

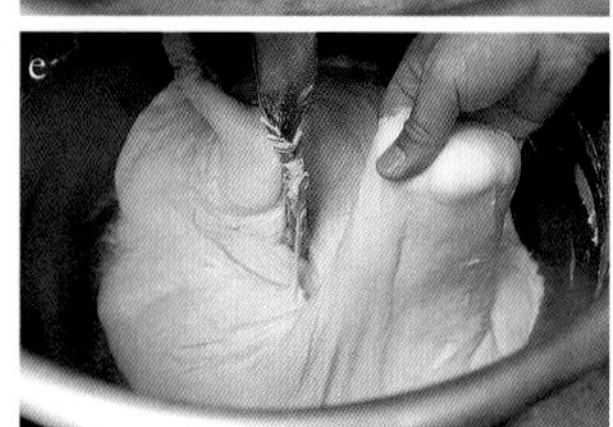

2. 增加體積

撒上手粉，將麵團放置於工作檯上，進行2次三折疊作業。拉開四角使其開展成四方形（f），左右輕輕地拉開麵團向中央折疊1/3，上下也同樣地折疊1/3（g）。

＊重覆2次三折疊作業，是為了增加向上體積的膨脹。體積的膨脹取決於折疊時拉動麵團的力道。強大力量拉緊麵團折疊時，可以更增加體積的膨脹，產生鬆軟的口感。但在此作業中，為了要做出略有嚼感的風味，所以用較輕的力道來進行折疊。

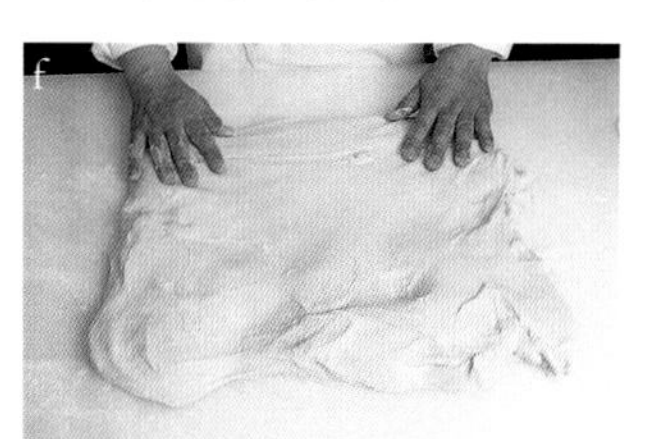

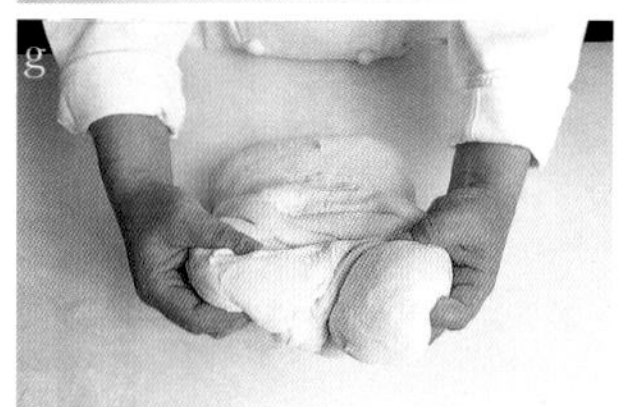

3. 低溫長時間發酵

折疊作業結束後，將接合口朝下地放入發酵箱中（h），在21°C・濕度80%的環境下使其發酵15小時（i）。發酵後pH6.2。發酵的標準，輕輕搖動發酵箱時，氣泡會略略浮上來的程度。

＊也可以在18°C・濕度80%的環境下使其發酵18小時。

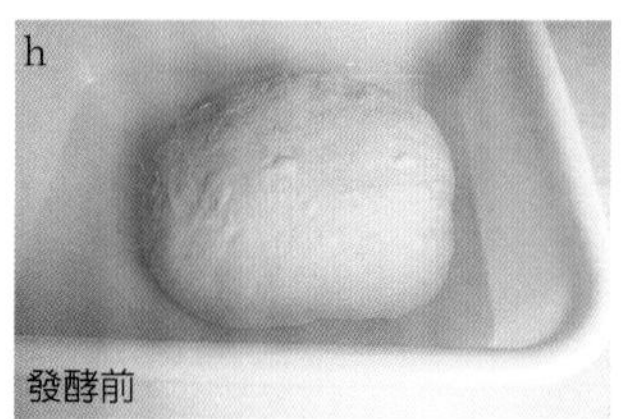

發酵前

發酵後

將過去吐司麵包必須向上膨脹體積的既定概念放下，如果將完成的麵團放置在底面積寬淺的模型中烘烤，就會形成氣泡橫向延展的柔軟內側。沒有向上膨脹的體積，取而代之的是Q彈嚼感和香濃風味。薄木片製成的帽型麵包盤，因爲沒有金屬製品的熱傳導，因此不太容易形成表層外皮，除了表層不同之外烘烤出的顏色也較淡。缺乏表層外皮對柔軟內側的保護力較弱，所以保存期限也較短。

4. 分割・滾圓

撒上手粉，將麵團放置於工作檯上。麵團已形成了細緻的麵筋網狀組織(j)。分割成200g，避免麵團內部氣體逸出地輕柔滾圓處理，但表面確實地使其緊實呈圓形(k)。底部貼合處確實地黏合非常重要(l)。放置於室溫(23℃)下靜置40~60分鐘。

＊因靜置時間較長，爲避免過程中鬆弛，在緊實表面後，接口貼合處必須確實仔細黏合。

j

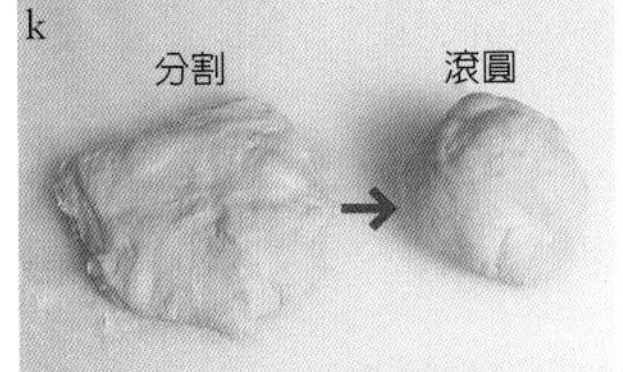

k

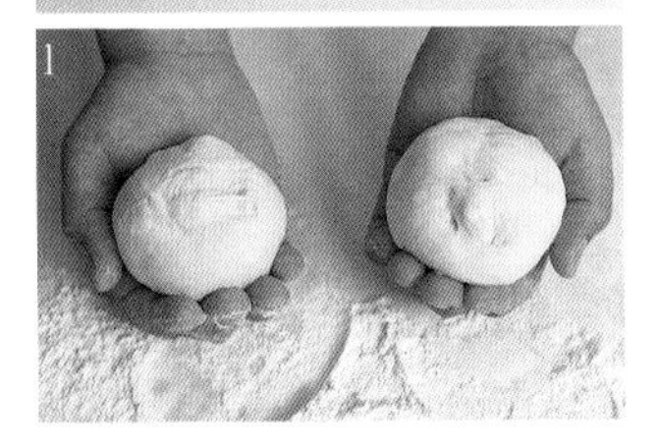
l

5. 整形

與步驟4滾圓相同的要領，再一次滾圓緊實表面。接口貼合處朝下地，將兩個麵團排放在舖有烘焙紙的帽型麵包盤中（薄木片籃：長20×寬13×高6cm）(m)。

m

6. 最後發酵

在27℃・濕度80%的環境下使其發酵3小時(n)。

＊相較於溫度，3小時的時間長度更是重要。如果發酵進行得太過迅速，可以降低1℃來調節。若發酵過度時，就會出現酸味。

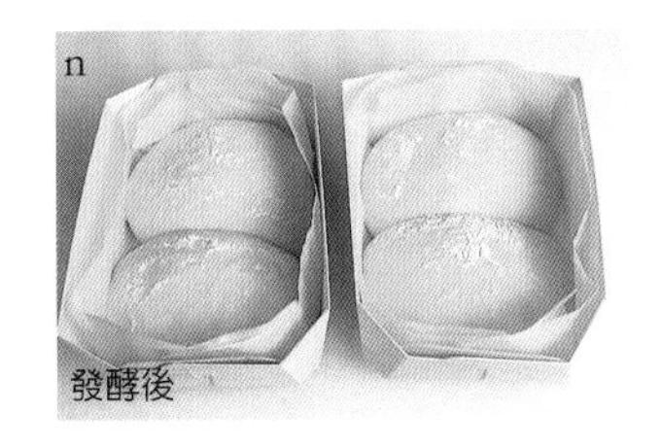

n

7. 烘烤

並排在滑送帶(slip peel)上。以上火218℃・下火200℃，放入烤箱後注入蒸氣，約烘烤27分鐘。直接以帽型麵包盤販售。

德國小麥麵包

Weizenbrot

曾經在德國嚐過加了稱爲夸克（Quark Cheese）新鮮起司的麵包。夸克起司的脂肪成分和酸味，與柔軟麵團搭配交疊的潤澤口感，是款非常柔和的麵包。由當時的記憶出發，就興起在吐司麵包中添加優格的想法。

爲了讓小朋友和年長者都可以開心地享用，因此完成的是Q彈度較低，口感較爲柔軟的麵包。只是口感較輕盈，風味也容易因此而變淡。這個略嫌不足之處，可以用優格的酸味和蔗糖的濃郁來補足，使得每口咬下都能散發出好滋味。即使不是當作吐司，也很適合製成美味的三明治。

1. 攪拌 Ⓛ5分鐘＋Ⓗ30秒→奶油⬇Ⓛ2分鐘→Ⓗ30秒 揉和完成溫度20°C
2. 增加體積 三折疊 ×2次
3. 低溫長時間發酵 21°C 80% 15小時（18°C 80% 18小時）pH6.1 膨脹率約2倍
4. 分割・滾圓 200g 圓形 ×2個
5. 整形 圓形×2個 方型模（20×8×高8cm）
6. 最後發酵 27°C 80% 3小時
7. 烘烤 ㊤218°C ㊦200°C 約30分鐘 蒸氣：放入烤箱後

配方（粉類3kg 的用量）

高筋麵粉（3 GOOD） 70%（2100g）
法國麵包專用粉（Mont Blanc） 20%（600g）
法國產麵粉（Type 65） 10%（300g）
鹽 2%（60g）
蔗糖 4%（120g）
麥芽糖漿液＊ 1%（30g）
老麵 5%（150g）
優格（原味） 8%（240g）
水 約58%（1740g）
無鹽奶油 10%（300g）

＊使用與麥芽糖漿原液等量的水分（配方外）溶解的液體。

1. 攪拌

將水、鹽、蔗糖、麥芽糖漿液、優格放入攪拌缽盆中，用攪拌器混拌（a）。加入粉類（b），邊將老麵撕成小塊加入，一邊以低速攪打5分鐘（c）。攪拌過程中，必須將附著在周圍的麵團刮落下來。用高速攪打30秒，加入用手捏成小塊的奶油（d），以低速攪拌2分鐘。待奶油混拌完成後，改以高速揉和30秒。成為麵筋形成得恰到好處的麵團（e）。揉和完成溫度20°C。將麵團放入發酵箱中，以26°C・濕度80% 的環境下靜置10分鐘。

＊攪拌的時間過長，麵筋組織會更發達，若在這個階段過度形成麵筋組織，體積會過度膨脹，變成軟而沒有嚼感的麵包。因此在此步驟稍稍留下可以在下個階段中，調整膨脹體積的餘地。

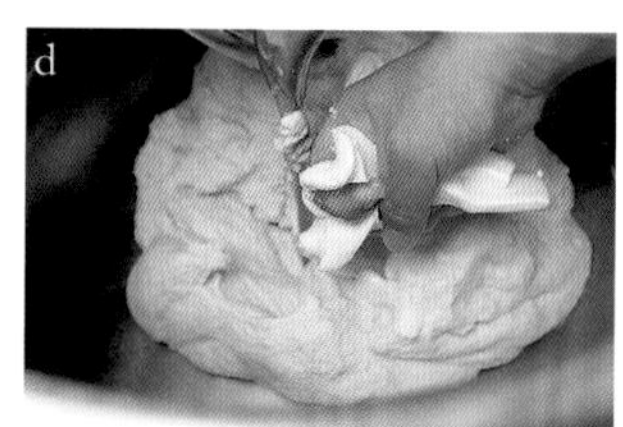

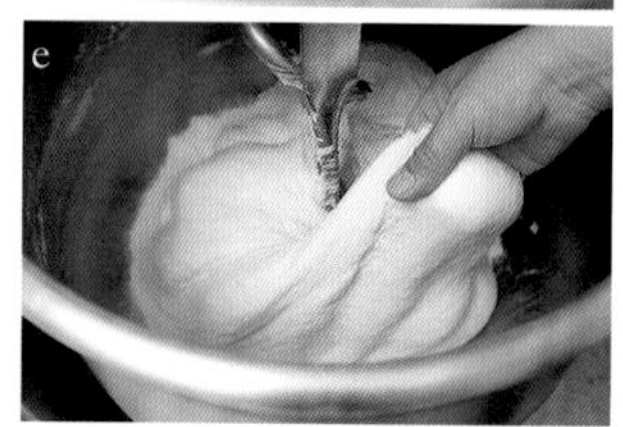

2. 增加體積

撒上手粉，將麵團放置於工作檯上，進行2次三折疊作業。拉開四角使其開展成四方形（f），左右輕輕地拉開麵團向中央折疊1/3，上下也同樣地折疊1/3（g）。

＊重覆2次三折疊作業，是為了增加向上體積的膨脹。體積的膨脹取決於折疊時拉動麵團的力道。強大力量拉緊麵團折疊，可以更增加體積的膨脹，產生鬆軟的口感。但在此步驟，為了要做出略有嚼感的風味，所以用較輕的力道來進行折疊。

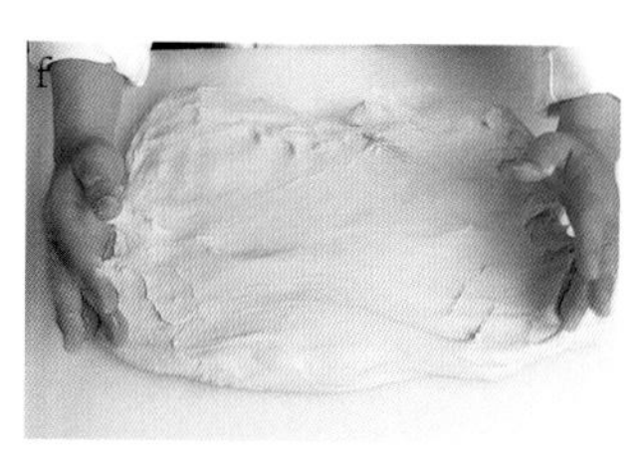

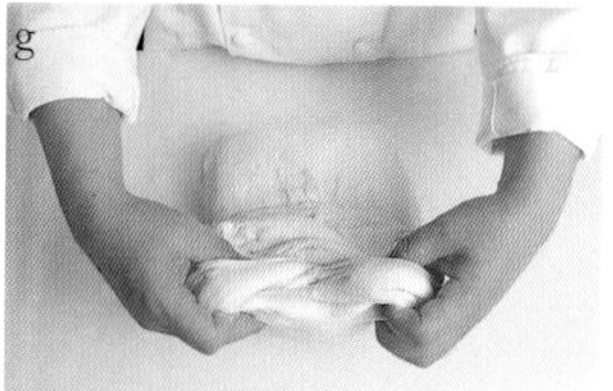

3. 低溫長時間發酵

折疊作業結束後，將接合口朝下地放入發酵箱中，在21°C・濕度80% 的環境下使其發酵15小時。發酵後pH6.1。膨脹率約2倍（h）。

＊也可以在18°C・濕度80% 的環境下使其發酵18小時。

優格和奶油的乳脂肪成分會使麵包內側更為柔軟。口感潤澤纖細的柔軟內側與厚實堅硬的表層外皮，在風味和口感上不太搭配，所以將表層外皮烘烤成薄軟的口感。雖然在攪拌時可以使麵團體積更加膨脹，但稍加控制膨脹體積，就能夠留下嚼感又能品嚐到濃郁的風味。

4. 分割・滾圓

撒上手粉，將麵團放置於工作檯上。麵團已形成了細緻的麵筋網狀組織(i)。分割成200g，避免麵團內部氣體逸出地輕柔滾圓，但表面要確實地使其緊實呈圓形(j)。底部貼合處確實地黏合非常重要(k)。放置於室溫(23℃)下靜置40~60分鐘。

＊因靜置時間較長，為避免過程中鬆弛，在緊實表面後，接口貼合處必須確實仔細黏合。

i

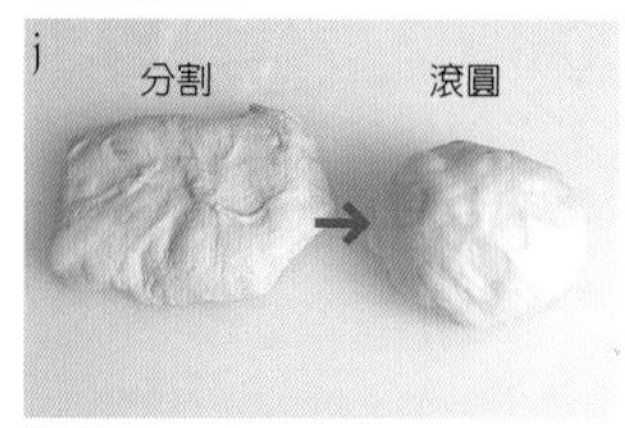

j

k

5. 整形

與步驟4滾圓相同要領地緊實表面，再次滾圓。接口貼合處朝下地各將兩個麵團排放在方型模內(長20×寬8×高8cm)(l)。

l

6. 最後發酵

在27℃・濕度80%的環境下使其發酵3小時(m)。

＊相較於溫度，3小時的時間長度更是重要。如果發酵進行得太迅速，可以降低1℃來調節。若發酵過度，就會出現酸味。

m

7. 烘烤

並排在滑送帶(slip peel)上。以上火218℃・下火200℃，放入烤箱後注入蒸氣，約烘烤30分鐘。烘烤完成後立刻脫模。

＊蒸氣用量的標準是模型上略有水滴附著的程度。

胡椒堅果麵包

Poivre et noix

烘托出料理味道的同時也彰顯自身的存在感，讓人感受結合了料理的麵包。這是一款追求麵包與料理相組合的過程中，最後蘊釀而生的配方。特徵是加入了具優異保濕性的馬鈴薯泥，也因此柔軟內側感覺入口即化。表層外皮烘烤成輕薄狀態，粉紅胡椒與綠胡椒的爽口刺激與腰果的甘甜，巧妙舒適地讓濃郁的風味節奏迴盪不已。併用新鮮酵母，就可以強化發酵能力，縮短發酵時間。一天中需要烘烤多次的麵包烘焙店很適合此配方。

0. 預備　粉紅胡椒與綠胡椒的預備處理
1. 攪拌　Ⓛ3分鐘→豬油↓Ⓛ2分鐘→副材料↓Ⓛ2分鐘→Ⓗ1分30秒 揉和完成溫度23°C
2. 一次發酵　27°C 80% 2小時
3. 增加體積　三折疊 ×2次
4. 分割　75g 圓形
5. 整形　圓形
6. 最後發酵　27°C 80% 30分鐘
7. 烘烤　㊤250°C ㊦210°C 約25分鐘 蒸氣：放入烤箱後

配方（粉類1kg 的用量）

法國麵包專用粉（LYS DOR） 70%（700g）
中筋麵粉（麵許皆伝） 17%（170g）
全麥麵粉（Stein Mahlen） 13%（130g）

A
- 鹽 1.9%（19g）
- 細砂糖 1%（10g）
- 麥芽糖漿液*1 0.6%（6g）
- 馬鈴薯泥*2 10%（100g）
- 牛奶 10%（100g）
- 水 約58.5%（約585g）
- 新鮮酵母菌 1%（10g）

老麵 10%（100g）
豬油 2%（20g）
粉紅胡椒 0.5%（5g）
水煮綠胡椒 1%（10g）
腰果（烘焙過） 30%（300g）

＊1 使用與麥芽糖漿原液等量的水分（配方外）溶解的液體。
＊2 去皮馬鈴薯燙煮後，用食物調理機攪打成滑順泥狀，冷卻備用。因為馬鈴薯泥可以提高麵團的保濕性，是非常具有效果的材料。10% 程度完全不會影響麵包風味。

0. 預備

將粉紅胡椒浸泡至熱水5分鐘使其軟化，泡軟並瀝乾水分後計量。水煮綠胡椒也瀝乾水分後計量。

1. 攪拌

將材料A放入攪拌缽盆中，用攪拌器混拌（a）。加入粉類，邊將老麵撕成小塊加入，一邊以低速攪打3分鐘。將豬油以擦抹在麵團表面的方式加入混拌（b），以低速攪拌2分鐘。加入預備好的粉紅胡椒、綠胡椒、腰果（c），低速攪打2分鐘後，轉為高速攪打1分30秒。攪打後成為沾黏柔軟的麵團（d）。揉和完成溫度23℃。

2. 一次發酵

輕輕整合麵團後放入發酵箱中，在27℃・濕度80% 的環境下使其發酵2小時。

3. 增加體積

撒上手粉，將麵團放置於工作檯上。麵筋的網狀組織形成得恰到好處（e）。
進行2次三折疊作業。拉開四角使其開展成四方形，左右輕輕地拉開麵團向中央折疊1/3，上下也同樣地折疊1/3（f）。折疊作業結束後，將接合口朝下地放入發酵箱中，在26℃・濕度80% 的環境下靜置30分鐘。

4. 分割

再次將麵團放回工作檯上，分割成75g（g），輕輕滾圓（h）。在26℃・濕度80% 的環境下靜置20分鐘。
＊靜置時間超過20分鐘時，會開始產生酸味。

5. 整形

再次重新滾圓。接口貼合處朝下地並排放置於折疊成山形的帆布上（i）。

6. 最後發酵

在27℃・濕度80% 的環境下使其發酵30分鐘。

7. 烘烤

用茶葉濾網在表面篩撒上薄薄的粉類，移至滑送帶（slip peel）上，劃切2道割紋（j）。上火250℃・下火210℃，放入烤箱後注入大量蒸氣，約烘烤25分鐘。

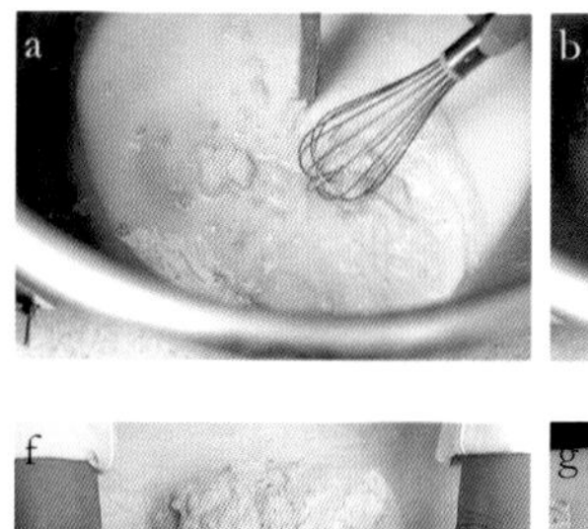
a

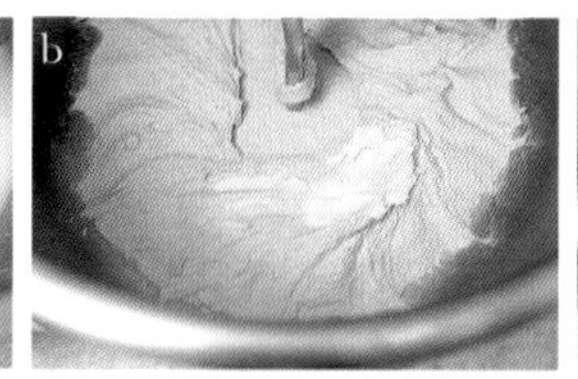
b

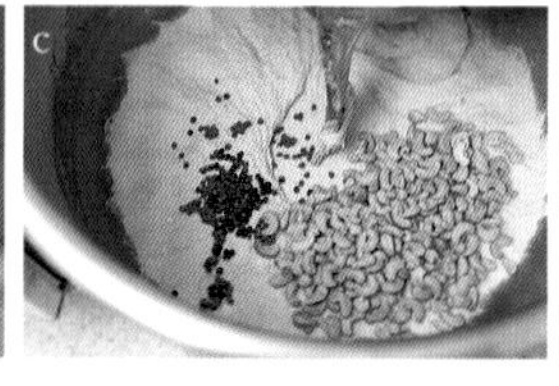
c

d

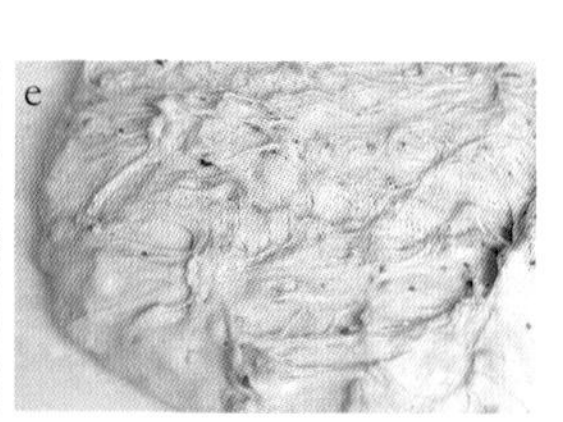
e

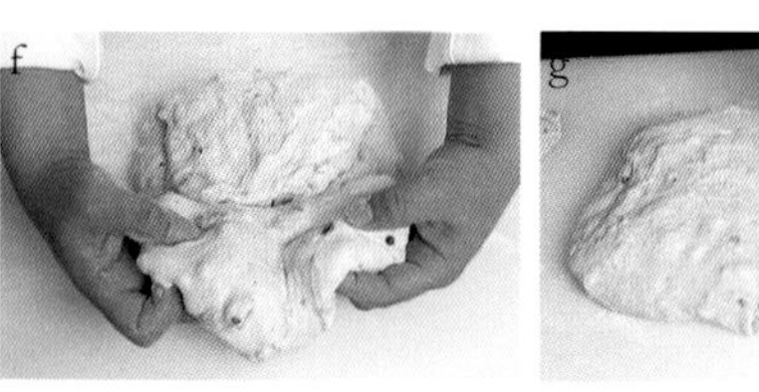
f g

h

i

j

芝麻地瓜麵包

Sésame et patate

自古以來廣受日本人喜愛，地瓜與芝麻的組合。混拌了鬆軟可口的烤地瓜，與煎焙得香噴噴的大量芝麻，製作而成潤澤香軟的麵包。適合當點心、也可做爲料理，更是日式餐桌上令人懷念的風味。不使用酵母菌而僅使用老麵，利用低溫長時間發酵製作，更可以增添溫潤的口感。

0. 預備　烤地瓜：將地瓜放入200°C的烤箱中烘烤

1. 攪拌　Ⓛ3分鐘＋Ⓗ2分鐘→奶油↓Ⓛ4分鐘→Ⓗ2分鐘→副材料↓Ⓛ約1分鐘
揉和完成溫度23°C

2. 一次發酵　27°C 80% 2小時

3. 增加體積　三折疊 ×1次

4. 分割、整形　300g 橄欖形

5. 最後發酵　27°C 80%　30分鐘

6. 烘烤　㊤240°C ㊦200°C 約25分鐘
蒸氣：放入烤箱前後

配方（粉類1kg 的用量）

法國麵包專用粉（LYS DOR）75%（750g）
高筋麵粉（Ocean）20%（200g）
全麥麵粉（Stein Mahlen）5%（50g）

A
- 鹽 2%（20g）
- 細砂糖 3%（30g）
- 麥芽糖漿液＊ 0.6%（6g）
- 全蛋 6%（60g）
- 水 約67%（約670g）
- 新鮮酵母菌 1%（10g）

老麵 10%（100g）
無鹽奶油 10%（100g）
烤地瓜 80%（800g）
煎香的黑芝麻 20%（200g）

●完成

白芝麻

＊使用與麥芽糖漿原液等量的水分（配方外）溶解的液體。

0. 預備

製作烤地瓜。地瓜帶皮洗淨，塗抹上沙拉油以鋁箔紙包妥後，放入200℃的烤箱中烘烤至8分熟（a）。待完全冷卻後連皮一起切成1.5cm的塊狀。

＊若烤至完全熟透，在攪打時會使形狀崩壞而融於麵團中。

1. 攪拌

將材料A放入攪拌缽盆中，用攪拌器混拌。加入粉類，邊將老麵撕成小塊加入，一邊以低速攪打3分鐘，再轉爲高速混拌2分鐘。加入用手捏成小塊的奶油，以低速混拌4分鐘。待奶油混拌完成後，改以高速混拌2分鐘。加入黑芝麻和預備好的烤地瓜（b），低速混拌至材料混合揉和完成（約1分鐘）。成爲沒有黏性的麵團（c）。揉和完成溫度23℃。

2. 一次發酵

輕輕整合麵團後放入發酵箱中，在27℃・濕度80%的環境下使其發酵2小時。

3. 增加體積

撒上手粉，將麵團放置於工作檯上。拉開四角使其開展成四方形，從左右輕輕地拉開麵團向中央折疊1/3。折疊作業結束後，將接合口朝下地放入發酵箱中，在26℃・濕度80%的環境下靜置20分鐘。

4. 分割・整形

再次將麵團放回工作檯上，分切成300g。整形成橄欖形，放在沾濕的廚房紙巾上滾動濡濕麵團後，再沾裹上白芝麻（d）。接口貼合處朝下地並排放置於折疊成山形皺摺的帆布墊上。

5. 最後發酵

在27℃・濕度80%的環境下使其發酵30分鐘。

6. 烘烤

斜向劃切4條割紋（e），移至滑送帶（slip peel）上。上火240℃・下火200℃，放入烤箱前注入少量蒸氣，放入烤箱後注入大量蒸氣，約烘烤25分鐘。

◎做出看得見烤地瓜的成品

分割：400g

整形：整形成圓柱體，與步驟4的要領相同地沾裹上白芝麻，用刀子分切成6等分的圓片狀。

最後發酵：將斷面朝向帆布墊的山形皺摺方向並排，與步驟5條件相同地進行發酵。

烘烤：與步驟6的條件相同，烘烤約20分鐘。

a

b

c

d

e

義式餐包

A l'italienne

番茄風味，近似於法國長棍麵包般硬質口感的這款麵包，在搭配油分較多的料理時，更能發揮最大的特色。與同樣以番茄爲主題 P.60 陽光番茄麵包 Tomatenbrot，因麵團組成不同，口感和風味更是大相逕庭。這款麵包中配方比例佔了 50% 的杜蘭粗粒小麥粉，用於製作義大利麵的杜蘭粗粒小麥粉，其原料小麥與麵包用小麥的種類不同，因此有其獨特的風味。在各項步驟時，都必須掌握最佳時間點來進行，需要一些些的經驗。此外，合併使用即溶乾燥酵母菌，是爲加強發酵能力以縮短時間。是款適合每天需要烘烤多次麵包烘焙店使用的配方。

0. 預備　油漬半乾燥番茄的事前預備
1. 攪拌　Ⓛ3分鐘 → 副材料↓Ⓛ5分鐘 揉和完成溫度23°C
2. 一次發酵　26°C 80% 2小時
3. 增加體積　三折疊 ×1次
4. 分割・滾圓　55g 圓形
5. 整形　圓形
6. 最後發酵　27°C 80% 40分鐘
7. 烘烤　上230°C 下200°C　約15~16分鐘 蒸氣：放入烤箱前後

配方（粉類1kg 的用量）

粗粒小麥粉（Semolina）50%（500g）
法國麵包專用粉（LYS DOR）30%（300g）
高筋麵粉（Ocean）20%（200g）

A
- 鹽 1.8%（18g）
- 細砂糖 2%（20g）
- 麥芽糖漿液* 0.4%（4g）
- 番茄泥 10%（100g）
- EV橄欖油 10%（100g）
- 水 約52%（約520g）

即溶乾燥酵母菌（saf）0.5%（5g）
老麵 10%（100g）
油漬半乾燥番茄 10%（100g）
羅勒葉（新鮮）0.5%（5g）

＊使用與麥芽糖漿原液等量的水分（配方外）溶解的液體。

0. 預備

油漬半乾燥番茄是將半乾燥番茄與各種香草及大蒜，一起放入橄欖油內浸漬而成。用廚房紙巾將番茄擦乾再切成1cm塊狀。

1. 攪拌

預先將即溶乾燥酵母菌放入粉類中，用手混拌均勻。將材料A放入攪拌缽盆中，用攪拌器混拌。再加入混和酵母菌的粉類(a)，邊將老麵撕成小塊加入，一邊以低速攪打3分鐘。加入預備好的半乾燥番茄和羅勒葉(b)，以低速混拌5分鐘。待番茄和羅勒葉完全混拌至麵團當中，麵團恰到好處地延展，成爲具沾黏性的麵團(c)。揉和完成溫度23°C。

2. 一次發酵

整合麵團後放入發酵箱中，在26°C・濕度80%的環境下使其發酵2小時。

3. 增加體積

撒上手粉，將麵團放置於工作檯上。拉開四角使其展開成四方形，從左右輕輕地拉開麵團向中央折疊1/3。折疊作業結束後，將接合口朝下地放入發酵箱中，在26°C・濕度80%的環境下靜置15分鐘。

4. 分割・滾圓

再次將麵團放回工作檯上，分切成55g，僅拉緊麵團表面，不施力地將麵團整合成圓形。在26°C・濕度80%的環境下靜置20分鐘。

5. 整形

與步驟4相同要領地重新滾圓。接口貼合處朝下地，並排放置於折疊成山形皺摺的帆布墊上。

6. 最後發酵

在27°C・濕度80%的環境下使其發酵40分鐘。

7. 烘烤

在麵團頂端用剪刀稍稍剪出切口(d)移至滑送帶(slip peel)上。
上火230°C・下火200°C，放入烤箱前注入少量蒸氣，放入烤箱後注入雙倍蒸氣，約烘烤15~16分鐘。
＊因此款麵團中含有糖分，加上圓形與烤箱底部接觸面積小，所以底部容易烤焦。因此下火要稍弱一些。
＊蒸氣用量過多時，麵團會受熱不均地鼓脹起來。

a

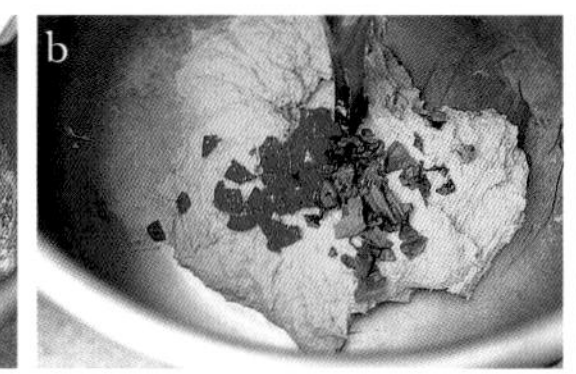
b

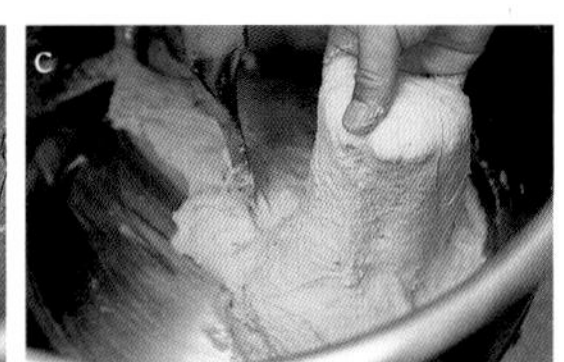
c

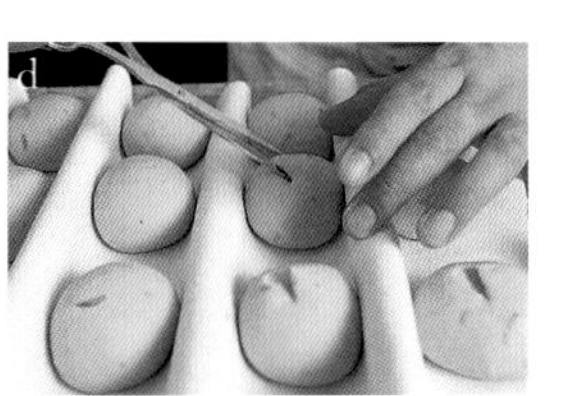
d

德國黑啤酒麵包

Bierbrot

想要製作出能讓人聯想到德國的啤酒麵包，因而想出了這款配方。使用啤酒，就一定是帶著甘甜略苦香氣，黑色印象的黑啤酒。在此使用的是 Guinness 健力士啤酒，德國也有傳統的俾斯麥黑麥生啤酒 Schwarzbier。烘烤後苦味幾乎消失，獨特的甜味更加明顯。

可能大家會想附著在表面豹紋般的紋路，到底是什麼呢？這是荷蘭麵包中經常看得到的表層。將上新粉麵團用酵母菌發酵出的結果。是米粉特有的，像烤麻糬般脆口的巧妙口感。主體麵團是搭配少量全麥麵粉和裸麥粉的濃郁配方，混入少量豬油使整體口感更加柔和。刷塗表層麵糊烘烤時，可以讓主體麵團不致乾燥地不斷延展，但表層麵糊直接受熱，因此在烘烤初期階段就會凝固，中途則無可避免地產生裂紋，最後就烤成這不可思議的紋路了。

1. 攪拌	Ⓛ3分鐘 → 豬油↓Ⓗ3分鐘 揉和完成溫度20°C
2. 低溫長時間發酵	18°C 80% 18小時
3. 分割・滾圓	大：300g 小：80g—圓形
4. 整形	飯團形狀
5. 最後發酵	26°C 80% 1小時
6. 表層麵糊	混拌完成溫度23~24°C 26°C 80% 40分鐘
7. 烘烤	上245°C 下195°C 約20分鐘 蒸氣：放入烤箱後

配方（粉類1kg 的用量）

●**主體麵團**

法國麵包專用粉(Mont Blanc) 50%(500g)
法國產麵粉(Type 65) 10%(100g)
全麥麵粉(Stein Mahlen) 20%(200g)
中粒裸麥粉(Allemittel) 20%(200g)
A
- 鹽 2.1%(21g)
- 麥芽糖漿液＊ 0.6%(6g)
- 黑啤酒(Guinness) 66%(660g)
- 水 10%(100g)

老麵 4%(40g)
豬油 3%(30g)

●**表層麵糊**

上新粉 12%(120g)
B
- 鹽 0.36%(3.6g)
- 細砂糖 3%(30g)
- 新鮮酵母菌 0.6%(6g)
- 水 13.8%(138g)

融化奶油(無鹽) 1.8%(18g)

＊使用與麥芽糖漿原液等量的水分（配方外）溶解的液體。

1. 攪拌

將材料A放入攪拌缽盆中，用攪拌器混拌(a)。加入粉類(b)，邊將老麵撕成小塊加入，一邊以低速攪打3分鐘，轉為高速攪打3分鐘。加入豬油(c)，以高速攪打3分鐘。拉起麵團時，成為可以從缽盆中剝離具彈力的麵團(d)。揉和完成溫度20℃。

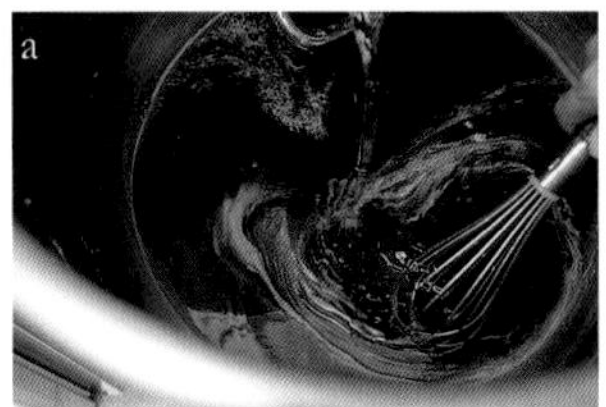
a

b

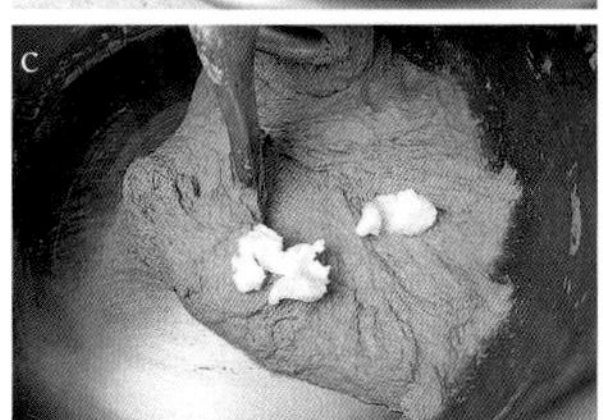
c

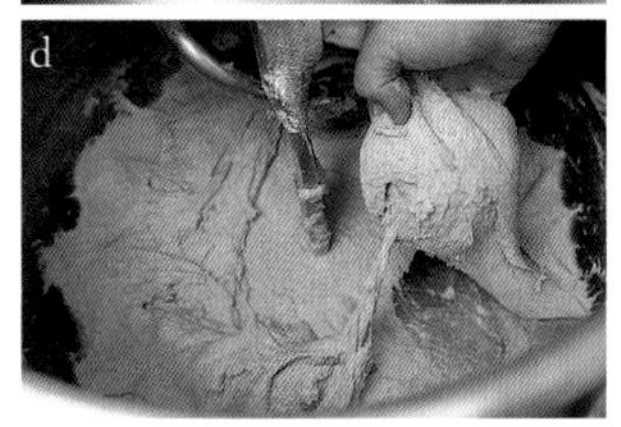
d

2. 低溫長時間發酵

整合麵團後放入發酵箱中(e)，在18℃・濕度80%的環境下使其發酵18小時(f)。

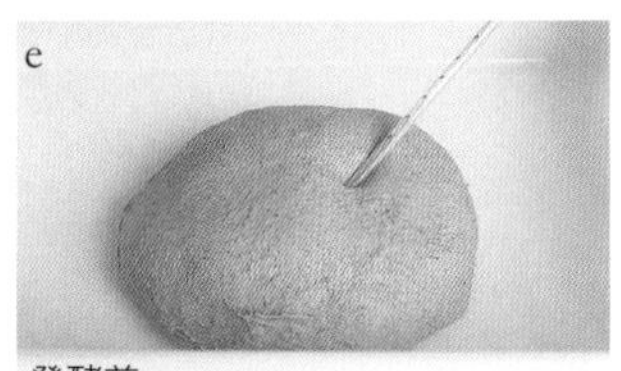
e
發酵前

f
發酵後

3. 分割・滾圓

撒上手粉，將麵團放置於工作檯上。分割成大300g、小80g，各別將其滾圓(g)。在26℃・濕度80%的環境下靜置40分鐘。

g

即使酵母用量較少，加入了全麥麵粉和裸麥粉的麵團，仍可以良好膨脹的一個範例。縱向延展的大型氣泡就是最好的證明。柔軟內側的口感比從配方用量來看更柔軟輕盈，這是因爲增加水分，烤箱內的延展良好，低溫長時間發酵有耐心地等待氣體產生，利用折疊作業使其成爲向上膨脹的結構。爲防止麵團在烘烤時太早凝固，而刷塗上表層麵糊也有很大的幫助。沒有表層麵糊的地方和底部內側，就會顯得較爲厚實。

4. 整形

大小麵團都壓平，從三個方向用力拉緊麵團向中央折疊，緊實麵團表面，麵團的接口緊密貼合固定，做成三角飯團的形狀(h)。接口貼合處朝下地排放在帆布墊上。

＊利用確實拉動麵團使其緊實地折疊作業，使麵團體積朝上膨脹。

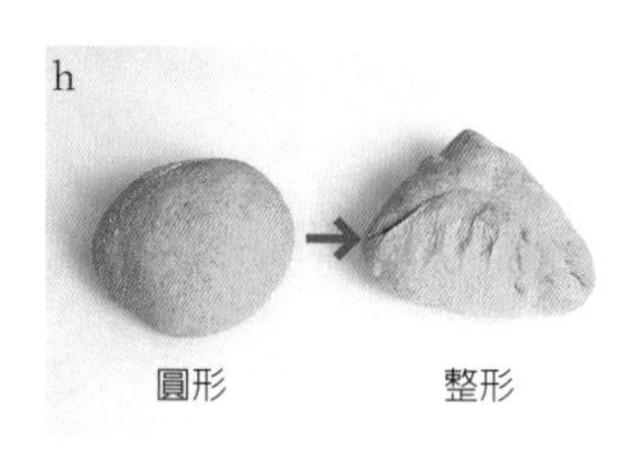

5. 最後發酵

在26℃・濕度80% 的環境下使其發酵1小時。

6. 表層麵糊

在缽盆中放入材料B用攪拌器混拌。加入上新粉混拌(i)、融化奶油一起混入。攪拌完成溫度24℃。覆蓋上保鮮膜，在26℃・濕度80% 的環境下使其發酵40分鐘，放入冷藏(6℃)備用。

7. 烘烤

將步驟5的麵團移至滑送帶(slip peel)上。將6的表層麵糊輕輕混拌至回復滑順狀態後，厚厚地刷塗在麵團表面(k)。

以上火245℃・下火195℃，放入烤箱後注入大量蒸氣，約烘烤20分鐘。

5

天然酵母種製作的麵包

法式天然酵母麵包

Pain au levain

宿於小麥上的菌種，僅以水和全麥麵粉就可自然培養出天然酵母種，或許也可以視爲最基本的麵包酵母。使用這種天然酵母種製成，最具代表性的麵包，就是法式天然酵母麵包。

在此介紹配方使用 40% 裸麥粉，比例高、且具分量的麵包。裸麥的強勁和重量，可以由天然酵母種的天然酸味中嚐到。使用配方比例如此高的裸麥粉，且使其發酵 14 小時，這在我個人的製作方法中，也算是相當少見的異數。因爲若再增加發酵時間，pH 值會過低造成麵筋組織斷裂而無法膨脹，所以發酵之後的作業，非常重要的必須不能延遲地快速進行。堅持長時間發酵的理由，是爲了產生有別於其他麵包的香氣。低溫長時間發酵的法式天然酵母麵包，具有熟成的獨特的香味。爲了讓這股香味能夠存留在麵團當中，請務必小心處理揉和完成的麵團，完全不需要壓平排氣的步驟。

風味、口感、香氣十足的這款麵包，建議可以切成薄片搭配肉類等強烈風味的菜餚享用。

1. 攪拌 Ⓛ3分鐘＋Ⓗ3分鐘 揉和完成溫度20℃
2. 低溫長時間發酵 18℃ 80% 14小時 pH5.2
膨脹率低於1.5倍
3. 分割・滾圓 1kg 圓形
4. 整形 圓形 籐籃（直徑24.5× 高8cm）
5. 最後發酵 27℃ 80% 2小時30分鐘
6. 烘烤 Ⓤ240℃ Ⓣ200℃ 約40分鐘
蒸氣：放入烤箱後

配方（粉類1.5kg 的用量）

法國產麵粉（Type 65） 30%（450g）
法國產麵粉（Moulo do piorro） 20%（300g）
全麥麵粉（Stein Mahlen） 10%（150g）
中粒裸麥粉（Allemittel） 10%（150g）
有機裸麥粉 30%（450g）
鹽 2.1%（31.5g）
麥芽糖漿液＊ 0.4%（6g）
天然酵母種 5%（75g）
水 約68%（約1020g）

＊使用與麥芽糖漿原液等量的水分（配方外）溶解的液體。

1. 攪拌

將天然酵母種撕成小塊加入用量水分中（a），浸泡15~20分鐘使其軟化。放入攪拌缽盆中，加入鹽、細砂糖、麥芽糖漿液，用攪拌器混拌（b）。加入粉類（c），以低速攪打3分鐘，改以高速攪拌3分鐘，至麵團產生光澤爲止（d）。揉和完成溫度20℃。

＊全麥麵粉和裸麥粉共計50%的配方用量，因此麵筋組織不容易形成，麵團呈沾黏狀態。

a

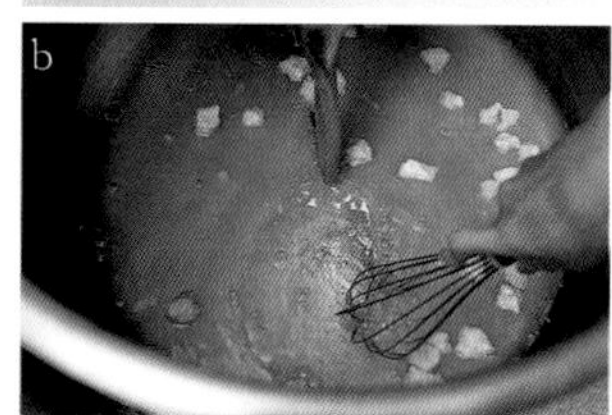
b

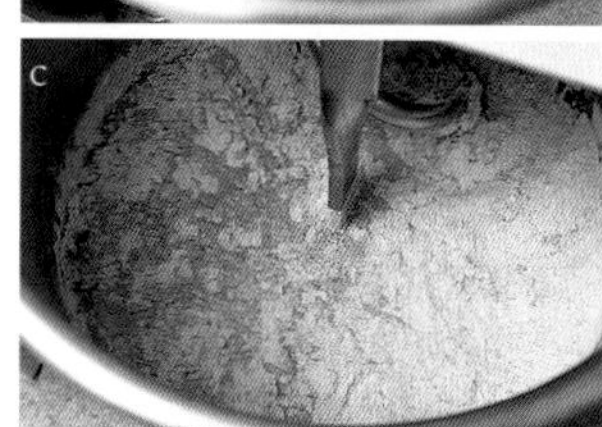
c

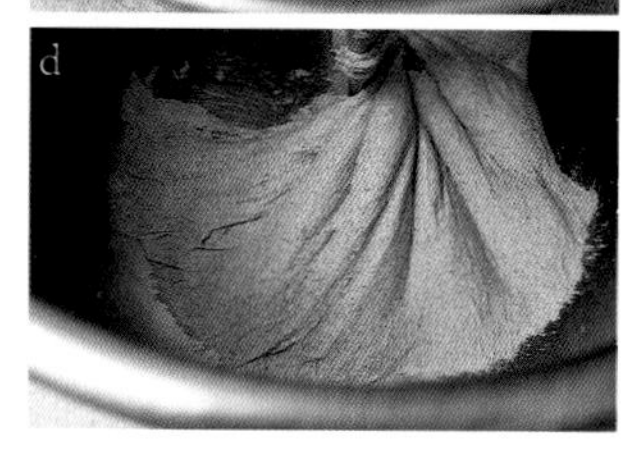
d

2. 低溫長時間發酵

麵團整合後，放入發酵箱中，在18℃・濕度80%的環境下使其發酵14小時（e・f）。膨脹率不到1.5倍。發酵後pH5.2。

＊14小時是發酵時間的上限。發酵時間更長時，酸味會過強而無法膨脹起來。

e
發酵前

f
發酵後

3. 分割・滾圓

撒上手粉（裸麥粉），將麵團放置於工作檯上。麵筋組織僅略微形成（g）。分割成1kg，輕柔地將其滾圓（h）。

＊爲避免發酵中產生的氣體（香味）流失，不破壞組織地輕柔處理非常重要。

＊其餘的麵團可以做成小麵包（右側頁面的◎）。

g

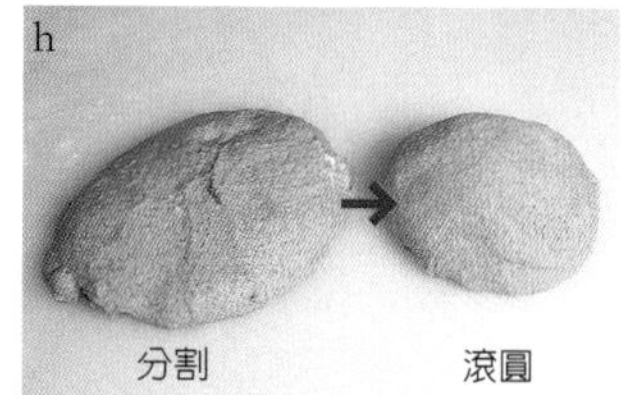
h
分割 滾圓

當裸麥粉達到配方比例的4成時，麵包內側的顏色就會呈現相當濃重的茶色，且具潤澤口感，氣泡中幾乎只能含有細微的空氣。這是因爲在烘烤時，麵團中的水分無法完全釋出，烤後的麵包仍含有較多水分的結果。天然酵母種無法像酵母菌一樣具安定的發酵力，因此氣泡並不均勻，加上中粒裸麥粉在阻礙麵筋形成上也助了一臂之力，使得麵團無法膨脹。而且厚實堅硬的表層外皮，有助於保持麵包柔軟內側的水分，因此保存天數較長。

4. 整形

在籐籃（直徑24.5cm×高8cm）內舖放編織網目較粗的麻布，再撒上裸麥粉。

爲避免麵團內氣體流失地，用手輕柔將麵團重新滾圓。麵團收口處全部集中於底部即可（i）。接口貼合處朝上地放置於籐籃中，接口處用手指捏緊使其貼合（j）。輕輕按壓麵團使麻布紋路輕印在麵團表面。

i

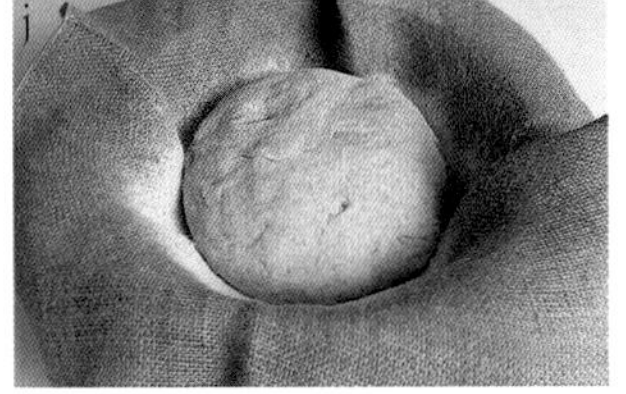

j

5. 最後發酵

在27℃・濕度80%的環境下使其發酵2小時30分鐘。

6. 烘烤

倒扣籐籃，將麵團放置在滑送帶（slip peel）上，若表面裸麥粉不足時，用茶葉濾網篩撒補足。劃切4道割紋（k）。

以上火240℃・下火200℃，放入烤箱後注入大量蒸氣，約烘烤40分鐘。

k

◎小麵包

分割・滾圓：70g 圓形

整形：圓形

最後發酵：接口貼合處朝下地並排放置在帆布墊上，用茶葉濾網篩撒上粉類，與步驟5相同條件地使其發酵90分鐘。

烘烤：與步驟6相同地劃切割紋，以上火258℃・下火200℃，約烘烤20分鐘（蒸氣與步驟6相同）。

葡萄乾核桃麵包

Rosinen und Walnuss

核桃和葡萄乾塞得滿滿的，重量沈甸甸比看起來更紮實的麵包。葡萄乾的甘甜、核桃的香濃與麵團的酸味巧妙地組合，風味獨特完全不會輸給滋味強烈的起司。只是添加了如此高量的副材料，越是揉和麵團，副材料就更有可能會破壞麵團的纖細組織，致使發酵能力減低。因此在整形時，避免任何大動作地進行即可。而且因葡萄乾糖分較高，烘烤時容易焦化，所以在表面撒上粉類即可防止燒焦。烘烤完可以立刻食用，或是放置一晚，葡萄乾和核桃的風味會滲入麵包之中，呈現另一番美味。

0. 預備	核桃・葡萄乾：浸泡水中15分鐘，用網篩撈起10分鐘
1. 攪拌	Ⓛ3分鐘＋Ⓗ6分鐘 → 副材料↓Ⓛ2分鐘 揉和完成溫度20℃
2. 低溫長時間發酵	18℃ 80% 14小時 pH5.2
3. 分割・整形	大：200g 小：100g— 橄欖形
4. 最後發酵	27℃ 80% 90分鐘
5. 烘烤	上258℃ 下200℃ 小：約20分鐘 大：約25分鐘 蒸氣：放入烤箱後

配方（粉類1.5kg 的用量）

法國產麵粉（Type 65） 30%（450g）
法國產麵粉（Meule de pierre） 20%（300g）
全麥麵粉（Stein Mahlen） 10%（150g）
中粒裸麥粉（Allemittel） 10%（150g）
有機裸麥粉 30%（450g）
鹽 2.3%（34.5g）
麥芽糖漿液＊ 0.4%（6g）
天然酵母種 3%（45g）
水 約80%（約1200g）
核桃（烘烤過） 40%（600g）
葡萄乾 30%（450g）

＊使用與麥芽糖漿原液等量的水分（配方外）溶解的液體。

0. 預備

開始攪拌的25分鐘前，先將烘烤過的核桃與葡萄乾浸泡在水（配方外）中，15分鐘後以網篩撈出放置10分鐘瀝乾水分。

1. 攪拌

將天然酵母種撕成小塊加入用量的水分中，浸泡15~20分鐘使其軟化。放入攪拌缽盆中，加入鹽、麥芽糖漿液，用攪拌器混拌。加入粉類，以低速攪打3分鐘，改以高速攪拌6分鐘（a）。加入準備好的核桃和葡萄乾（b），以低速混拌2分鐘。揉和完成溫度20℃。

2. 低溫長時間發酵

放入發酵箱中（c），在18℃・濕度80% 的環境下使其發酵14小時。發酵後 pH5.2。

3. 分割・整形

撒上手粉（極細裸麥粉），將麵團放置於工作檯上（d）。分切成大200g、小100g 的長條形，用手掌轉動使其成為橄欖形。撒上大量手粉後，並排放置在折疊成山形皺摺的帆布墊上（e）。

＊越觸摸麵團，葡萄乾及核桃就會越壓迫破壞到氣泡。因此不經過滾圓作業，也不進行折疊地步驟，僅轉動麵團整形。

＊使用大量葡萄乾時，會變得容易燒焦，因此表面撒上大量粉類。

4. 最後發酵

在27℃・濕度80% 的環境下使其發酵90分鐘。

5. 烘烤

若表面粉類不足時，用茶葉濾網篩撒補足，移至滑送帶（slip peel）上。大型麵包上劃切4道割紋（f），小型麵包則是橫向割劃出一字型的長形割紋。

以上火258℃・下火200℃，放入烤箱後注入大量蒸氣，小型約烘烤20分鐘、大型約烘烤25分鐘。

＊兩端較細的部分較容易燒焦，不要忘了撒上粉類。

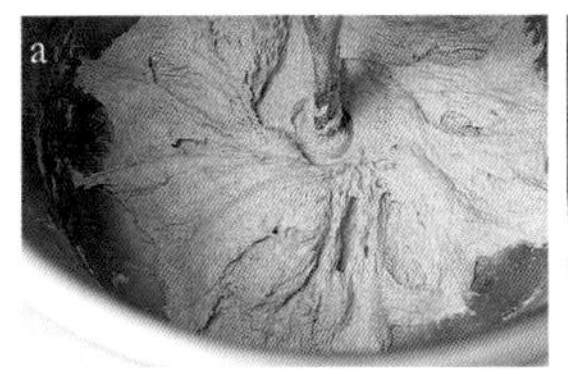
a

b

c
發酵前

d
發酵後

e

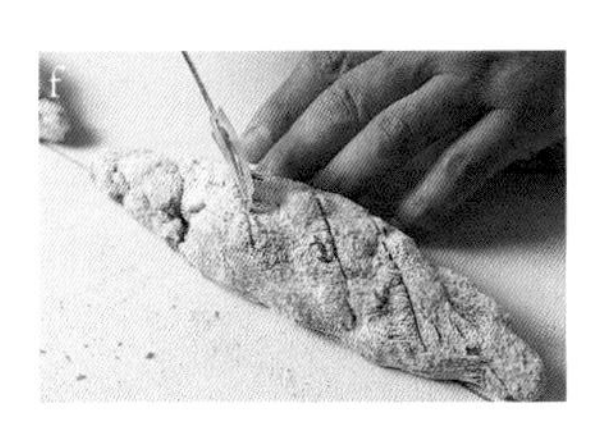
f

有機圓麵包

MARU Brot

用自己的眼睛和舌頭來挑選有機栽培的食材，用自己的雙手加工使其成為食品，再呈現給顧客們，我個人認為這正是積極參與自然界循環的一種方式。不僅是良好的食材，更重要的是不輸給食材地創造出美味的成品，並以大家認為合理的價格銷售。今後，也要將自己所擁有的技術與經驗發揮至極限，進行麵包製作的挑戰。

在此介紹的有機圓麵包，是以小麥為主體，裸麥和燕麥各佔配方比例的10%，無論哪一種都產自歐洲的有機（有機栽植）穀麥。一般而言，歐洲的有機穀麥傾向味道具特色且風味強烈，重要的是確實揉和之後，可以形成小麥麵筋且體積膨大。如果體積沒有膨脹起來，那麼麵包內側會是緊實且口感沈重，相對的強烈風味就會成為負擔。此外，有機穀麥的吸水率和發酵狀態並不太安定，也是最困難的地方。過度發酵時，酸味會變強，不能僅依賴時間或溫度，請務必仔細確認狀況判斷。

這款麵包含有現代人飲食生活中容易攝取不足的鐵質、鈣質和纖維質...等，最適合日常餐桌上享用。這是為了 JUCHHEIM DIE MEISTER 丸之內店所思考設計出的麵包，因而冠以 MARU 的名字。

1. 中種 Ⓛ7分鐘 揉和完成溫度26℃
26℃ 80% 3~4小時→6℃ 12~15小時
2. 正式揉和 Ⓛ10分鐘 揉和完成溫度23℃
3. 一次發酵 26℃ 80% 90分鐘 pH4.7
4. 分割・整形 2kg 圓形 籐籃(直徑24.5× 高8cm)
5. 最後發酵 27℃ 80% 3小時
6. 烘烤 Ⓤ240℃ Ⓓ220℃ 約1小時
蒸氣：放入烤箱前後

配方(粉類4kg 的用量)

●中種

全麥麵粉(Dio Type170) 16.5%(660g)
天然酵母種 13.75%(550g)
水 約9.9%(約396g)

●正式揉和

中種 如左記全量
法國產麵粉(Type 65) 60%(2400g)
有機裸麥粉 10%(400g)
有機燕麥粉 10%(400g)
鹽 2.2%(88g)
麥芽糖漿液* 0.2%(8g)
水 約58%(約2320g)

*使用與麥芽糖漿原液等量的水分(配方外)溶解的液體。

1. 準備中種

將水、天然酵母種、粉類放入攪拌缽盆中(a)，以低速攪打7分鐘，揉和至出現光澤爲止(b)。揉和完成溫度26℃。整合麵團放入缽盆中(c)，以26℃・濕度80%的環境下使其發酵3~4小時(d)，再放置冷藏(6℃)使其發酵12~15小時(e)。

*即使是6℃，發酵也仍會緩慢地進行著。

a

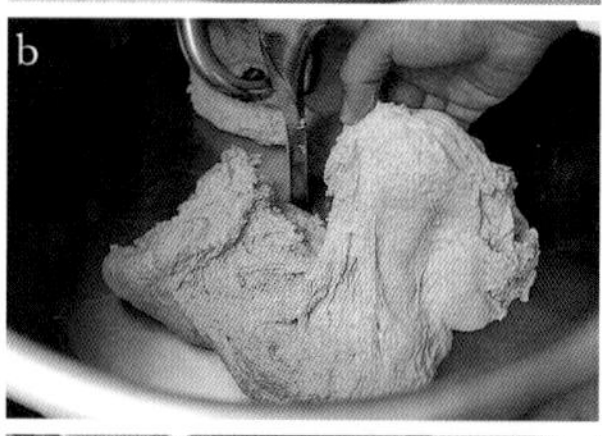
b

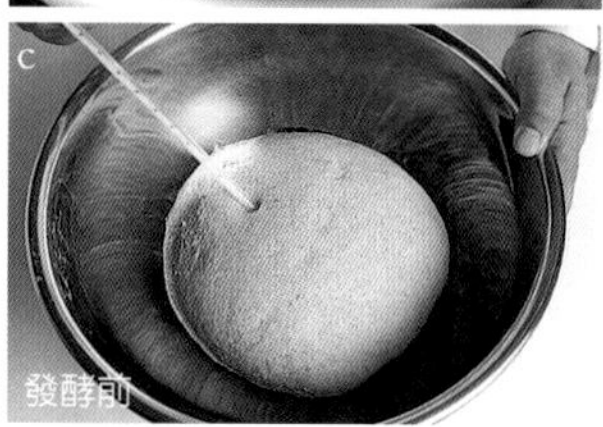
c 發酵前

d 26℃發酵後

e 冷藏發酵後

2. 正式揉和

將水、鹽、麥芽糖漿液放入攪拌缽盆中，用攪拌器混拌。將1的中種撕成小塊加入(f)。以低速攪打10分鐘(g)。揉和完成溫度23℃。

*長時間攪打，可使麵粉內的麵筋組織形成極限，以抑制燕麥和裸麥阻礙麵筋組織形成的影響。

*有機粉類烘烤後風味強烈，如果沒有確實形成麵筋組織，麵包體積將無法膨脹，麵包內側過於緊實時，味道會太過強烈。

f

g

3. 一次發酵

將麵團放入發酵箱中，在26℃・濕度80%的環境下使其發酵90分鐘(h)。發酵後pH4.7。

h 發酵後

茶色斑點是裸麥粉、奶油色斑點是燕麥粉。歐洲的有機（有機栽培）穀麥獨特的風味，烘烤後味道濃重，因此使麵筋組織發展至極限，體積變大時，麵包柔軟內側及表層外側都有大量氣泡，可以讓口感輕盈。烘烤時間較長，所以表層外皮會變得厚實。烘烤時如果沒有適度地釋放出水分，麵包內側會變得濕潤沈重，因此要劃切出多條割紋。

4. 分割・整形

撒上手粉（有機裸麥粉），將麵團放置於工作檯上，分割成2kg。在籐籃（直徑24.5cm×高8cm）內舖放編織網目較粗的麻布，再撒上有機裸麥粉。

爲避免麵團內氣體流失地，用手輕柔將麵團整形。麵團收口處全部集中於底部即可（i）。接口貼合處朝上地放置於籐籃中（j）。

＊其餘的麵團可以做成橄欖形麵包（如右◎）。

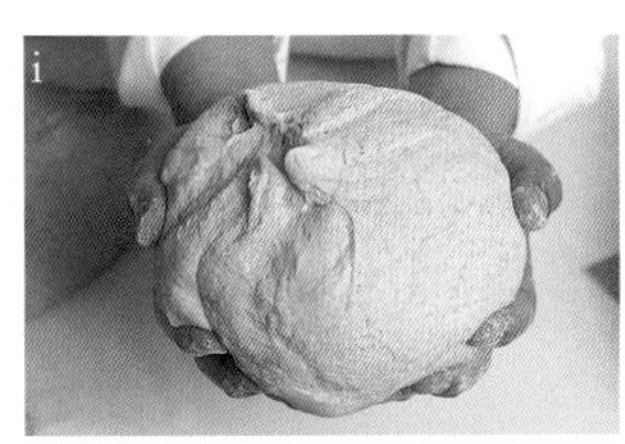

i

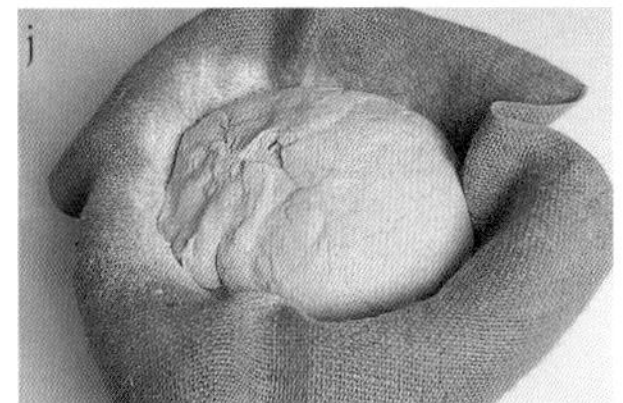

j

5. 最後發酵

在27℃・濕度80%的環境下使其發酵3小時。

6. 烘烤

用茶葉濾網篩撒上有機裸麥粉，倒扣籐籃，將麵團放置在滑送帶（slip peel）上。若表面裸麥粉不足時，用茶葉濾網篩撒補足。劃切8道割紋（l）。

以上火240℃・下火220℃，放入烤箱前注入少量蒸氣，放入烤後注入大量蒸氣，約烘烤1小時。

k

l

◎橄欖形麵包

分割・滾圓：400g　圓形

整形：橄欖形（整形後以有機裸麥粉撒在全體表面）

最後發酵：26℃ 80% 90分鐘

烘烤：橫向劃出一條長形割紋，與步驟6相同條件烘烤約35分鐘。

黃金麵包

Pan d'oro

以黃金麵包爲名的這款麵包，是義大利的耶誕節糕點。使用大量雞蛋、奶油、鮮奶油和砂糖的配方，烘烤出軟綿如雪般的纖細口感，柔軟內側的口感宛如天鵝絨般滑順。八角星形，除了是神聖祭典的祭壇形狀，實際上也是此種特性麵團必然的外形。這種麵團在烘烤過程中會變得非常柔軟，所以需要儘可能擴大表層外皮的面積，如果沒有表層外皮來支撐麵團的體積，烤好的成品就會塌陷。

本來是以名爲義大利麵包（panettone 潘娜朵妮）菌的乳酸菌來發酵，但在此我採自己慣用的酵母菌，和天然酵母種創造出個人的風味。酵母菌安定的發酵力是高成分（RICH）類麵團所不可或缺的，而天然酵母種的酸味，最適合用於中和雞蛋與乳製品的油膩感。

這款麵包中含有較多阻礙麵筋組織形成的油脂和糖分配方，因作業環境的不同，攪拌時麵團結合也會產生很大的差異，麵筋組織的形成方式與副材料添加的時機，都是需要熟悉與練習的。彷彿融化在舌尖的美味和柔軟口感，正如麵包名稱的意思，是其他種類麵包所沒有，黃金般珍貴的風味，烘烤出的漂亮外觀，也更增添店內的華麗感。請大家不要退卻地挑戰看看吧。

1. 中種 Ⓛ3分鐘→ 奶油↓Ⓛ2分鐘→Ⓗ3分鐘
揉和完成溫度21~22℃ 26℃ 80%
30~40分鐘→6℃ 12~24小時

2. 正式揉和 Ⓛ3分鐘＋Ⓗ5分鐘→（砂糖↓Ⓛ2分鐘
＋奶油→↓Ⓛ2分鐘）×2→Ⓗ1分鐘
揉和完成溫度23℃

3. 一次發酵 26℃ 80% 30~45分鐘

4. 分割・滾圓 400g 圓形

5. 整形 圓形 黃金麵包模（Pandoro）
（底部直徑10× 最大直徑21.5× 高14cm）

6. 最後發酵 27℃ 80% 3小時

7. 烘烤 ㊤㊦190℃ 約30~35分鐘

配方（粉類2kg 的用量）

●中種

高筋麵粉（Petika） 50%（1000g）
A
- 細砂糖 5%（100g）
- 新鮮酵母菌 2%（40g）
- 牛奶 3%（60g）
- 鮮奶油（乳脂肪成分41%） 20%（400g）
- 蛋黃 30%（600g）

無鹽奶油 20%（400g）

●正式揉和

中種 如左記全量
高筋麵粉（3 GOOD） 50%（1000g）
鹽 1.2%（24g）
細砂糖 40%（800g）
天然酵母種 10%（200g）
牛奶 9%（180g）
蛋黃 30%（600g）
無鹽奶油 40%（800g）

1. 準備中種

將材料Ａ放入攪拌缽盆中，用攪拌器混拌（a）。加入粉類，以低速攪打3分鐘。加入用手捏成小塊的奶油，以低速攪拌2分鐘後，改以高速揉和3分鐘。揉和麵筋組織形成爲止（b）。揉和完成溫度21~22℃。整合麵團放入缽盆中（c），以26℃・濕度80%的環境下使其發酵30~40分鐘，再放置冷藏（6℃）使其發酵12~24小時（d）。

a

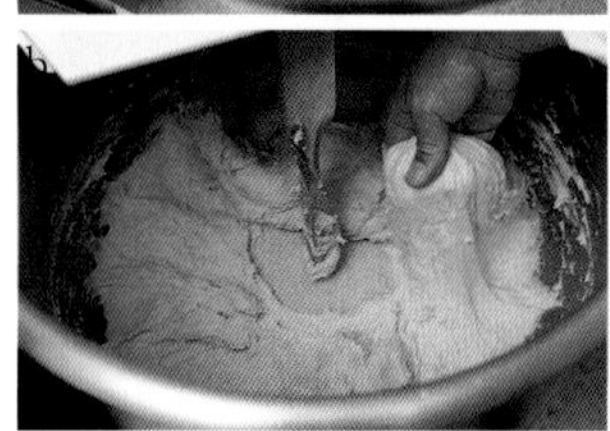
b

c

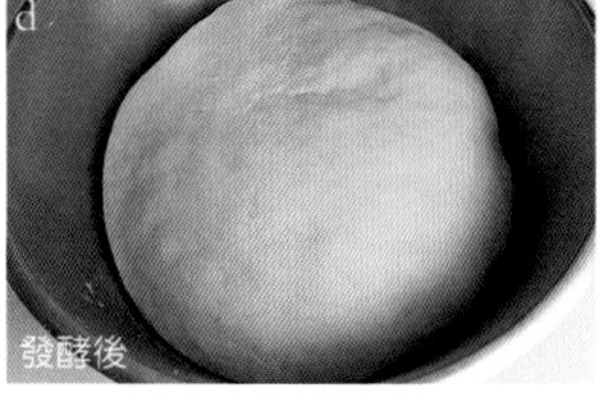

d

2. 正式揉和

將細砂糖分成3等分。在攪拌缽盆中放入牛奶、雞蛋、鹽、1/3用量的細砂糖和撕成小塊的天然酵母種，前一天完成的中種也撕成小塊一起加入（e）。用攪拌器混拌。加入粉類後以低速攪打3分鐘，再改以高速攪打5分鐘。加入1/3用量的細砂糖，以低速攪拌2分鐘後，加入用手剝成小塊，一半用量的奶油，再以低速攪拌2分鐘。加入剩餘的細砂糖，以低速攪拌2分鐘，加入剩餘剝成小塊的奶油，再以低速攪拌2分鐘。最後用高速攪打1分鐘（f）。揉和完成溫度23℃。

＊砂糖和奶油都具有阻礙麵筋形成的特性。配方用量這麼多的時候，不會一次全部加入，而會分成2~3次加入混拌，儘可能減低對麵筋組織的損害。

e

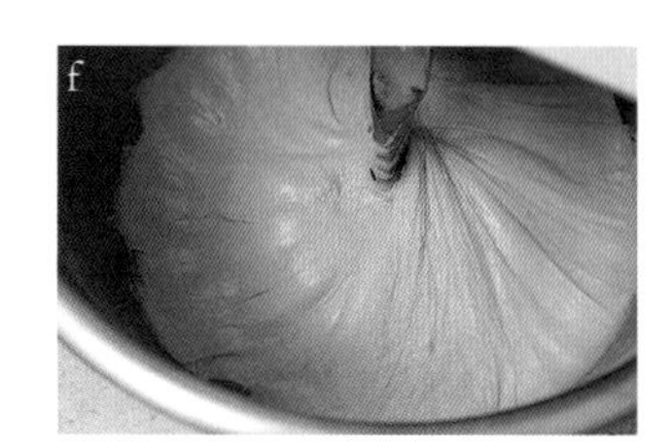
f

3. 一次發酵

將內側飽含空氣的麵團整合後，放入發酵箱中。在26℃·濕度80%的環境下使其發酵30~45分鐘。

4. 分割·滾圓

在烤盤上舖放烘焙紙，撒上手粉，攤放上麵團(g)。放入冷凍(-6℃)約3小時，使麵團緊實。待麵團沒有沾黏感時，撒上手粉，放置於工作檯上，切分成400g，滾圓(h上)。再次放回冷凍約3小時使其緊實。

＊也可以切分成200g，用小型模來製作(h下·如右◎)。

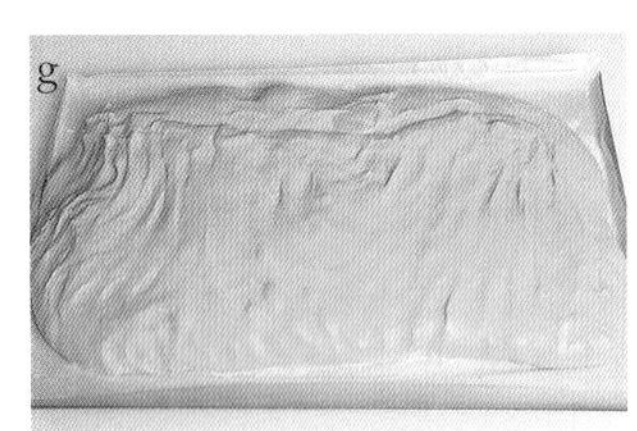
g

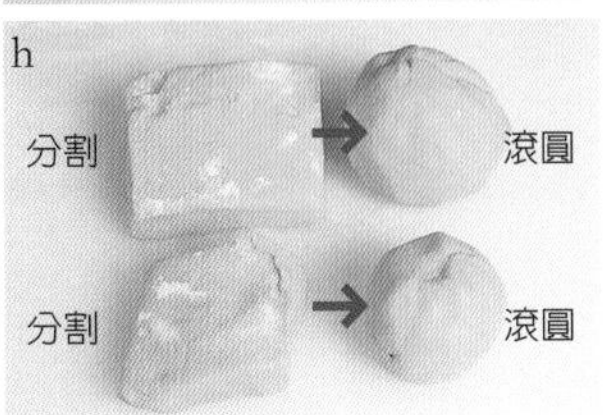
h

5. 整形

滾圓，將接口處確實貼合(i)，接口貼合處朝下地放入黃金麵包模(底部直徑10× 最大直徑21.5× 高14cm)內(j)。

i

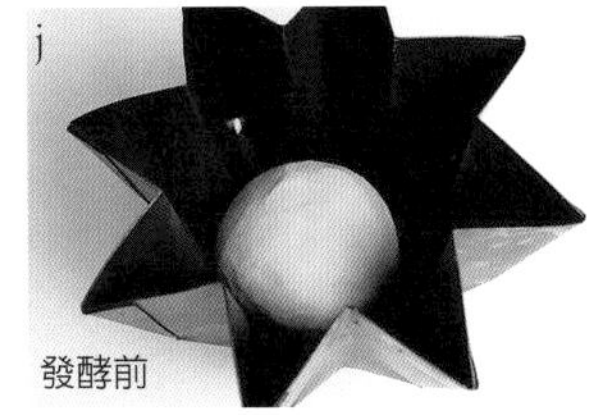
j

6. 最後發酵

在26℃·濕度80%的環境下，使麵團溫度提高至26℃左右，在27℃·濕度80%的環境下使其發酵3小時(k)。

k

7. 烘烤

放置在滑送帶(slip peel)上，放入上下火皆為190℃的烤箱中央，約烘烤30~35分鐘。於室溫中放涼後脫模。

＊黃金麵包是柔軟但卻不會攔腰彎折(Caving)的麵包。因此所使用的模型需要極限放大麵包表面積的形狀(八角星形)。烘烤過程中只要稍有刺激，就可能會塌陷，因此烘烤時會放置在烤箱熱度最安定的正中央，避免烘烤不均，不移動麵團地進行烘烤。

＊若在完全放涼之前脫模，會造成麵包的塌陷萎縮。

◎小型黃金麵包

模型：小型黃金麵包模(底部直徑6.5×最大直徑16×高11cm)

分割：200g

烘烤：與步驟7相同的條件約烘烤19分鐘

6

啤酒花種製作的麵包

豆漿麵包

Soymilk bread

小時候，豆腐都是祖母親手製作。當時在日本鄉下，應該是很常見的事。小朋友幾乎都被使喚幫忙，那時我負責的工作，就是用石臼碾磨煮好的大豆。因此我一直都知道，剛磨出的豆漿有多麼甘甜美味。這樣古老原始的體驗，讓我做出這款麵包。

嚐過豆漿麵包，就可以知道即使沒有添加奶油或牛奶等乳脂肪成分，僅用豆漿就可以做出如此輕盈美味的吐司麵包。爲了使口感更加輕盈，確實地揉和形成麵筋組織，藉由啤酒花種的低溫長時間發酵，製作出可以在烤箱內延展又具潤澤口感的風味。如果使用酵母菌，的確可以更加膨脹，但卻缺乏風味。啤酒花種在這個部分，會因爲在烤箱內受熱，徐緩地反應，而讓麵團中殘留適當的水分和密度，成爲具有恰到好處的彈性，又隱約有緊緻嚼感的麵包。再加上啤酒花特有的微苦，更能烘托出豆漿的甘甜美味。配方中使用微量比例的醬油，也基於同樣的理由。

1. 攪拌 Ⓛ5分鐘+Ⓗ2分鐘 揉和完成溫度22~23℃
2. 增加體積 三折疊 ×2次
3. 低溫長時間發酵 20℃ 80% 15小時 pH6.8 膨脹率大於3倍
4. 分割・滾圓 200g×2個 圓形
5. 整形 圓形×2個 方型模（長20×寬7×高8cm）
6. 最後發酵 27℃ 80% 2小時30分鐘
7. 烘烤 ㊤210℃ ㊦200℃ 約20分鐘 蒸氣：放入烤箱前後

配方（粉類4kg 的用量）

高筋麵粉（3 GOOD） 50%（2000g）
高筋麵粉（Petika） 40%（1600g）
高筋麵粉（Grist Mill） 10%（400g）

A
- 鹽 1.5%（60g）
- 蔗糖 5%（200g）
- 麥芽糖漿液＊ 0.8%（32g）
- 啤酒花種 10%（400g）
- 純豆漿 50%（2000g）
- 醬油 1%（40g）
- 水 20.5%（820g）

1. 攪拌

將A的材料放入攪拌缽盆中，用攪拌器混拌（a）。加入粉類，以低速攪打5分鐘，再改以高速攪打2分鐘至麵筋組織確實形成。成爲拉起麵團時，連同底部麵團都能被剝離的強力Q彈麵團（b）。揉和完成溫度22~23℃。放入發酵箱中，以26℃・濕度80%的環境下靜置10分鐘。

a
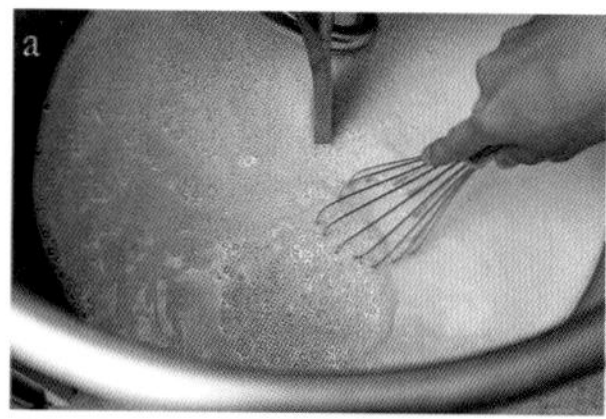

b
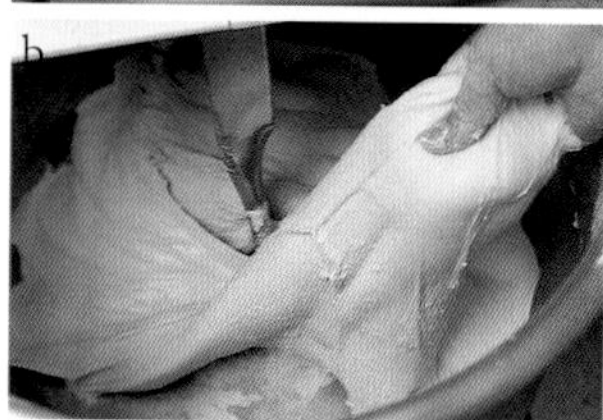

2. 增加體積

撒上手粉，將麵團放置於工作檯上，進行2次三折疊作業。拉開四角使其開展成四方形，用力各別從左右1/3將麵團拉緊向中央折疊，上下也同樣地向中央折疊1/3（c）。

＊藉著以強大力量拉緊麵團折疊，緊實麵團表面，利用麵筋組織將氣體鎖在麵筋當中。這些動作就可以使麵團體積向上膨脹。

c
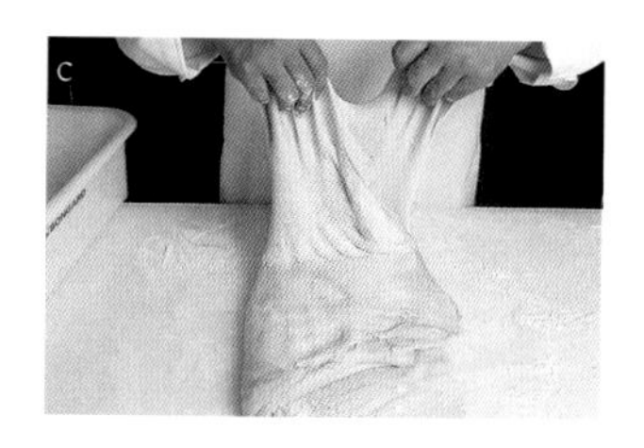

3. 低溫長時間發酵

折疊作業結束後，將接合口朝下地放入發酵箱中（d），在20℃・濕度80%的環境下使其發酵15小時（e）。發酵後pH6.8。膨脹率大於3倍。

＊因爲是膨脹率高的麵團，所以發酵箱也必須有充裕空間。

＊發酵時間若再更長，就會開始產生酸味。由此步驟到放入烤箱前的各項作業，都必須儘速進行。

d
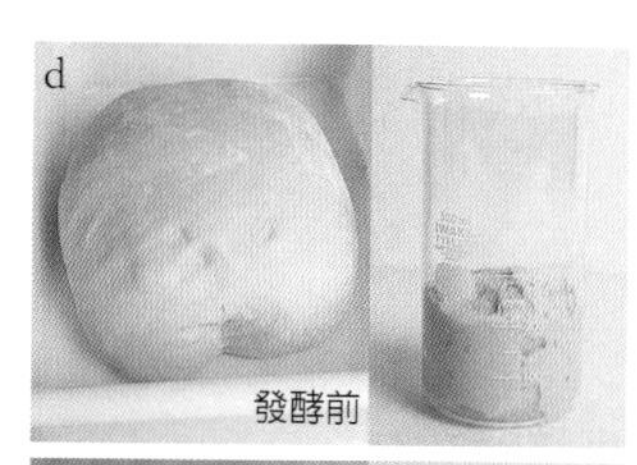
發酵前

e

發酵後

4. 分割・滾圓

撒上手粉，將麵團放置於工作檯上。麵團已確實形成了麵筋網狀組織（f）。分割成200g，避免麵團內部氣體排出，不過度用力僅緊實麵團表面滾圓。在26℃・濕度80%的環境下靜置30分鐘。

＊在放入烤箱前必須確保發酵中產生在麵團內部的氣體（香氣）不致流失。利用表面的麵筋組織來保留住麵團內部的氣體。

f

g
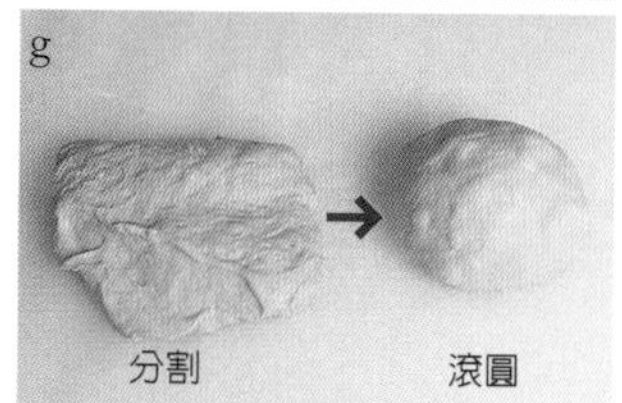
分割 → 滾圓

直接反映出豆漿顏色的奶油色麵包內側中，混雜著大量縱向長形的氣泡。適度的不規則狀態，還有適度向上延展的氣泡，正是啤酒花種的特徵。若採用酵母菌，氣泡較細、氣泡膜較薄，也會比較嚐不出嚼感。豆漿一旦烘烤過度時，會產生豆類特有的味道，因此在表面篩撒上粉類，以避免烘烤出過濃的烘烤色澤，劃切割紋是爲了可以幫助延展地，烘烤成薄薄的表層外皮。

5. 整形

與步驟4相同要領地重新再次滾圓（h），將兩個麵團接口貼合處朝下地，排放至方型模（長20×寬7×高8cm）中（i）。

6. 最後發酵

在27℃・濕度80%的環境下，使其發酵2小時30分鐘。

7. 烘烤

用茶葉濾網篩撒粉類，各別劃切2條淺淺的割紋（j）。並排在滑送帶（slip peel）上，以上火210℃・下火200℃，放入烤箱前注入少量蒸氣，放入烤箱後注入至模型會附著水滴程度的蒸氣，約烘烤20分鐘。

＊當表層外皮烘烤成茶色時，豆漿的風味會變成豆類加熱的氣味。爲避免烘烤出過重的烘烤色澤，而篩撒上粉類，並劃切割紋使麵團在烤箱內能充分延展。

皇家麵包

Royal loaf

蜂蜜與馬斯卡邦起司(Mascarpone cheese)組合而成的豐富吐司。馬斯卡邦起司是種乳脂肪成分超過60%、呈乳霜狀的濃郁起司。這種高脂肪起司，意外地非常適合搭配蜂蜜，因此將這個組合直接試著運用在麵包上。想要提升蜂蜜的存在感時，就可以像這款配方般減少強烈香氣材料的使用。柔和的口感，高雅的甜味，輕盈又具存在感的濃郁風味。直接單吃就非常美味了，但建議大家可以切成薄片，試著與香檳一起品嚐看看。

1. 攪拌 Ⓛ5分鐘＋Ⓗ3分鐘→ 奶油↓Ⓛ2分鐘→ Ⓗ1分鐘 揉和完成溫度22~23℃

2. 增加體積 三折疊 ×2次

3. 低溫長時間發酵 20℃ 80% 15小時 膨脹率2.5倍 pH5.1

4. 分割・滾圓 400g×2個 圓形

5. 整形 圓形×2個 方型模（長24×寬8.5×高12cm）

6. 最後發酵 27℃ 80% 3小時

7. 烘烤 Ⓤ180℃ Ⓓ200℃ 約50分鐘 蒸氣：放入烤箱前後

配方（粉類3kg 的用量）

高筋麵粉（3 GOOD） 60%（1800g）
高筋麵粉（Petika） 20%（600g）
高筋麵粉（Grist Mill） 10%（300g）
法國產麵粉（Baguette Meunier） 10%（300g）

A
- 鹽 2%（60g）
- 麥芽糖漿液＊ 0.8%（24g）
- 啤酒花種 11%（330g）
- 馬斯卡邦起司 15%（450g）
- 蜂蜜（香味柔和） 8%（240g）
- 蜂蜜（香味濃烈） 2%（60g）
- 水 約53%（約1590g）

無鹽奶油 20%（600g）

＊使用與麥芽糖漿原液等量的水分（配方外）溶解的液體。

1. 攪拌

將A的材料放入攪拌缽盆中，用攪拌器混拌（a）。加入粉類，以低速攪打5分鐘，再改以高速攪打3分鐘。奶油用手捏成小塊，加入以低速攪拌2分鐘，改以高速攪打1分鐘。變成光澤且具彈性的麵團（b）。揉和完成溫度22~23℃。整合麵團，放入發酵箱中，以26℃・濕度80% 的環境下靜置10分鐘。

2. 增加體積

撒上手粉，將麵團放置於工作檯上，進行2次三折疊作業。拉開四角使其開展成四方形，用力各從左右1/3將麵團拉緊向中央折疊，上下也同樣地向中央折疊1/3（c）。

＊藉著以強大力量拉緊麵團折疊，緊實麵團表面，利用麵筋組織將氣體鎖在麵筋當中。這些動作就可以使麵團體積向上膨脹。

3. 低溫長時間發酵

折疊作業結束後，將接合口朝下地放入發酵箱中（d），在20℃・濕度80% 的環境下使其發酵15小時（e）。膨脹率2.5倍。發酵後 pH5.1。

4. 分割・滾圓

撒上手粉，將麵團放置於工作檯上。麵團已確實形成了麵筋網狀組織（f）。分割成400g，避免麵團內部氣體排出，不過度用力地僅緊實麵團表面滾圓，接口處使其緊密貼合。在26℃・濕度80% 的環境下靜置40分鐘。

＊在放入烤箱前必須確保發酵中產生在麵團內部的氣體（香氣）不致流失。利用表面的麵筋組織來保留住麵團內部的氣體。

5. 整形

與步驟4相同要領地重新滾圓，將兩個麵團接口貼合處朝下，排放至方型模（長24×寬8.5×高12cm）中（h）。

6. 最後發酵

在27℃・濕度80% 的環境下使其發酵3小時（i）。

7. 烘烤

並排在滑送帶（slip peel）上，以上火180℃・下火200℃，放入烤箱前注入少量蒸氣，放入烤箱後注入至模型會附著水滴程度的蒸氣，約烘烤50分鐘。

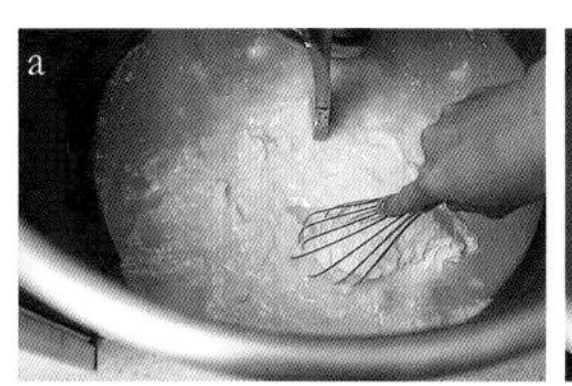
a

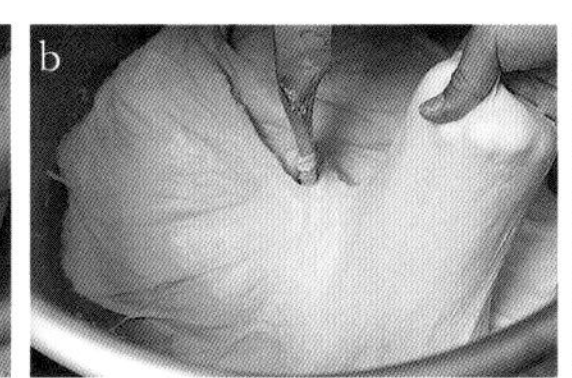
b

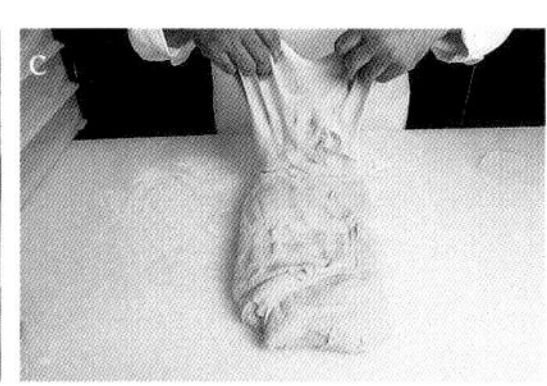
c

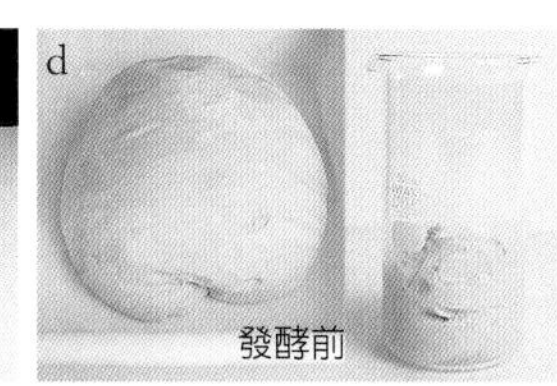
d
發酵前

e
發酵後

f

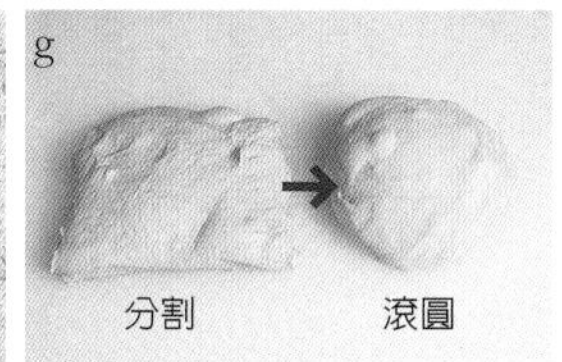
g
分割 滾圓

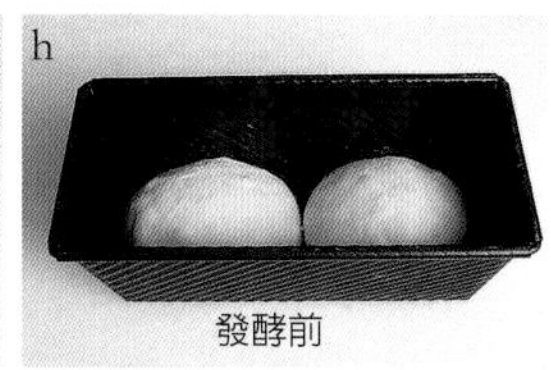
h
發酵前

i
發酵後

蜂蜜麵包

Honey bread

　雞蛋、奶油、蜂蜜和優格的搭配組合，試著將口感豐富、美好的風味完整地重疊。雖然味道濃醇但卻十分輕盈，所以再多都吃得下。一般而言，要使高成分（RICH 類）麵團的口感輕盈，都會增加酵母的使用量，但這裡所採用的啤酒花種一旦增加時，略微的苦味會影響到整體的風味，所以在此併用承襲自酵母菌安定發酵力的老麵。啤酒花種的苦味，可以抵消雞蛋的腥味，而老麵的酸味更能巧妙地烘托出麵包的甘甜滋味。

1. 攪拌 Ⓛ5分鐘＋Ⓗ3分鐘→ 奶油↓Ⓛ2分鐘→ Ⓗ2分鐘 揉和完成溫度22~23℃

2. 增加體積 三折疊 ×2次

3. 低溫長時間發酵 20℃ 80% 15小時 pH5.4 膨脹率2.5倍

4. 分割·滾圓 280g×2個 圓形

5. 整形 圓形×2個 方型模(長25×寬10.5×高8cm)

6. 最後發酵 27℃ 80% 3小時

7. 烘烤 Ⓤ180℃ Ⓓ200℃ 約35分鐘 蒸氣：放入烤箱前後

配方(粉類1kg 的用量)

高筋麵粉(3 GOOD) 70%(2100g)
高筋麵粉(Grist Mill) 20%(600g)
法國產麵粉(Type 65) 10%(300g)
A
- 鹽 2%(60g)
- 麥芽糖漿液* 0.6%(18g)
- 啤酒花種 15%(450g)

老麵 9%(270g)

B
- 蜂蜜 20%(600g)
- 優格(原味) 10%(300g)
- 全蛋 10%(300g)
- 水 25%(750g)

無鹽奶油 20%(600g)

*使用與麥芽糖漿原液等量的水分(配方外)溶解的液體。

1. 攪拌

將A和B的材料放入攪拌缽盆中，用攪拌器混拌(a)。加入粉類，邊將老麵撕成小塊加入，一邊以低速攪打5分鐘，再改以高速攪打3分鐘。奶油用手剝成小塊，加入以低速攪拌2分鐘，改以高速攪打2分鐘。變成具彈性的麵團(b)。揉和完成溫度22~23℃。整合麵團，放入發酵箱中，以26℃·濕度80% 的環境下靜置10分鐘。

2. 增加體積

撒上手粉，將麵團放置於工作檯上，進行2次三折疊作業。拉開四角使其開展成四方形，用力各從左右1/3將麵團拉緊向中央折疊，上下也同樣地向中央折疊1/3(c)。
＊藉著以強大力量拉緊麵團折疊，緊實麵團表面，利用麵筋組織將氣體鎖在麵筋當中。這些動作就可以使麵團體積向上膨脹。

3. 低溫長時間發酵

折疊作業結束後，將接合口朝下地放入發酵箱中(d)，在20℃·濕度80% 的環境下使其發酵15小時(e)。膨脹率2.5倍。發酵後 pH5.4。

4. 分割·滾圓

撒上手粉，將麵團放置於工作檯上。麵團已確實形成了麵筋網狀組織(f)。分割成280g，避免麵團內部氣體排出，不過度用力僅緊實麵團表面滾圓，接口處使其緊密貼合。在26℃·濕度80% 的環境下靜置40分鐘。
＊在放入烤箱前必須確保發酵中產生在麵團內部的氣體(香氣)不致流失。利用表面的麵筋組織來保留住麵團內部的氣體。

5. 整形

與步驟4相同要領地重新滾圓，將兩個麵團接口貼合處朝下地排放至方型模(長25×寬10.5× 高8cm)中(h)。

6. 最後發酵

在27℃·濕度80% 的環境下使其發酵3小時(i)。
＊雖然照片中使用的是附蓋子的模型，但蓋子並非必要(烘烤時不需蓋子)。

7. 烘烤

並排在滑送帶(slip peel)上，以上火180℃·下火200℃，放入烤箱前注入少量蒸氣，放入烤箱後注入至模型會附著水滴程度的蒸氣，約烘烤35分鐘。

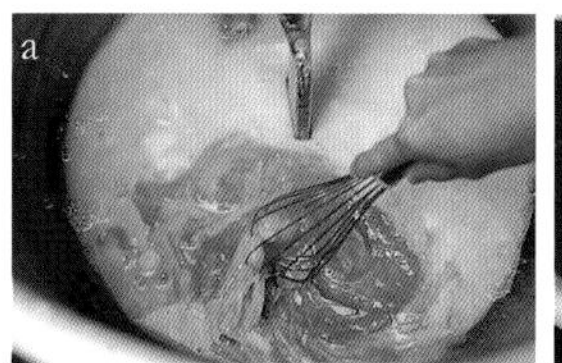
a

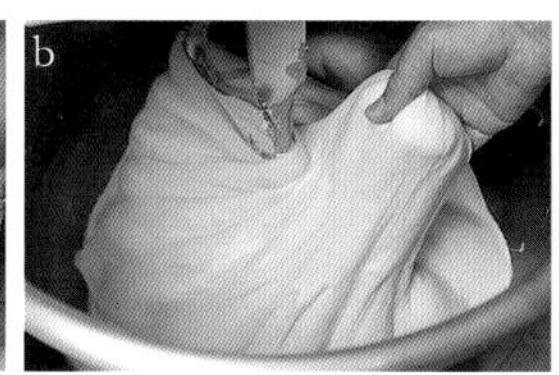
b

c

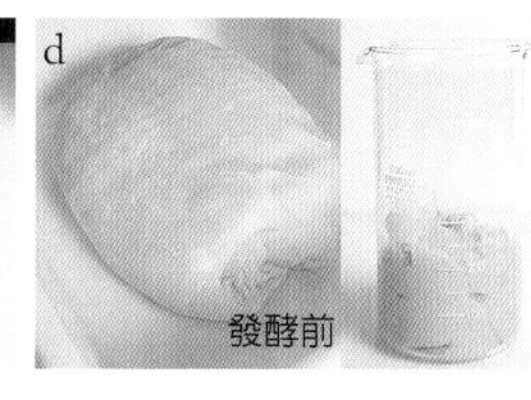
d
發酵前

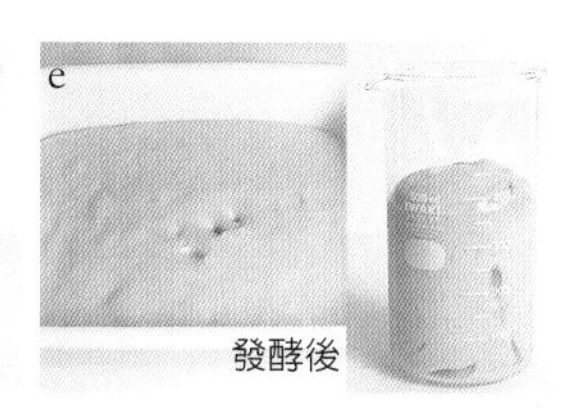
e
發酵後

f

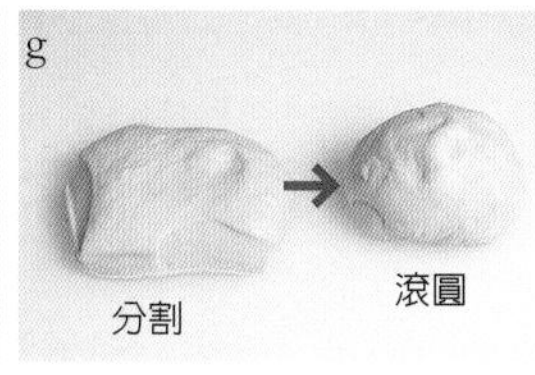
g

h
發酵前

i
發酵後

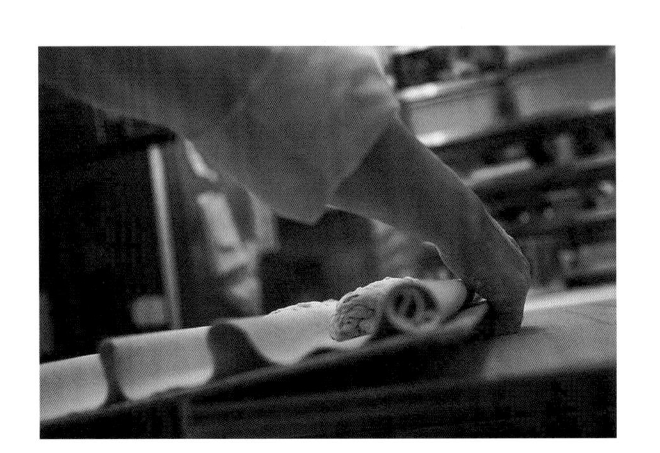

7

酸種製作的德國麵包

德國裸麥麵包

Feinbrot

對任何一位德國人而言，這是廣受喜愛、也可以說最具代表性的德國麵包吧。裸麥粉和麵粉各半的比例配方，均衡的口味或許正是受歡迎之處。

提到德國麵包，可能會想到是內側緊實、沈重的麵包類型，但是這款麵包因爲麵粉佔了配方中的5成，所以麵筋組織形成狀態良好，使得柔軟內側充滿著細小氣泡，保持“中庸”般的平衡。體積膨脹、緊實、口感潤澤、Q 彈 一 所有追求的重點都正好恰如其分。

這款麵包一般稱爲 Misch Brot（Misch 與英文的 Mix 相同），但在德國北部，特別稱它爲 Feinbrot。Fein 的意思是很棒、頂級、美味的意思，每天都會出現在餐桌上，德國北部人們以此命名的感受，我非常認同。在德國，裸麥麵包從80g 的小型麵包（brötchen）至2kg 的大型麵包，可以作成各種尺寸，也會撒上葵瓜籽或亞麻籽 ... 等搭配。

1. 攪拌 (L)3分鐘＋(H)2分鐘 揉和完成溫度28℃
2. 分割・滾圓 500g 圓形
3. 整形 半圓筒狀
4. 發酵 27℃ 80% 50分鐘
5. 烘烤 (上)260℃ (下)230℃ 10分鐘→ (上)240℃ (下)220℃ 合計約35分鐘 蒸氣：放入烤箱後

配方（粉類2kg 的用量＊1）

法國麵包專用粉（Mont Blanc） 50%（1000g）
極細粒裸麥粉（Malo Dunkoll） 20%（400g）
中粒裸麥粉（allemittel） 10%（200g）
鹽 2%（40g）
麥芽糖漿液＊2 0.4%（8g）
酸種 40%（800g）
新鮮酵母菌 1.5%（30g）
水 約48%（約960g）

＊1 酸種一半用量視為裸麥粉來計算。
＊2 使用與麥芽糖漿原液等量的水分（配方外）溶解的液體。

1. 攪拌

將水、鹽、麥芽糖漿液和新鮮酵母菌放入攪拌缽盆中，用攪拌器混拌(a)。加入酸種，再次混拌(b)。加入粉類(c)，以低速攪拌3分鐘，再改用高速攪打2分鐘，使麵筋組織形成最大極限。因混入了5成的裸麥粉，所以會成爲具沾黏性的麵團(d)。揉和完成溫度28℃。

＊確實攪拌使小麥的麵筋組織完全形成非常重要。但是揉和完成的溫度絕對不可以超過28℃，否則酸味會變強。攪拌之後的作業，不得超出指定時間，必須迅速進行。一旦過度發酵，酸味加重、麵團的膨脹狀況也會變差。

a

b

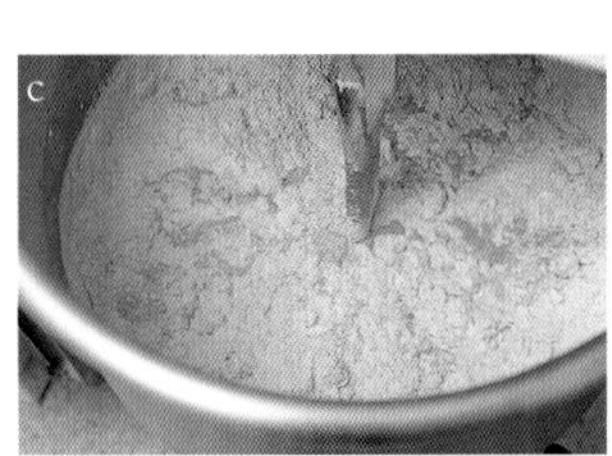

c

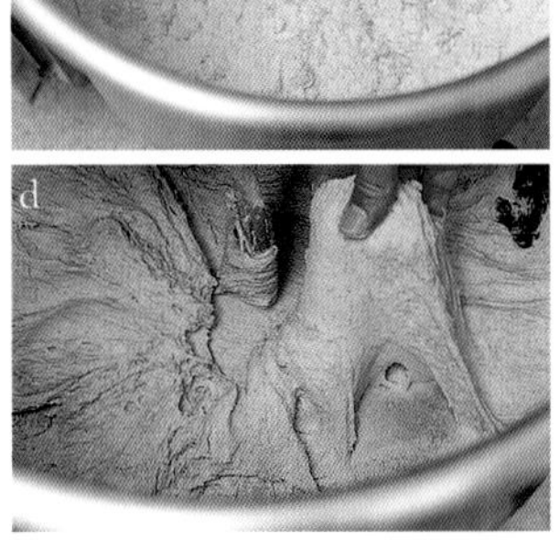

d

2. 分割・滾圓

撒上手粉（裸麥粉），將麵團放置於工作檯上，分割成500g(e)、滾圓(f)。

e

f

3. 整形

整形成半圓筒狀，在裸麥粉上滾動麵團，使全體沾裹上粉類(g)。將接合口朝下地並排放置在折疊出山形皺摺的帆布墊上。

g

裸麥粉50%的配方，正是此麵包被稱爲fein(Misch)的條件(酸種一半用量也視爲裸麥粉來計算)。攪打至麵團產生光澤，小麥的麵筋組織完全形成，製作出氣泡膜薄且有無數小形氣泡的柔軟內側。爲使麵團在烤箱中能充分地膨脹起來，劃切割紋時，就必須清楚深入地劃切。考量與柔軟內側口感風味的平衡，表層外皮也不能過厚。隨著裸麥配方比率提高，表層外皮也會隨之變厚，這是酸種麵包製作時的默契。

4. 發酵

在27℃・濕度80%的環境下使其發酵50分鐘(h)。

h 發酵後

5. 烘烤

放置在麵包取板上，再移至滑送帶(slip peel)上(i)，斜向劃切7條割紋(j)。

以上火260℃・下火230℃，放入烤箱後注入大量蒸氣，烘烤10分鐘後調整上火240℃・下火220℃，合計約烘烤35分鐘。

＊爲使烘烤時能有良好的膨脹，因此劃切出幾條較深的的割紋。若是割紋太淺或太少時會導致麵團裂開。

i

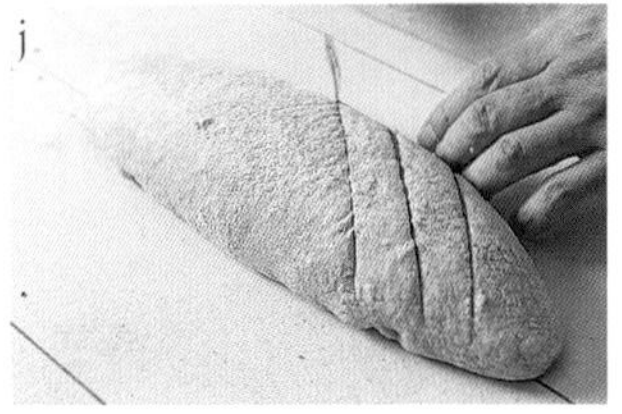
j

◎**加入葵瓜籽與葛縷子**

配方：追加葵瓜籽34%、葛縷子(Caraway)0.51%。

副材料的添加：攪拌至最後階段時加入，用低速攪拌1分鐘以內。

分割・滾圓：400g 圓形

整形：半圓筒狀。放在用水沾濕的廚房紙巾上滾動濡濕麵團後，沾裹上黑芝麻、白芝麻和亞麻籽(烘烤過)。斜向劃切5道割紋。與步驟4相同地進行發酵。

烘烤：與步驟5相同條件地合計約烘烤30分鐘。

k

◎**加入炸洋蔥**

配方：追加炸洋蔥11.7%。

預備：炸洋蔥浸泡4.8%的水，使其軟化備用。

副材料的添加：在攪拌的最後階段加入，以低速攪打1分鐘。

分割・滾圓：100g 圓形

整形：以手指爲中心地推開中央，轉動麵團做成像甜甜圈的形狀(l)，撒上裸麥粉。與左方步驟4相同地進行發酵。

烘烤：劃切出3道割紋，與步驟5相同條件地合計約烘烤20分鐘。

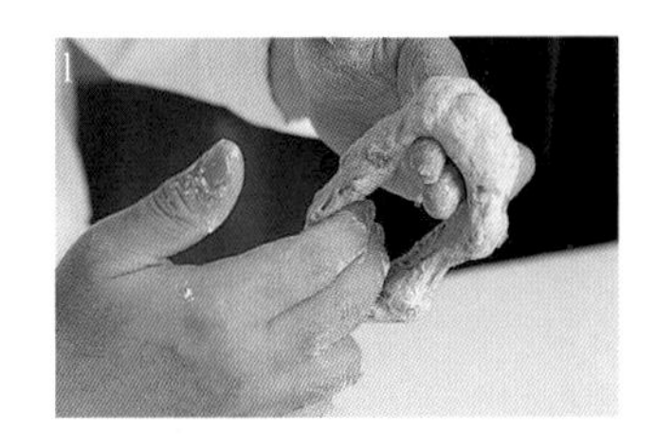
l

德國綠葡萄乾麵包

Rosinenbrot

在德國，混拌至麵包中的副材料變化其實非常豐富。乾燥水果、炸洋蔥、核桃、松子、亞麻籽、葛縷子（Caraway）等，各式各樣的風味及口感，更增添享用麵包的樂趣。像這樣增添副材料的麵包，幾乎都是配方比例中含有2~3成裸麥粉製成的麵團。依循這樣的法則，我個人思考製作出的就是這款麵包。Rosinen在德語中就是葡萄乾的意思。綠葡萄乾泡軟的水潤口感與脆口的粗粒玉米粉，再加上酸種強而有力的濃郁風味，就是更爲和諧且絕妙的組合。

0. 預備	綠葡萄乾：泡水20分鐘，網篩瀝乾10分鐘
1. 攪拌	Ⓛ3分鐘＋Ⓗ2分鐘→ 葡萄乾↓Ⓛ2分鐘 揉和完成溫度28°C
2. 分割·滾圓	200g 圓形
3. 整形	橄欖形
4. 發酵	27°C 80% 50分鐘
5. 烘烤	上260°C 下220°C 約25分鐘 蒸氣：放入烤箱後

配方（粉類1kg 的用量*1）

法國麵包專用粉（Mont Blanc） 70%（700g）
極細粒裸麥粉（Male Dunkell） 15%（150g）
鹽 2%（20g）
麥芽糖漿液*2 1%（10g）
酸種 30%（300g）
新鮮酵母菌 1.5%（15g）
水 約52%（約520g）
綠葡萄乾 50%（500g）

●完成
粗粒玉米粉（cornmeal）

＊1 酸種一半用量視為裸麥粉來計算。
＊2 使用與麥芽糖漿原液等量的水分（配方外）溶解的液體。

0. 預備

開始攪拌的30分鐘前，先將葡萄乾浸泡在水（配方外）中，20分鐘後以網篩撈出放置10分鐘瀝乾水分。

1. 攪拌

將水、鹽、麥芽糖漿液和新鮮酵母菌放入攪拌缽盆中，用攪拌器混拌。加入酸種，再次混拌。加入粉類，以低速攪拌3分鐘，再改用高速攪打2分鐘。略微地出現光澤時（a），加入預備好的葡萄乾（b），用低速混拌2分鐘。揉和完成溫度28℃。

＊確實攪拌使小麥的麵筋組織完全形成非常重要。但是揉和完成的溫度絕對不可以超過28℃，否則酸味會變強。攪拌之後的作業，不得超出指定時間，必須迅速進行。一旦過度發酵時，酸味變重、麵團的膨脹狀況也會變差。

2. 分割·滾圓

撒上手粉（裸麥粉），將麵團放置於工作檯上，分割成200g（c）、輕輕滾圓（d）。

3. 整形

整形成橄欖形。放在用水沾濕的廚房紙巾上滾動濡濕麵團後，沾裹上玉米粉（e）。將接合口朝下地並排放置在折疊出山形皺摺的帆布墊上，斜向劃切6條割紋（f）。

4. 發酵

在27℃·濕度80%的環境下使其發酵50分鐘（g）。

5. 烘烤

移至滑送帶（slip peel）上。以上火260℃·下火220℃，放入烤箱後注入大量蒸氣，約烘烤25分鐘。

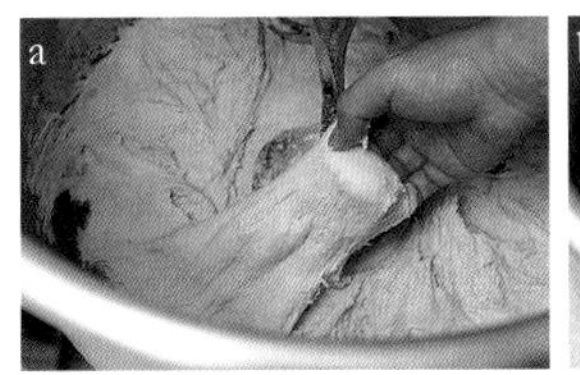
a

b

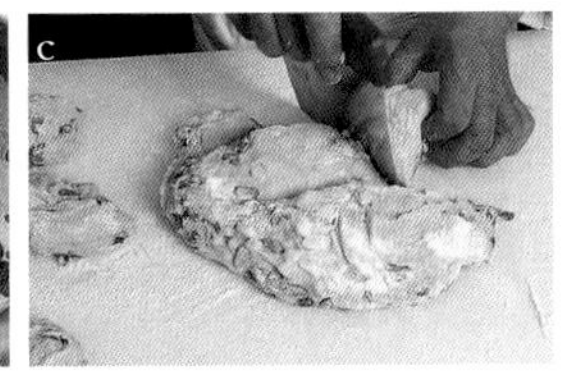
c

d

e

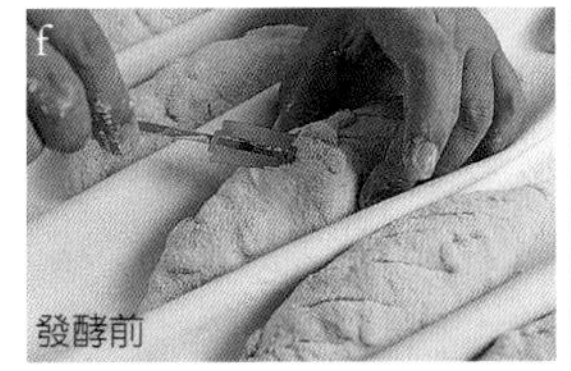
f
發酵前

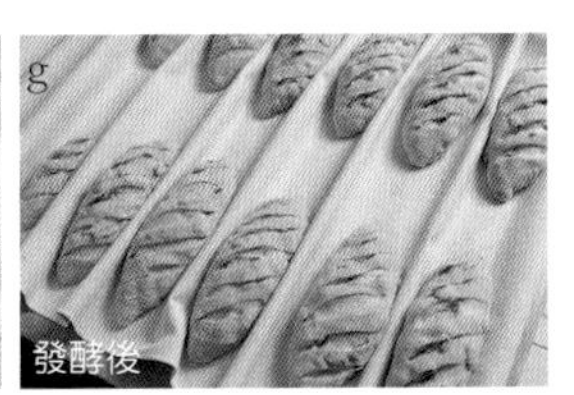
g
發酵後

玫塊麵包

Rosenbrot

雖然外觀看起來粗糙堅硬，但實際上麵包內側卻是軟潤的口感。以玫瑰花爲主題，同時以德語的玫瑰 Rosen 爲名。

這款麵包最大的特徵在於配方中使用了大量的麵包粉。加入了麵包粉的麵包？或許聽起來很不可思議，但在德國以剩餘的麵包製成麵包粉，加入配方材料之中再製成麵包其來有自。新鮮麵包粉的吸水能力是麵粉的2~3倍，保濕性極佳，不僅可以爲麵包內側帶來潤澤溫和的口感，同時也可以延緩澱粉的老化，延長保存時間。不浪費食物，又能提高麵包特性，從再利用當中獲得的優點。對環境保護及資源回收總是站在世界領導地位的德國，在麵包製作上也是領先一步。

1. 中種 Ⓛ2分鐘＋Ⓗ2分鐘 揉和完成溫度28℃ 26℃ 80% 18小時 pH4.1
2. 正式揉和 Ⓛ3分鐘＋Ⓗ2分鐘 揉和完成溫度28℃
3. 分割・滾圓 1kg 圓形
4. 整形 圓形 籐籃（直徑24.5×高8cm）
5. 最後發酵 27℃ 80% 50分鐘
6. 烘烤 ㊤270℃ ㊦240℃ 10分鐘→ ㊤240℃ ㊦220℃ 合計約50分鐘 蒸氣：放入烤箱後

配方（粉類2kg 的用量）

●**中種**

極細裸麥粉（Male Dunkell） 28%（560g）
新鮮麵包粉（新鮮的） 3%（60g）
酸種 1%（20g）
水 25.8%（約516g）

●**正式揉和**

中種 如左記全量，使用1040g
法國麵包專用粉（Mont Blanc） 46.5%（930g）
極細裸麥粉（Male Dunkell） 36%（720g）
新鮮麵包粉（新鮮的） 17.5%（350g）
鹽 2.2%（44g）
麥芽糖漿液＊ 0.4%（8g）
新鮮酵母菌 1.75%（35g）
水 約63.5%（約1270g）

＊使用與麥芽糖漿原液等量的水分（配方外）溶解的液體。

1. 準備中種

將水和酸種一起放入攪拌缽盆中，充分混拌（a）。加入粉類和新鮮麵包粉，以低速攪打2分鐘，改以高速攪拌2分鐘（b）。揉和完成溫度28℃。

移至缽盆覆蓋上保鮮膜，以26℃・濕度80% 的環境下使其發酵18小時（c）。發酵後pH4.1。在此使用1040g（完成時會多10g 左右）。

＊必須注意揉和完成時的溫度不能超過28℃。

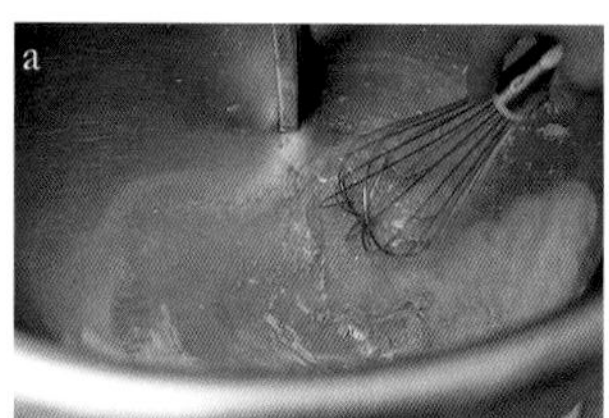
a

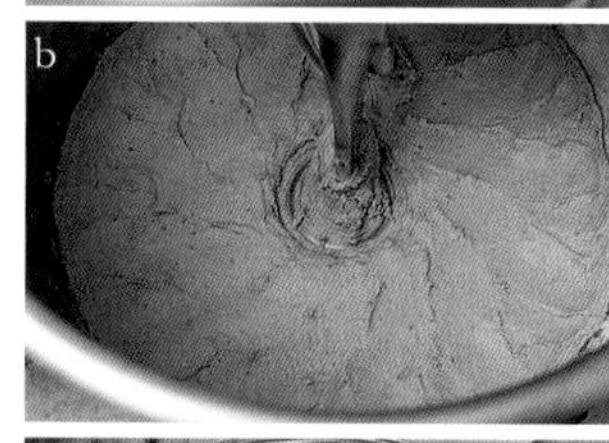
b

c 發酵後

2. 正式揉和

因步驟1的中種變硬後會不容易混拌，所以事先與水、麥芽糖漿液一起攪散備用。將鹽、新鮮酵母菌放入攪拌缽盆中，用攪拌器混拌（d）。加入粉類和新鮮麵包粉，以低速攪打3分鐘，改以高速攪拌2分鐘（e）。揉和完成溫度28℃。

＊確實攪拌使小麥的麵筋組織完全形成非常重要。但揉和完成的溫度絕對不可以超過28℃，否則酸味會變強。攪拌之後的作業，不得超出指定時間，必須迅速進行。一旦過度發酵時，酸味變重、麵團的膨脹狀況也會變差。

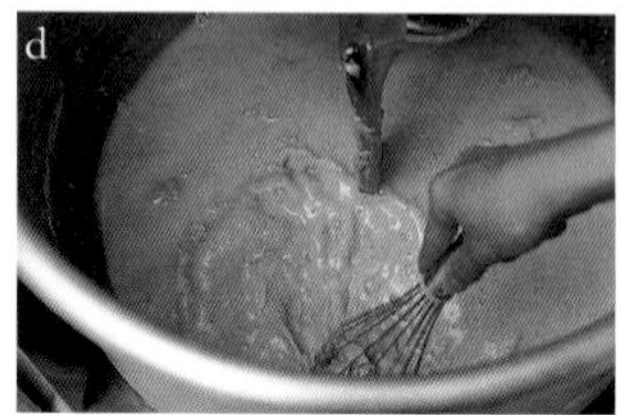
d

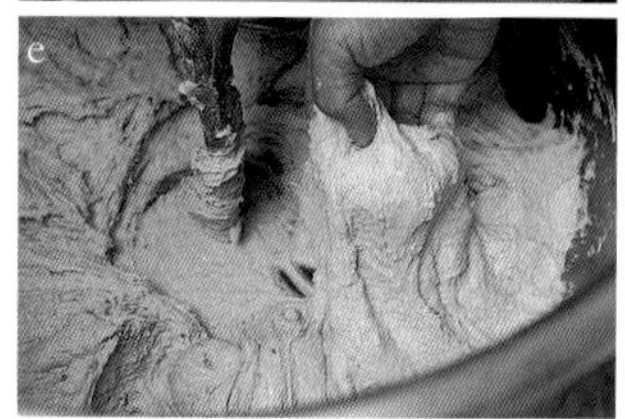
e

約使用了5成的麵粉，使麵筋組織形成至最大極限，製造出許多氣泡，適度地產生膨脹。藉由加入大量吐司麵包或法國長棍麵包...等，新鮮麵包粉的配方，讓麵包內側可形成水潤柔軟的口感，而表層外皮則是爲了保持內側的水分，必須高溫烘烤至烤焦前一刻的堅硬狀態。因爲有了麵包粉的保濕效果，所以保存天數也較長。從烘烤完成當日起可販賣三天，一週內都還能嚐得到其中的美味。因水分較多，烘烤完成當天不能切成薄片。

3. 分割・整形

撒上手粉（裸麥粉），將麵團放置於工作檯上，分割成1kg（f）。輕輕滾圓（g）。

4. 整形

在籐籃（直徑24.5×高8cm）內舖放編織網目較粗的麻布，再用茶葉濾網篩撒上裸麥粉。

麵團收口處全部集中於底部，兩手以劃圓方式轉動（h），底部如照片般呈現玫瑰花般的形狀（i）。玫瑰面朝下放入籐籃中，上面再篩撒裸麥粉（j）。

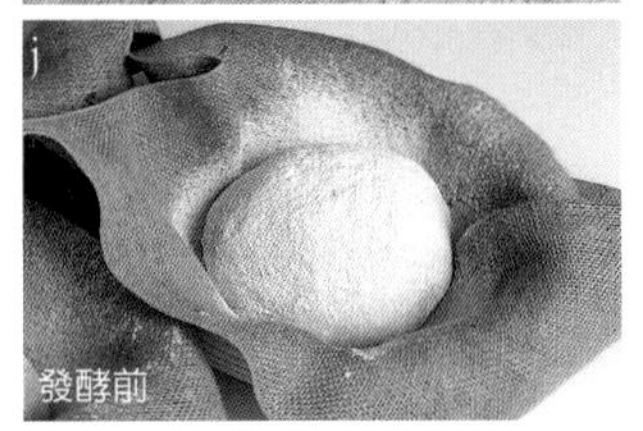

5. 最後發酵

在27℃・濕度80%的環境下使其發酵50分鐘（k）。

6. 烘烤

倒扣籐籃，將麵團放置在滑送帶（slip peel）上（l）。

以上火270℃・下火240℃，放入烤箱後注入大量蒸氣，烘烤10分鐘，降低上火240℃・下火220℃，合計約烘烤50分鐘。

＊放入烤箱時設定較高的溫度，是爲了要製作出堅固的表層外皮。表層外皮確實完成時，就可以保持住麵包柔軟內側的水分和潤澤的口感。

德國芝麻裸麥片麵包

Flocken-Sesam

加入了用滾輪將裸麥壓成薄片狀的裸麥片配方的麵包。在德國，經常用在混拌於麵團中、完成時撒放於表面等，在日本仍是大家尚未熟悉的食材。如果用熱水還原烘烤時，可以嚐得出像米粒般豐盈結實的口感。爲了讓不喜歡德國麵包的人也可以接受地，加入了大量裸麥片和核桃，可以更容易嚐出其中的風味。建議可以切成薄片後，與奶油起司一起享用。

0. 預備 裸麥片：用熱水（80℃）浸泡3小時軟化
核桃・葡萄乾：浸泡於水中20分鐘
以網篩瀝乾10分鐘

1. 攪拌 Ⓛ2分鐘→Ⓛ3分鐘＋Ⓗ90秒→
副材料↓Ⓛ90秒 揉和完成溫度28℃

2. 分割・滾圓 700g 圓形

3. 整形 圓柱形 方型（長19×寬6.5×高8cm）

4. 發酵 27℃ 80% 50分鐘

5. 烘烤 上270℃ 下240℃ 10分鐘→上240℃
下220℃ 合計約50分鐘 蒸氣：放入烤箱後

配方（粉類2kg 的用量＊）

裸麥片 26%（520g）
熱水（80℃） 33.6%（672g）
法國麵包專用粉（Mont Blanc） 20%（400g）
極細粒裸麥粉（Allefein） 15%（300g）
全麥麵粉（Stein Mahlen） 10%（200g）
鹽 2%（40g）
酸種 50%（1000g）
新鮮酵母菌 1.5%（30g）
水 28%（560g）
核桃（烘烤過的） 30%（600g）
葡萄乾 30%（600g）

●完成

炒香的白芝麻

＊酸種一半用量視為裸麥粉來計算。

0. 預備

在缽盆中放入裸麥片，再注入用量的熱水（80℃），覆蓋上保鮮膜，放置於室溫3小時使其軟化（a）。核桃和葡萄乾，在開始攪拌的30分鐘前，先浸泡在水（配方外）中，20分鐘後以網篩撈出放置10分鐘瀝乾水分。

1. 攪拌

將水、鹽、和新鮮酵母菌放入攪拌缽盆中，用攪拌器混拌。加入酸種、泡軟的裸麥片，以低速混拌2分鐘，讓裸麥片略略壓碎。加入粉類，以低速攪拌3分鐘，再改用高速攪打90秒（b）。加入核桃和葡萄乾，以低速攪和90秒。約是核桃和葡萄乾均勻分散至麵團中，核桃稍有破碎的情況爲止（c）。揉和完成溫度28℃。

＊但揉和完成的溫度絕對不可以超過28℃，否則酸味會變強。攪拌之後的作業，不得超出指定時間，必須迅速進行。一旦過度發酵時，酸味變重、麵團的膨脹狀況也會變差。

2. 分割・滾圓

撒上手粉（裸麥粉），將麵團放置於工作檯上，分割成700g（d）、輕輕滾圓（e）。

3. 整形

整形成圓柱形。接合處以手指按壓作下記號（f）。放在用水沾濕的廚房紙巾上滾動濡濕麵團表面後，沾裹上炒香的白芝麻（g）。將接合口朝下地並排放置在方型模中（長19×寬6.5×高8cm），重疊模型，以模型底部壓平麵團表面（h）。

4. 發酵

在27℃・濕度80% 的環境下使其發酵50分鐘（i）。

5. 烘烤

排放至滑送帶（slip peel）上。以上火270℃・下火240℃，放入烤箱後注入大量蒸氣，烘烤10分鐘後，打開烤箱門，調降上火至240℃・下火220℃，關上烤箱門，合計約烘烤50分鐘。

a

b

c

d

e 滾圓

f 整形

g

h

i 發酵後

德國亞麻籽麵包

Leinsamenbrot

這裡介紹的是配方中使用了大量 Leinsamen 亞麻籽（亞麻仁 flaxseed），德國的基本款麵包。亞麻籽雖然和芝麻很像，但其營養價值卻遠勝過芝麻，據說是德國自古以來廣爲食用的食材。裸麥粉、酸種、亞麻籽和水混拌的麵團，使其發酵製成的中種，是傳統的製作方法，但在濕度較高的日本，如此可能會有雜菌繁殖的危險，所以無法以相同方式來製作。因此，考量使用高溫的熱水，不使用發酵種，使其在短時間內發酵。Q 彈的口感與佈滿口中的亞麻籽香氣，與奶油的美味搭配自不在話下，也是日式餐桌上大家所熟悉的口味。

1. 中種　以熱水(85℃)混拌→26℃ 80% 2小時
2. 正式揉和　(L)6分鐘　揉和完成溫度28℃
3. 分割・滾圓　500g 圓形
4. 整形　橄欖形
5. 發酵　27℃　80%　50分鐘
6. 烘烤　(上)270℃ (下)240℃ 10分鐘→ (上)250℃ (下)220℃ 合計約33分鐘 蒸氣：放入烤箱後

配方(粉類2kg 的用量[*1])

●中種

中粒裸麥粉(Allemittel)　20%(400g)

亞麻籽(烘烤過)　10%(200g)

熱水(85℃)　40%(800g)

●正式揉和

中種　上記全量

法國麵包專用粉(Mont Blanc)　40%(800g)

極細粒裸麥粉(Male Dunkell)　5%(100g)

鹽　2%(40g)

酸種　50%(1000g)

新鮮酵母菌　2%(40g)

水　10%(200g)

●完成

黑芝麻、白芝麻、亞麻籽(烘烤過的)[*2]

＊1 酸種一半用量視為裸麥粉來計算。

＊2 上述3種種籽以1：2：2的比例混合備用。

1. 準備中種

正式揉和的2小時前準備中種。在缽盆中放入粉類和亞麻籽，注入用量的熱水(85℃)，以橡皮刮刀混拌至粉類完全消失沒有粉氣爲止。將表面整合至呈光滑的圓形後，緊密貼合地覆蓋上保鮮膜，在26℃・濕度80%的環境下使其發酵2小時(a)。

2. 正式揉和

將水、鹽和新鮮酵母菌放入攪拌缽盆中，用攪拌器混拌。加入酸種和步驟1的中種，再度混拌。加入粉類，以低速攪拌6分鐘(b)。揉和完成溫度28℃。

＊揉和完成的溫度絕對不可以超過28℃，否則酸味會變強。攪拌之後的作業，不得超出指定時間，必須迅速進行。一旦過度發酵時，酸味變重、麵團的膨脹狀況也會變差。

3. 分割・滾圓

撒上手粉(裸麥粉)，將麵團放置於工作檯上，分割成500g(c)、確實滾圓(d)。

4. 整形

整形成橄欖形。強力地使麵團相互貼合連結(e)。放在用水沾濕的廚房紙巾上滾動濡濕麵團表面後，確實地使其沾裹混合好的兩種芝麻和亞麻籽(f)。

5. 發酵

將接合口朝下地並排放置在折疊成山形皺摺的帆布墊上。在27℃・濕度80%的環境下使其發酵50分鐘。

6. 烘烤

放置在麵包取板上，再移至滑送帶(slip peel)(g)，用波紋刀斜向劃切出7條深1cm的割紋(h)。

以上火270℃・下火240℃，放入烤箱後注入大量蒸氣地烘烤10分鐘，之後打開烤箱門，調降上火至250℃・下火220℃，關上烤箱門，合計約烘烤33分鐘。

a 發酵後

b

c

d 滾圓

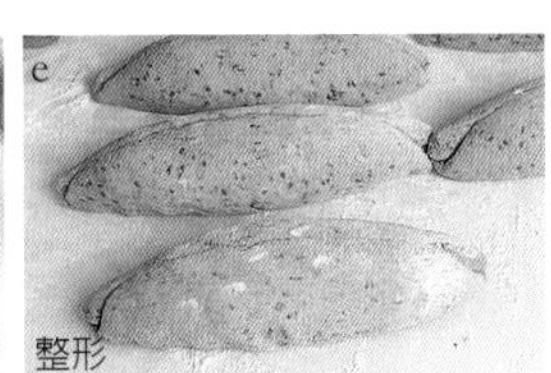
e 整形

f

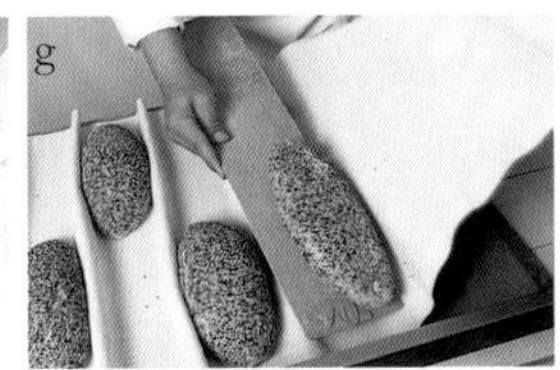
g

h

德國全裸麥麵包

Roggenvollkornbort

這是我在德國漢堡近郊 Bäckerei Heinz，辛特曼 Hintelmann 大師手下研修時，所學到的代表作麵包。無關乎風土氣候等有異於日本，以及是否適合我們的飲食習慣與體質，爲了瞭解當地裸麥麵包的精髓，請大家務必試試這款德國原創食譜的麵包。

如果您看了配方表，就能夠發現它不使用粉類。嚴格說來，酸種當中含有裸麥粉，但主材料僅有麥片狀的裸麥和麵包粉而已。不使用粉類的製作方法，是初次的體驗。顏色雖然與黑麵包 Schwarzbrot（加入100% 大量煮過的裸麥）同樣是黑色，但因爲使用的是麵包粉，所以吃起來與黑麵包風味完全不同。相對於黑麵包鬆散的口感，這款 Q 彈裸麥口感輔以麵包粉的保濕性，彷彿就像是法式凍派般滑順濃郁，再加上包覆了大量綜合種籽，香噴噴地烘烤而成。裸麥不僅具有高營養價值、高纖消化緩慢，因此在消化階段可以活化溫暖身體，是款集結了寒冷國度的智慧及經驗的麵包。

0. 預備	裸麥片：用熱水(50℃)浸泡2小時軟化
1. 攪拌	Ⓛ1分鐘→Ⓛ1分鐘→Ⓛ1分鐘→Ⓛ2分鐘 揉和完成溫度28℃
2. 分割	1kg 圓形
3. 整形	圓柱形
4. 發酵	27℃ 80% 40分鐘
5. 烘烤	㊤250℃ ㊦230℃ 10分鐘→ ㊤230℃ ㊦220℃ 合計約60~70分鐘 蒸氣：放入烤箱後

配方(粉類2kg 的用量)

裸麥片 98%(1960g)
熱水(50℃) 102.2%(2044g)
鹽 3.2%(64g)
酸種 110%(2200g)
新鮮酵母菌 1%(20g)
焦糖 7%(140g)
烤麵包粉 約40%(約800g)

●完成

裸麥片
綜合麥片種籽＊

＊裸麥片、大麥片、白芝麻、亞麻籽(烘烤過)、葵瓜籽混合而成。

0. 預備

在缽盆中放入裸麥片，再注入用量的熱水(50℃)，緊密地覆蓋上保鮮膜，放置於室溫2小時使其軟化(a)。

＊為了讓完成時麵包中仍能殘留裸麥片的顆粒般口感，因此熱水溫度50℃，是最適當的。溫度過高時麥片會變得過軟，在攪打時會被攪碎而成團狀，加熱後口感也會變差。

a

1. 攪拌

將預備好的裸麥片放入攪拌缽盆中，以低速混拌1分鐘，讓裸麥片略略壓碎(b)。加入酸種(c)，以低速混拌1分鐘。加入鹽、焦糖和新鮮酵母菌(d)，以低速混拌1分鐘。視麵團狀況添加烘烤過的麵包粉(e)，以低速混拌2分鐘。攪拌成完全不會結合的鬆散狀麵團(f)。揉和完成溫度28℃。

＊以麵包粉的用量來調整麵團的硬度。

b

c

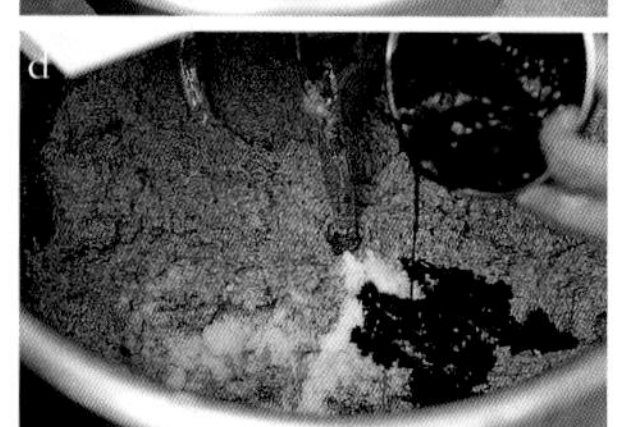
d

e

f

2. 分割

將麵團放置於工作檯上，分割成1kg(g)、滾圓(h)。

g

h

裸麥片在攪拌時多少會被攪碎，但一半以上烘烤後仍會像米粒般呈圓形狀態。麵包內側幾乎看不到氣泡，是因爲配方中沒有使用麵粉。藉由麵包粉的保水性讓麵包內側彷佛法式凍派般滑順而有重量感。因爲沒有麵筋組織，所以麵團在烘烤時完全不會延展，表層外皮上方會出現大型裂紋。因爲麵團內沒有氣泡，也意味著麵團不易受熱，烘烤時間需要1個小時以上。

3. 整形

整形成圓柱形，接合處以手指按壓作出記號(i)。放在用水沾濕的廚房紙巾上滾動濡濕麵團表面後，沾裹上綜合麥片種籽(j)。將接合口朝下地並排放置在折疊成山形皺摺的帆布墊上，用細木棒或筷子等距地刺出5個孔洞(k)。

＊刺出孔洞可以讓麵團更容易熟透。

i

j

k

4. 發酵

27℃・濕度80% 的環境下使其發酵40分鐘。

5. 烘烤

麵團放置在麵包取板上，再移至滑送帶(slip peel)(l)。以上火250℃・下火230℃，放入烤箱後注入大量蒸氣，烘烤10分鐘後，調降上火至230℃・下火220℃，合計約烘烤60~70分鐘。

l

8

葡萄乾種製作的麵包

橄欖麵包

Pain aux olives

不只是單純地加入橄欖的麵包，更希望橄欖的風味能成爲麵包的首要印象，因此製作而成。以這款麵包能作爲正餐爲出發，加入不同於尋常，極限用量的橄欖。麵團也儘可能強有而力的表現，所以設計出全麥粉與裸麵粉搭配的硬式麵團。香甜柔和的葡萄乾種，不僅是發酵用的酵母，同時也是風味表現的重要因素，與橄欖的鹹度和油脂有著完美的平衡。適合搭配紅酒，加上使用了多汁的橄欖，也可以做爲前菜來享用呢。

1. 攪拌 (L)4分鐘→橄欖(↓)(L)2分鐘
揉和完成溫度18~20℃

2. 低溫長時間發酵 18℃ 80% 16小時 膨脹率 1.1~1.2倍

3. 分割·滾圓 150g 捲起滾動2圈

4. 整形 半圓筒形

5. 最後發酵 27℃ 80% 1小時

6. 烘烤 (上)250℃ (下)210℃ 約25分鐘
蒸氣：放入烤箱後

配方（粉類1kg 的用量）

法國麵包專用粉（LYS DOR） 40%（400g）
法國產麵粉（Type 65） 30%（300g）
全麥麵粉（Stein Mahlen） 20%（200g）
中粒裸麥粉（Allemittel） 10%（100g）
A
- 鹽 1.8%（18g）
- 麥芽糖漿液＊ 0.4%（4g）
- 葡萄乾種 6%（60g）
- 水 約58%（約580g）

黑橄欖（去核） 40%（400g）

＊使用與麥芽糖漿原液等量的水分（配方外）溶解的液體。

1. 攪拌

將A的材料放入攪拌缽盆中，用攪拌器混拌（a）。加入粉類以低速攪拌4分鐘。加入黑橄欖（b），以低速攪拌2分鐘。揉和完成溫度18~20℃。

＊橄欖若是不容易均勻混拌時，可以用手輔助均勻地混入全體麵團中。

2. 低溫長時間發酵

整合麵團，將麵團放入發酵箱中（c），在18℃·濕度80%的環境下使其發酵16小時（d）。

＊因爲此配方並沒有希望麵團高度膨脹的意圖，因此膨脹率爲1.1~1.2倍左右。

3. 分割·滾圓

撒上大量手粉（裸麥粉），將麵團放置於工作檯上。麵團僅形成略微的麵筋網狀組織（e）。分割成150g，由身體方向開始朝前端捲起滾動麵團（f）。在26℃·濕度80%的環境下靜置20分鐘。

4. 整形

將麵團壓平後，再整形成半圓筒狀（g）。排放在折疊成山形皺摺的帆布墊上。斜向劃切出4條割紋（h）。

5. 最後發酵

在27℃·濕度80%的環境下使其發酵1小時。

6. 烘烤

用茶葉濾網篩撒上裸麥粉（i），並排在滑送帶（slip peel）上。
以上火250℃·下火210℃，放入烤箱後注入大量蒸氣，約烘烤25分鐘。

◎小麵包

分割·滾圓：40g 圓形

整形：圓形 劃入1條割紋（h右）。

烘烤：與步驟6條件相同地烘烤18分鐘，其他步驟與左方相同。

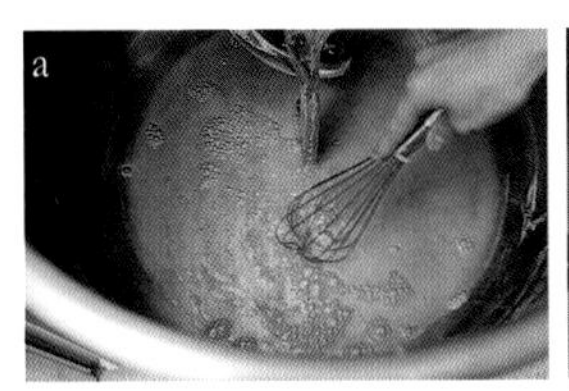

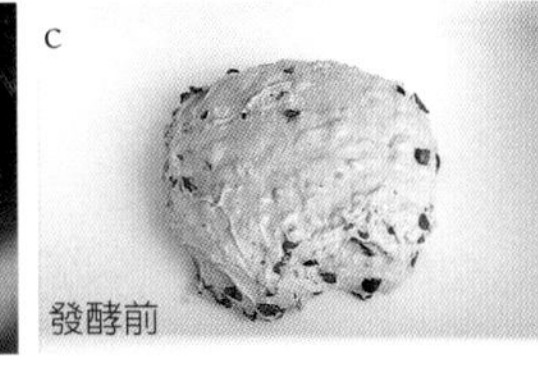

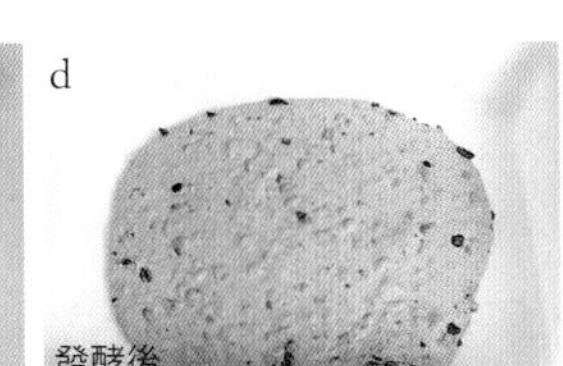

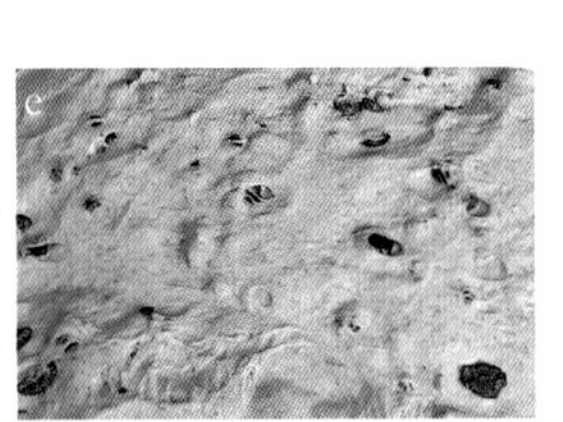

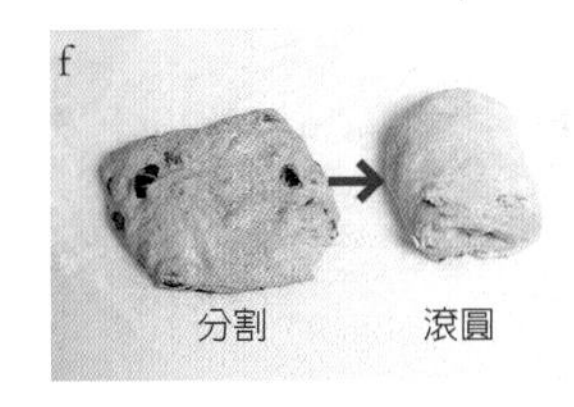

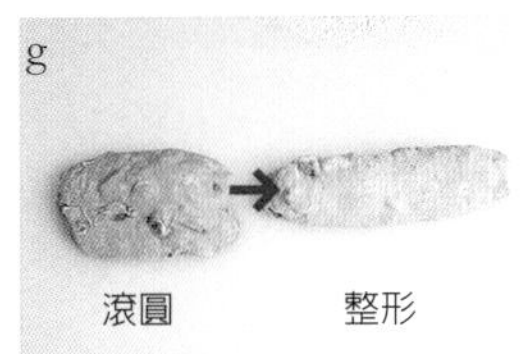

洋蔥麵包捲

Roasted onion rolls

將炸洋蔥揉入麵團當中製成的洋蔥麵包（Zwiebelbrot），在德國所有的麵包店都看得到，香甜的洋蔥風味能激發食慾。由德國人的發想中得到靈感，做出了這款融合了個人特色的麵包。在如同法國長棍麵包般彈牙的硬質麵包內，使用了高湯粉調味，讓麵包充滿著洋蔥的"精華"，葡萄乾種的甘甜成了隱含的提味。包捲了整片鹽漬鯷魚的創作麵包，也是下酒良伴，是一款超越麵包領域的美味。

1. 攪拌 Ⓛ4分鐘→Ⓗ2分鐘 揉和完成溫度20℃
2. 低溫長時間發酵 20℃ 80% 14小時
3. 分割・滾圓 加入鯷魚：80g 捲起滾動2圈 小麵包：40g 圓形
4. 整形 加入鯷魚：半圓筒形 小麵包：圓形
5. 最後發酵 27℃ 80% 90分鐘
6. 烘烤 ㊤250℃ ㊦200℃ 加入鯷魚：約25分鐘 小麵包：約20分鐘 蒸氣：放入烤箱前後

配方（粉類1kg 的用量）

高筋麵粉（3 GOOD） 50%（500g）
法國產麵粉（Type 65） 40%（400g）
全麥麵粉（Stein Mahlen） 10%（100g）

A
- 鹽 1.3%（13g）
- 麥芽糖漿液＊ 0.4%（4g）
- 高湯（粉末） 1.2%（12g）
- 葡萄乾種 7%（70g）
- 炸洋蔥 10%（100g）
- 水 約68%（約680g）

鹽漬鯷魚 適量

＊使用與麥芽糖漿原液等量的水分（配方外）溶解的液體。

1. 攪拌

將A的材料放入攪拌缽盆中，用攪拌器混拌（a）。加入粉類，以低速攪拌4分鐘，再改用高速攪打2分鐘（b）。揉和完成溫度20℃。

＊這個麵團幾乎無法整合成團，黏呼呼的狀態即可。

2. 低溫長時間發酵

將麵團放入發酵箱中，在20℃・濕度80% 的環境下使其發酵14小時。

＊因為此配方並沒有希望麵團高度膨脹的意圖，因此膨脹率為1.1~1.2倍左右。

3. 分割・滾圓

撒上大量手粉（裸麥粉），將麵團放置於工作檯上。麵團僅形成略微的麵筋網狀組織（c）。包捲鯷魚用的麵團分割成80g，由身體方向開始朝前端捲起麵團，小麵包用的麵團分割成40g，滾圓（d）。在26℃・濕度80% 的環境下靜置15分鐘。

4. 整形

將包捲鯷魚用的麵團輕輕壓平後，由身體方向朝外折疊1/3，排放上瀝乾油脂的鹽漬鯷魚（e右），彷彿包覆鯷魚般地由相反方向折起麵團，使其緊密貼合，再整形成半圓筒狀（e左）。小麵包用的麵團再一次滾圓。

＊鯷魚先用廚房紙巾擦乾油脂備用。

5. 最後發酵

並排放置在折疊成山形皺摺的帆布墊上，在27℃・濕度80% 的環境下使其發酵90分鐘（f）。

6. 烘烤

移至滑送帶（slip peel）上，包捲了鯷魚的麵團表面斜劃入3條割紋（g）。小麵包則劃切1條割紋。

以上火250℃・下火200℃，放入烤箱前注入少量蒸氣，放入烤箱後注入大量蒸氣，包捲了鯷魚的長麵包約烘烤25分鐘、小麵包則烘烤約20分鐘。

a

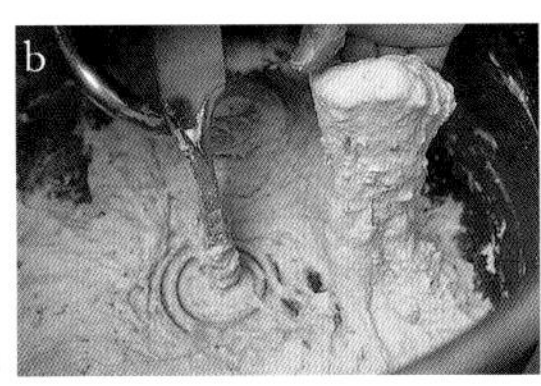
b

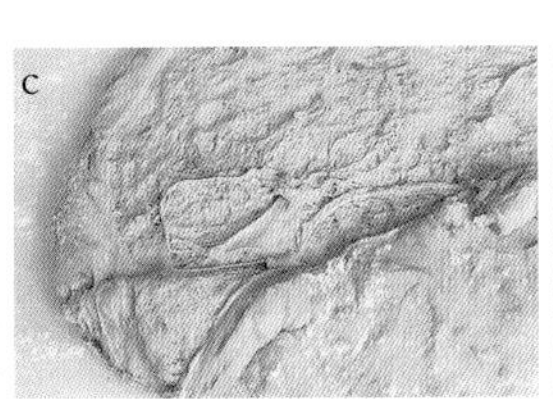
c

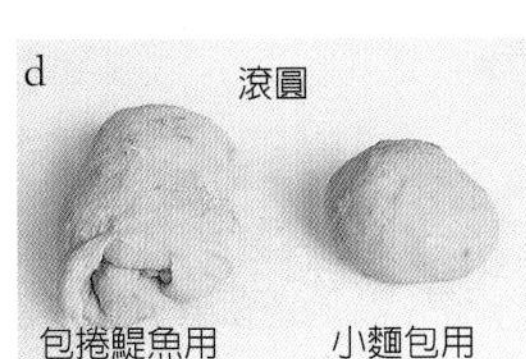
d

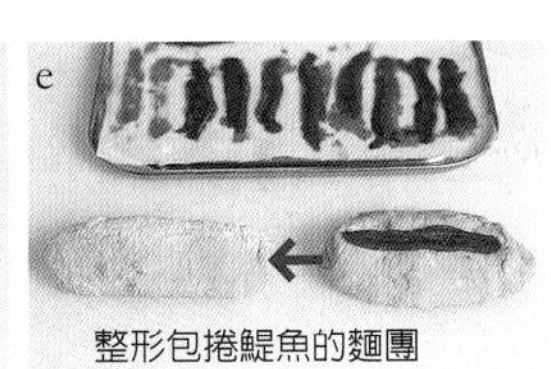
e

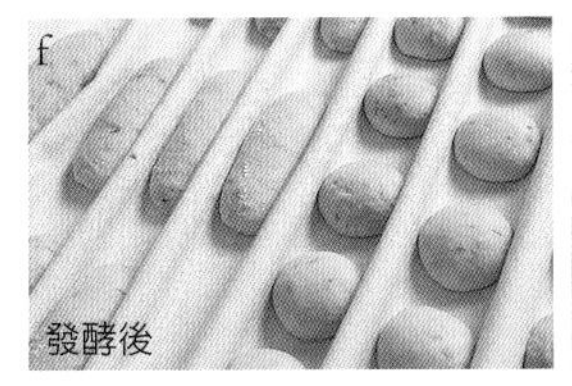
f

g

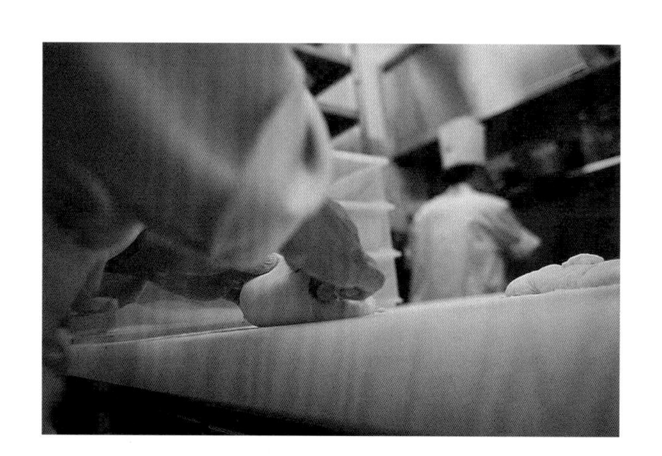

9

酵母菌、發酵種各式組合製作的麵包

法式鄉村麵包

Pain de campagne

做爲每天餐桌上必備、經過長時間不斷地出現在生活中的法式鄉村麵包，在漫長的歷史裡，已存在著數不盡的各種食譜。依著各地、或者可以說各個麵包師父們不同的特色，而不斷地變化配方，當然我也有以自己的考量和詮釋所完成的配方。

利用葡萄乾種使其發酵，搭配20％的裸麥，可以讓表層外皮產生甘甜氣息，同時麵包內側可以有潤澤、具分量又強烈的濃郁風味。爲了添加熟成感特有的酸味，因此配方中也添加了微量的酸種。這也是想要隱約呈現德國麵包要素的原因，但若是追求法式風味，也可以將這個部分置換成天然酵母種。

一般來說，印象中鄉村麵包在進行攪拌步驟時，都會略微抑制攪拌程度，但我的這個配方，因爲搭配了裸麥粉，麵團風味強烈，所以必須攪拌至麵團產生光澤，且麵筋組織形成，膨脹體積較大時會更爲美味。此外，爲了將發酵過程中產生熟成的香氣，完整保留在麵團內，麵筋組織的存在更是非常必要。

1. 攪拌 Ⓛ3分鐘＋Ⓗ5分鐘 揉和完成溫度25℃
2. 低溫長時間發酵 21℃ 80% 16小時 膨脹率約2倍
3. 分割・滾圓 800g 圓形 籐籃（直徑24.5×高8cm）
4. 最後發酵 26℃ 80% 3小時
5. 烘烤 ㊤235℃ ㊦215℃ 約35分鐘 蒸氣：放入烤箱後

配方（粉類2kg 的用量）

法國麵包專用粉（Mont Blanc） 40%（800g）
法國產麵粉（Meule de pierre） 20%（400g）
法國產麵粉（Type 65） 20%（400g）
中粒裸麥粉（Allemittel） 10%（200g）
細粒裸麥粉（Allefein） 10%（200g）

A
- 鹽 2.1%（42g）
- 麥芽糖漿液＊ 0.4%（8g）
- 葡萄乾種 3%（60g）
- 酸種 0.1%（2g）
- 水 約60%（約1200g）

＊使用與麥芽糖漿原液等量的水分（配方外）溶解的液體。

1. 攪拌

將材料A放入攪拌缽盆中，用攪拌器混拌（a）。加入粉類（b），以低速攪打3分鐘，改以高速攪拌5分鐘。成爲具有光澤且具延展性的麵團（c）。揉和完成溫度25℃。

＊一般來說，印象中鄉村麵包是不太形成麵筋組織的，但爲了將發酵過程中產生的香氣保留做爲麵包本身的風味時，能將氣體（味道豐富的香氣）鎖住，保留在麵團中的麵筋組織內就非常必要。因此在此必須仔細進行攪拌作業。攪拌程度的參考標準，約是麵團產生光澤爲止。

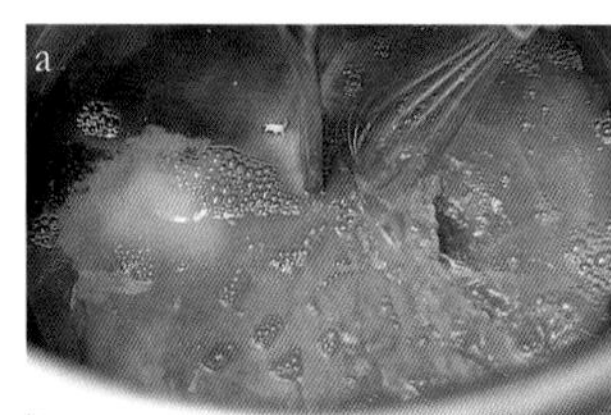
a

b

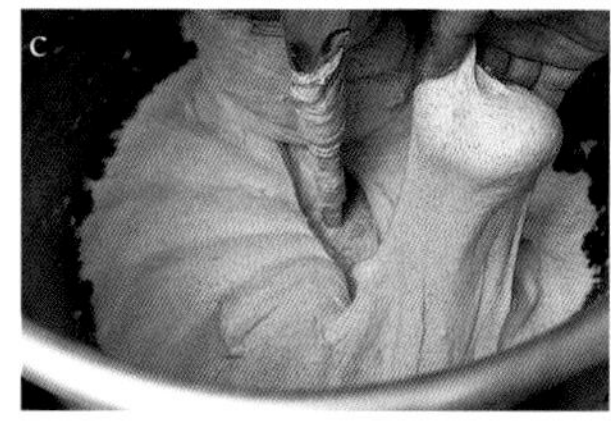
c

2. 低溫長時間發酵

麵團整合後，放入發酵箱中（d）。在21℃・濕度80%的環境下使其發酵16小時。膨脹率約2倍（e）。

d

e

3. 分割・整形

撒上手粉（裸麥粉），將麵團放置於工作檯上。分割成800g（f）。利用茶葉濾網在籐籃（直徑24.5cm×高8cm）內篩撒上大量裸麥粉。爲避免麵團內氣體流失地將麵團表面緊實滾圓。接口貼合處朝上地放置於籐籃中（g）。

＊發酵過程中產生的氣體因含有各種香氣，這些也都成爲麵包風味的一部分，在進行分割整形時，放入烤箱前儘量避免氣體的流失。

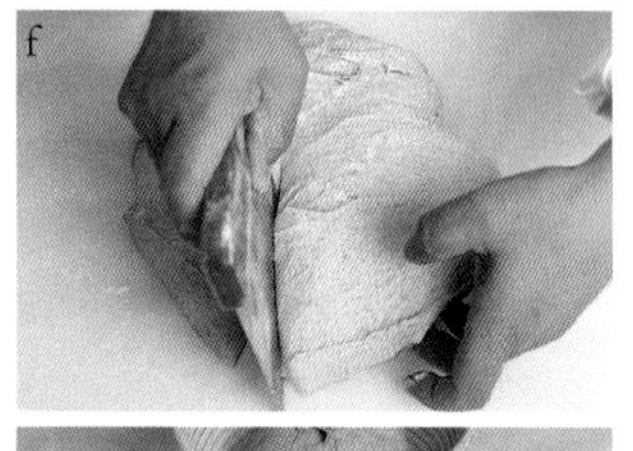
f

g

因爲葡萄乾種當中含有糖分，因此烘烤完成的表層外皮具有香甜氣息，柔軟內側則是顏色略深。如果確實地形成麵筋組織，步驟中也不過分碰觸麵團，就可以將發酵過程中產生的氣體（香氣）存留在麵團之中。因爲是款具有強烈風味的麵團，所以增加割紋數，更可以膨脹體積，麵包內側也會混入較粗大的氣泡。在烤箱內如果麵團沒有受到其他影響地順利延展，表層外皮會成爲混入了氣泡的薄層狀態。

4. 最後發酵

在26℃・濕度80%的環境下使其發酵3小時(h)。

發酵後

5. 烘烤

倒扣籐籃，將麵團放置在滑送帶(slip peel)上。劃切3道平行割紋，使其形成像鑽石般菱形地，再交錯劃切3條割紋(i)。

以上火235℃・下火215℃，放入烤箱後注入大量蒸氣，約烘烤35分鐘。

＊因強力地攪拌使其形成麵筋組織，烤焙彈性(oven spring)（烤箱中延展膨脹的張力）較強，如果沒有多劃幾道割紋，很可能會造成表面的裂紋。

◎**長棍形**

分割・滾圓：分割成350g的長方形，由身體方向朝前捲起滾動2圈。

整形：在26℃・濕度80%的環境下靜置15分鐘，再整形成長棍狀。

最後發酵：排放在折疊成山形皺摺的帆布墊上，在27℃・濕度80%的環境下使其發酵1小時30分鐘。

烘烤：撒上裸麥粉，像法式長棍麵包(P.43)般劃切5條割紋(約1cm深)。以上火260℃・下火200℃，放入烤箱後注入大量蒸氣，約烘烤20分鐘。

脆皮吐司

Hard tosat

烘烤過後香香脆脆、具嚼感，越嚼越有滋味，這就是每天吃也不會膩的吐司麵包。這樣的麵包除了麵粉之外，不使用其他過敏性食材(特定原料)。在這裡想要讓大家瞭解，即使不使用奶油、牛奶 ... 等讓麵團柔軟的副材料，也能製作出體積膨大、柔軟、口感輕盈潤澤的吐司麵包。

酵母使用啤酒花種和葡萄乾種組合。啤酒花種能適度地使體積膨脹，還能恰當地使麵團產生潤澤口感，可以說是最適合製作吐司的酵母。併用葡萄乾種，是因爲其中的糖分可以讓麵團產生自然甘甜的香氣。側面具有斜線狀凹凸的模型，熱傳導功能佳，更能彰顯 其效果地烘烤出表層外皮薄且香脆，又別具一格的甘甜風味。

輕盈的口感下，也希望在咀嚼時能有些不同的感受，因此配方中加了灰分成分比例雙倍於高筋麵粉的石臼碾磨粉。雖然不及以全麥麵粉製作的英式全麥麵包(graham bread)，但嚼感和風味上確實有所提升。向上膨脹的力量是將麵筋組織極大限度形成的結果，只是攪拌機的力量並非全能，在緊實麵團表面麵筋組織的同時，需要藉由手工折疊麵團使組織向上膨脹，以形成橫向及向上的膨脹力量。麵包內側和表層外皮的張力變強，烘烤之後的口感就會變得輕盈。

工序
1. 攪拌 Ⓛ5分鐘＋Ⓗ3分鐘 揉和完成溫度22~23℃
2. 增加體積 三折疊 ×4次
3. 低溫長時間發酵 20℃ 80% 15小時 膨脹率約3倍 pH5.4
4. 分割・滾圓 400g×2個 圓形
5. 整形 圓形×2個 方型模（24×8.5×高12cm）
6. 最後發酵 27℃ 80% 3小時
7. 烘烤 Ⓤ190℃ Ⓓ200℃ 約50分鐘 蒸氣：放入烤箱前後

配方（粉類3kg 的用量）

高筋麵粉（3 GOOD） 70%（2100g）
高筋麵粉（Petika） 25%（750g）
高筋麵粉（Grist Mill） 5%（150g）

A
- 鹽 2.1%（63g）
- 麥芽糖漿液＊ 1%（30g）
- 啤酒花種 4%（120g）
- 葡萄乾種 2%（60g）
- 水 約68%（約2040g）

＊使用與麥芽糖漿原液等量的水分（配方外）溶解的液體。

1. 攪拌

將材料A放入攪拌缽盆中，用攪拌器混拌（a）。加入粉類（b），以低速攪拌5分鐘，改用高速攪打3分鐘，至麵筋組織確實形成（c）。揉和完成溫度22~23℃。

整合麵團，將麵團放入發酵箱中，以26℃・濕度80%的環境下靜置10分鐘。

＊為了增加膨脹體積，因此必須要攪拌至麵筋組織確實形成。

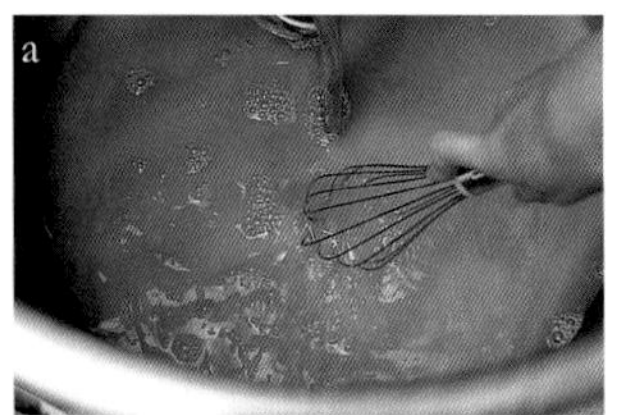
a

b

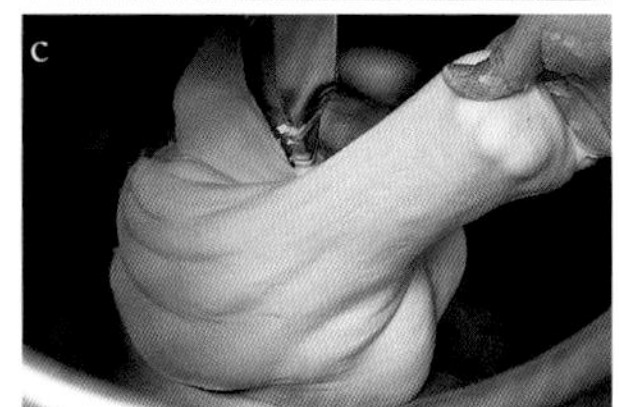
c

2. 增加體積

撒上手粉，將麵團放置於工作檯上，進行4次三折疊作業。拉開四角使其開展成四方形，左右用力地拉開麵團向中央折疊1/3，下方同樣用力拉開向中央折疊1/3（d），上方也同樣地向中央折疊1/3。壓平麵團後，再次拉開四角使其開展成四方形，同樣地進行左右、下上用力地拉開麵團向中央三折疊（e）。確實地拉動緊實，就可以成為膨脹狀態良好的麵團。

＊藉由強力拉動折疊麵團，使麵團形成極大張力（麵筋組織），就能夠將氣體保留在麵團中，使麵團得以充分膨脹。

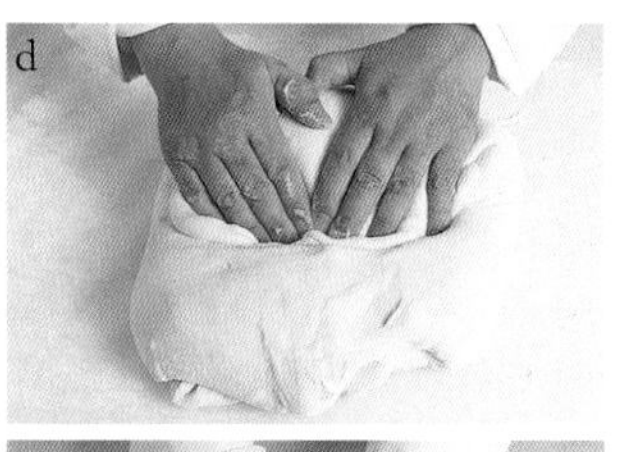
d

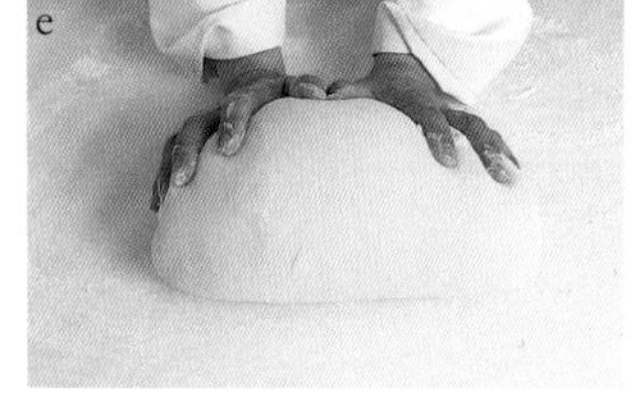
e

3. 低溫長時間發酵

折疊作業結束後，將接合口朝下地放入發酵箱中（f），在20℃・濕度80%的環境下使其發酵15小時（g）。膨脹率約3倍。發酵後 pH5.4。

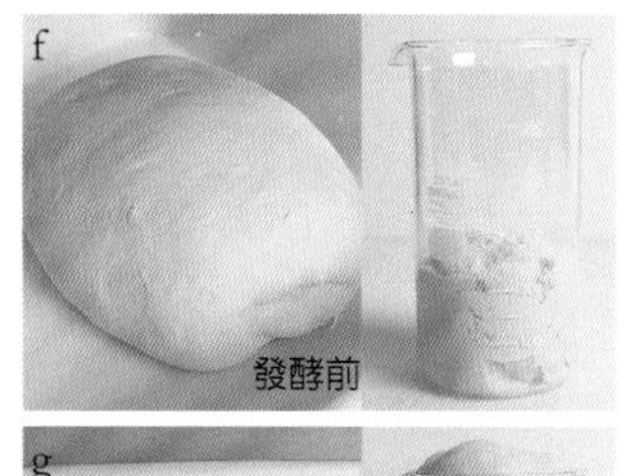
f
發酵前

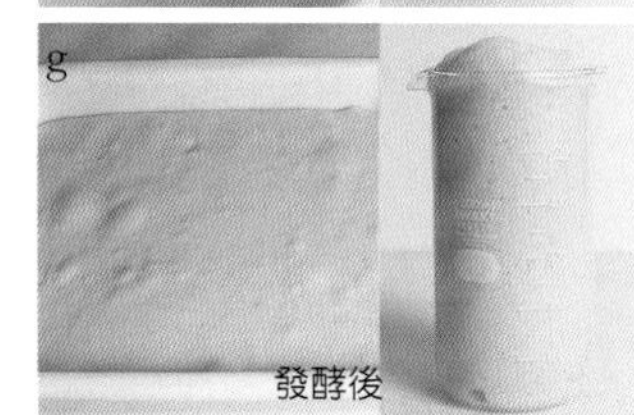
g
發酵後

在麵包內側和表層外皮都存在著細長不規則的大小氣泡，就是這款吐司麵包的特徵。這樣的構造，是由確實攪拌形成的麵筋組織，藉由重覆幾次用力緊實和折疊麵團而產生。使用對熱度反應徐緩的自然發酵種，在烤箱內延展力良好的麵團，以熱傳導良好、凹凸表面增加表面積的模型烘烤時，就能烤出薄脆、烘烤色澤濃重，香氣四溢的表層外皮了。

4. 分割・滾圓

撒上手粉，將麵團放置於工作檯上。麵團已形成了細緻的麵筋網狀組織(h)。分割成400g，避免麵團內部氣體排出地，確實地使表面緊實呈圓形(i)。排放在帆布墊上，在26℃・濕度80%的環境下靜置40分鐘。

＊避免麵團內部氣體排出地輕柔處理，確實緊實麵團的表面。

h

i

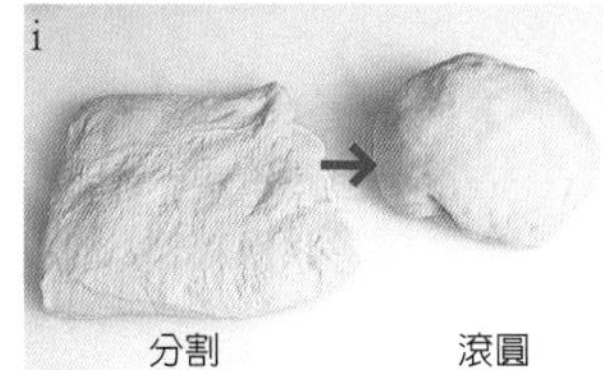

分割　滾圓

5. 整形

與步驟4要領相同地，避免氣體流失地緊實表面並重新滾圓。避免鬆弛地將接口貼合處緊密貼合，將兩個麵團接口貼合處朝下地放入方型模中(長24×寬8.5×高12cm)中(k)。

j

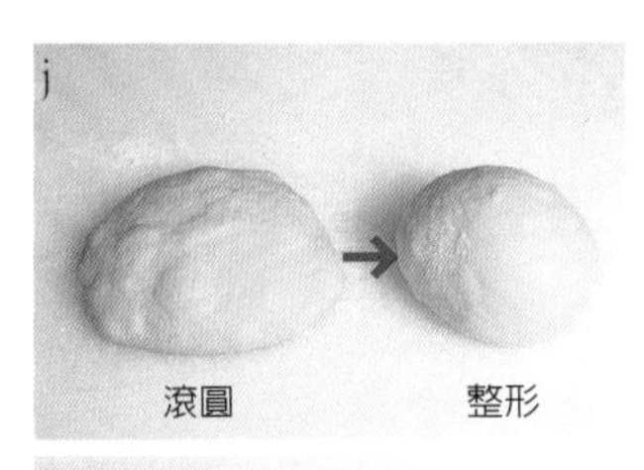

滾圓　整形

k

發酵前

6. 最後發酵

在27℃・濕度80%的環境下使其發酵3小時(l)。

l

發酵後

7. 烘烤

並排在滑送帶(slip peel)上。以上火190℃・下火200℃，放入烤箱前注入少量蒸氣，放入烤箱後注入至模型會附著水滴程度的蒸氣，約烘烤50分鐘。烘烤完成後立刻脫膜。

＊在此為烘烤出較強的烘烤色澤，因此使用側面呈斜線凹凸狀的模型，以增加表面積。使用像這樣的模型時，受熱效果良好，不僅可以增加表層外皮的香氣，還能防止麵包攔腰塌陷。

博林麵包

Bürli

發源於瑞士的博林麵包，最初是由修道院製作。據說是水分多、簡樸的麵團，起源於宗教背景，因此多製成十字形狀或是在麵團上劃切出十字割紋 ... 等，是款非常樸實的麵包。

挑戰製作傳統麵包時，會以其配方、製作方法、形狀或名稱 ... 等，所有傳統本質爲骨架來進行，但在此我試著打破傳統框架，重新創作出這款博林麵包。

碎粒雄美的表層外皮，與 Q 彈緊實的柔軟內側，正是這博林麵包最大的魅力。這是因爲含水分較多的麵團，不需多加進行整形，直接以高溫烘烤完成。因爲有如此堅硬的表層外皮，若柔軟內側沒有大幅膨脹，會過於堅硬無法咀嚼，所以務必要使用發酵力強的強力酵母。在此採用酵母菌製成的老麵爲主，再搭配上可以使表層外皮呈現香甜作用的葡萄乾種。還有原創配方的裸麥粉，添加少量的裸麥粉增加其濃醇、柔和的香氣。可以在3~8% 程度的範圍內，試著找到自己最喜歡的比例。如此便能瞭解即使僅只改變1%，風味也會因而變化。

最近的年輕人，據說有不太咀嚼食物而胡圖吞棗的傾向，如果再添加上乾燥水果和堅果類的食材，那麼應該就會不自覺地多咀嚼幾十次吧。希望大家能夠在咀嚼每一口時，都能再次感受到粉類、水果及堅果的美味。雖然與傳統的博林麵包或許已有些不同，但是基於對博林麵包的尊崇，仍冠以博林麵包之名。

0. 預備　乾燥莓果：泡水20分　網篩瀝乾10分鐘
1. 攪拌　Ⓛ2分鐘＋Ⓗ約10分鐘　揉和完成溫度18℃ 用手混拌乾燥莓果
2. 低溫長時間發酵　18℃ 80% 18小時
3. 增加體積　三折疊 ×2次
4. 分割・整形　150g　方形　滾動捲起2次
5. 最後發酵　26℃ 80% 1小時
6. 烘烤　㊤270℃ ㊦240℃ 7分鐘→ ㊤250℃ ㊦220℃ 合計約35分鐘 蒸氣：放入烤箱前後

配方

●麵團（粉類 3kg 的用量）

高筋麵粉(3 GOOD)　35%(1050g)
法國麵包專用粉(Mont Blanc)　30%(900g)
法國產麵粉(Type 65)　20%(600g)
法國產麵粉(Meule de pierre)　10%(300g)
極細粒裸麥粉(Male Dunkell)　5%(150g)

A
- 鹽　2.3%(69g)
- 麥芽糖漿液*　0.3%(9g)
- 老麵　6%(180g)
- 葡萄乾種　2%(60g)
- 水　約86%(約2580g)

●副材料（粉類 1kg 的用量）

乾燥藍莓　47%(470g)
乾燥蔓越莓　19.5%(1950g)
其他(右頁◎)

＊使用與麥芽糖漿原液等量的水分(配方外)溶解的液體。

0. 預備

副材料的兩種莓果，在攪拌開始的30分鐘前浸泡於水中20分鐘，以網篩瀝乾10分鐘。

1. 攪拌

將A的材料放入攪拌缽盆中，用攪拌器混拌(a)。加入粉類，以低速攪拌2分鐘，改用高速攪打10分鐘。因水分較多，所以是非常軟黏的麵團(b)。揉和完成溫度18℃。將麵團分成3等分，各別放入有深度的容器內(缽盆等)，在其中一個麵團中加入預備好的兩種莓果，一邊轉動容器一邊用手舀起麵團般地將莓果均勻混拌。(c)。

＊因含較多水分，若沒有進行長時間攪拌，會無法形成麵筋組織。也因爲麵團的軟黏狀態，使用攪拌機很難將莓果均勻混拌，因此用手混拌。

＊在此將麵團分成3等分來使用(其餘2/3請參考應用範例來製作→右頁◎)

＊因水分較多又軟黏，麵團很容易變得鬆垮，所以要放入可以使麵團產生厚度的小型容器內。

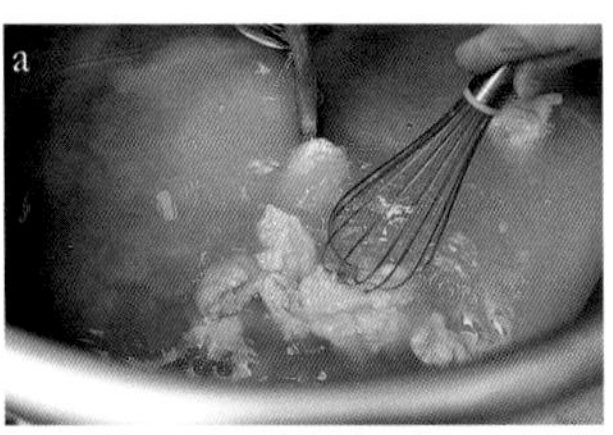
a

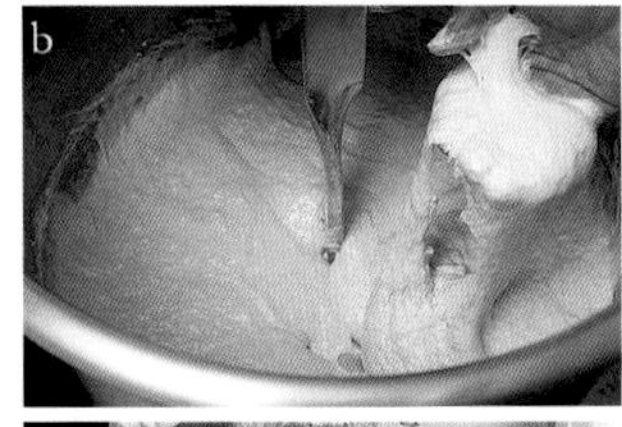
b

c

2. 低溫長時間發酵

爲避免乾燥地覆蓋上保鮮膜或塑膠袋，在18℃・濕度80%的環境下使其發酵18小時。

3. 增加體積

撒上手粉（裸麥粉），將麵團放置於工作檯上（d），進行2次三折疊作業。使用大型刮板從左右各別向中央折疊1/3（每次折疊時都先用毛刷撣掉多餘的粉類），下方也向中央折疊1/3（e），上方也向中央折疊1/3。折疊作業結束後，將接合口朝下地放回容器內（f），以26℃・濕度80％的環境下靜置30分鐘。

＊因麵團較爲軟黏的原故，如果直接放置麵團會向左右兩側擴散出去。因此利用折疊麵團增加向上膨脹的體積。

4. 分割・整形

撒上大量手粉，將麵團放置於工作檯上，用刷子撣落表面的粉類。分割成150g的四方形，由身體方向開始往前進行滾動捲起2次，撒上粉類（g）。

＊因莓果較容易烤焦，爲避免烤焦因此撒上大量粉類。側面也不要忘了撒。

5. 最後發酵

帆布墊上也撒上粉類，將麵團排放在折疊成山形皺摺的帆布上，在26℃・濕度80％的環境下使其發酵1小時。

6. 烘烤

移至滑送帶（slip peel）上，若粉類不足時，可用茶葉濾網篩撒粉類補足。劃切1條割紋（h）。以上火270℃・下火240℃，放入烤箱前注入少量蒸氣，放入烤箱後注入大量蒸氣，約烘烤7分鐘，調降上火至250℃・下火220℃，合計約烘烤35分鐘。

＊撒上大量粉類，是爲了延緩表面烘烤至凝固的時間，也爲了儘可能地增加膨脹體積。如果粉類過多，只要在烘烤完成後撣掉即可。

◎加入核桃

配方：兩種莓果改成核桃47.5%（烘烤過的），與左頁步驟0同樣地進行預備。

攪拌：在步驟1高速攪打揉和後，加入核桃，以低速攪打2分鐘（略略攪碎的程度）。

烘烤：與步驟6相同條件，合計約烘烤32分鐘。

其他作業與左頁相同。

◎加入黑醋栗和核桃

配方：兩種莓果改成黑醋栗35%、核桃24%（烘烤過粗略敲碎）、糖漬橙皮15%（切碎）。

分割＝整形：分割成120g的三角形。不用滾圓地放置即可。

烘烤：與步驟6相同條件，合計約烘烤25分鐘。

其他作業與左頁相同。

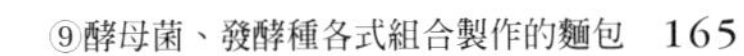

鄉村麵包

Cottage bread

在英國的麵包書中發現這款，有著類似日本供桌年糕般，不可思議形狀的麵包，從那之後腦海中對於這款麵包的印象一直揮之不去。有天在倫敦近郊的麵包店內，看到了書裡的麵包，當下心中無限感動。老實說味道並沒有特別好吃，但我個人將發酵種加以調整，名稱上也簡約地稱它爲鄉村麵包 Cottage bread。口感上鬆軟、風味柔和，入口時葡萄乾種的甜味，以及天然酵母種隱約的酸味，像波浪般緩緩地層疊而來，雖然是在英國得到靈感，但腦海中卻忍不住浮現出關西腔中「はんなり高雅華麗」這樣的詞彙。挖出柔軟內部，做成三明治再放回麵包中，感覺就像是美味珠寶盒般。要不要一起出去賞花呢？

1. 攪拌 Ⓛ3分鐘→奶油 ↓Ⓛ2分鐘→Ⓗ3分鐘
揉和完成溫度20℃

2. 增加體積 三折疊 ×2次

3. 低溫長時間發酵 21℃ 80% 18小時
膨脹率超過2倍 pH5.5

4. 分割·滾圓 700g·300g(1組) 圓形

5. 整形 圓形→供桌年糕形狀

6. 最後發酵 27℃ 80% 60~90分鐘

7. 烘烤 ㊤220℃ ㊦200℃ 約50~60分鐘
蒸氣：放入烤箱前後

配方

高筋麵粉(3 GOOD) 50%(1500g)
高筋麵粉(Petika) 30%(900g)
高筋麵粉(Grist Mill) 10%(300g)
法國產麵粉(Baguette Meunier) 10%(300g)
鹽 2%(60g)
蔗糖 3%(90g)
麥芽糖漿液* 1%(30g)
葡萄乾種 3%(90g)
老麵 2%(60g)
天然酵母液種 1%(30g)
牛奶 10%(300g)
水 約59%(約1770g)
無鹽奶油 7%(210g)

*使用與麥芽糖漿原液等量的水分(配方外)溶解的液體。

1. 攪拌

在攪拌缽盆中放入水、牛奶、鹽、蔗糖、麥芽糖漿液、天然酵母種(液種)、葡萄乾種，用攪拌器混拌。加入粉類，邊將老麵撕成小塊加入，一邊以低速攪打3分。加入用手捏成小塊的奶油，以低速攪拌2分鐘後，改以高速揉和3分鐘。成為適度形成麵筋組織的麵團(a)。揉和完成溫度20℃。整合後，放入發酵箱中，在26℃·濕度80%的環境下靜置10分鐘。

2. 增加體積

撒上手粉，將麵團放置於工作檯上，進行2次三折疊作業。拉開四角使其開展成四方形(b)，由左至右地用力拉緊，各別進行1/3折疊作業，下方、上方都相同地進行1/3折疊作業(c)。
*邊用力拉動麵團邊進行折疊作業，以緊實表面(形成麵筋組織)，將氣體存於麵團內側，可以更增加膨脹體積，口感也更柔軟。

3. 低溫長時間發酵

完成折疊後，麵團接口朝下地放入發酵箱內，在21℃·濕度80%的環境下使其發酵18小時。膨脹率大於2倍。發酵後pH5.5。

4. 分割·滾圓

撒上大量手粉，將麵團放置於工作檯上，分割成每組700g和300g(e)。無論大小都必須避免麵團內氣體流失地，僅緊實表面地滾圓。排放在帆布墊上(f)，在26℃·濕度80%的環境下靜置20~40分鐘。

5. 整形

無論大小都必須避免麵團內氣體流失，僅緊實表面地再次滾圓。為避免麵團鬆弛，將接口貼合處緊密貼合。將大小麵團重疊地放置在撒有粉類的帆布墊上。用2根手指蘸取粉類後，朝麵團中央按壓至觸碰到底部帆布墊為止(g)。
*重疊麵團時，如果中央沒有相互對準時，可能會導致麵團崩塌。

6. 最後發酵

在27℃·濕度80%的環境下使其發酵60~90分鐘。

7. 烘烤

為避免麵團形狀崩壞，用兩片大型刮板從麵團兩側一起舀起麵團，移至滑送帶(slip peel)上。用茶葉濾網薄薄地篩撒上粉類，由中央呈放射狀地劃切10條割紋(h)。以上火220℃·下火200℃，放入烤箱前注入少量蒸氣，放入烤箱後注入大量蒸氣，約烘烤50~60分鐘。

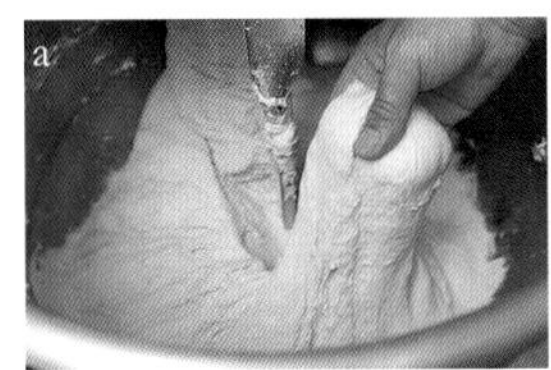
a

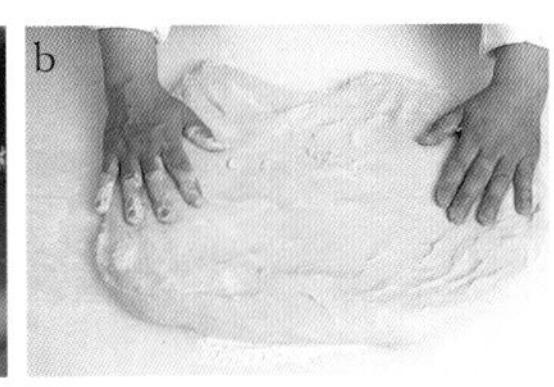
b

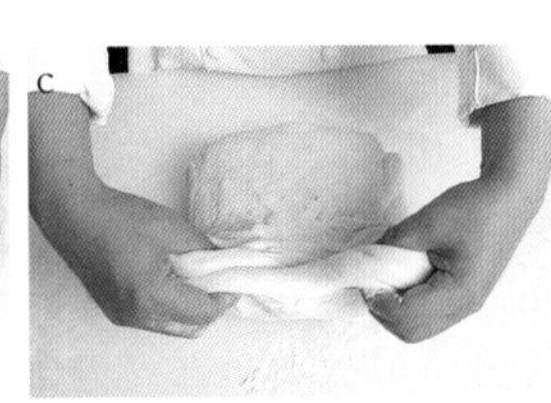
c

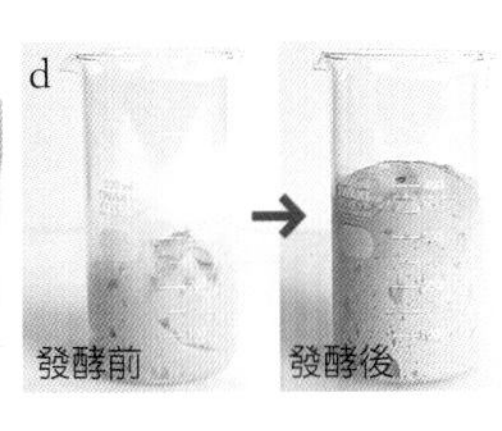
d

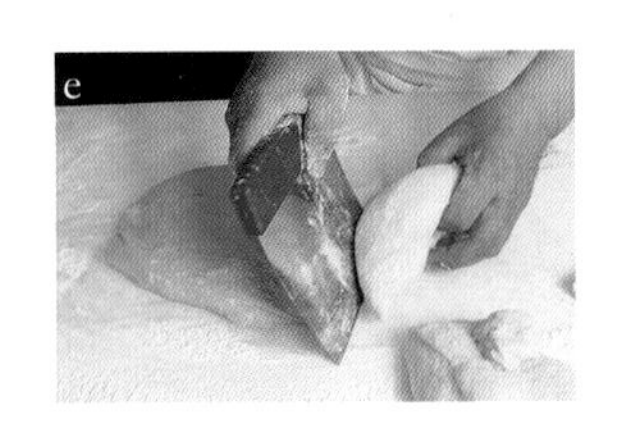
e

f

g

h

櫻桃麵包

Kirschenbrot

雖然可能會訝異於材料種類之多，但卻各有其不同的意義。像是馬鈴薯泥的保水能力是麵粉的4~5倍，烘烤完仍能持續保持其潤澤的口感；裸麥粉、酸奶油、楓糖漿三種食材一同使用時，將會倍增其濃郁醇厚的風味。此外，擁有梅子般酸味的覆盆子粉，更能提升酸櫻桃的滋味；葡萄乾種的甘甜，更增添酸櫻桃與麵團的整體感。要讓這麼熱鬧、風味十足的麵團發酵，雖然酵母菌的發酵能力十分必要，但也要顧及咀嚼時的口感，所以使用的是能適度抑制膨脹的老麵。

0. 預備　乾燥酸櫻桃：泡水20分　網篩瀝乾10分鐘
1. 攪拌　Ⓛ3分鐘→奶油↓Ⓛ2分鐘→Ⓗ2分鐘→櫻桃↓Ⓛ2分鐘 揉和完成溫度21~22℃
2. 低溫長時間發酵　21℃ 80% 18小時　膨脹率幾乎相等
3. 分割・滾圓　大：200g　小：60g — 圓形
4. 整形　半圓筒狀
5. 最後發酵　27℃ 80% 90分鐘
6. 烘烤　㊤240℃ ㊦200℃ 大：約25分鐘　小：約18分鐘　蒸氣：放入烤箱後

配方（粉類1kg 的用量）

法國麵包專用粉（Mont Blanc） 40%（400g）
中筋麵粉（麵許皆伝） 20%（200g）
全麥麵粉（Stein Mahlen） 20%（200g）
中粒裸麥粉（Allemittel） 20%（200g）
無鹽奶油 5%（50g）
乾燥酸櫻桃 60%（600g）

A
- 鹽 2.1%（21g）
- 覆盆子粉 1%（10g）
- 麥芽糖漿液*1 0.5%（5g）
- 老麵 3%（30g）
- 葡萄乾種 2%（20g）
- 馬鈴薯泥*2 20%（200g）
- 楓糖漿 5%（50g）
- 酸奶油 10%（100g）
- 牛奶 24%（240g）
- 水 約40%（約400g）

＊1 使用與麥芽糖漿原液等量的水分（配方外）溶解的液體。
＊2 去皮馬鈴薯煮熟後，以食物料理機攪打成滑順狀態，放至完全冷卻後備用。

0. 預備

在攪拌開始的30分鐘前，將乾燥酸櫻桃浸泡於水（配方外）中20分鐘後以網篩瀝乾10分鐘。

1. 攪拌

將A的材料（老麵撕成小塊）放入攪拌缽盆中（a），加入粉類以低速攪拌3分鐘。加入用手剝成小塊的奶油，以低速攪拌2分鐘，改以高速揉和2分鐘。加入預備好的乾燥酸櫻桃（b），以低速攪拌2分鐘。揉和完成溫度21~22℃。

2. 低溫長時間發酵

整合麵團，放入發酵箱內（c），在21℃・濕度80% 的環境下使其發酵18小時（d）。膨脹率幾乎相等。

＊麵團幾乎不會膨脹。

3. 分割・滾圓

撒上手粉，將麵團放置於工作檯上，分割成200g（大）和60g（小）的大小。各別將其滾圓。排放在帆布墊上，在26℃・濕度80% 的環境下靜置20分鐘。

4. 整形

將大小麵團整形成半圓筒狀，並注意避免讓櫻桃曝露在外地撒上粉類。並排在折疊成山形皺摺的帆布墊上，各別斜向地在大的麵團上劃切5條，小的麵團上劃切3條割紋（e）。

＊櫻桃透出麵團時，就會烤焦。

5. 最後發酵

在27℃・濕度80% 的環境下使其發酵90分鐘。

6. 烘烤

排放在滑送帶（slip peel）上，以茶葉濾網篩撒粉類。以上火240℃・下火200℃，放入烤箱後注入大量蒸氣，大型約烘烤25分鐘，小型約烘烤18分鐘。

a

b

c
發酵前

d
發酵後

e

紅酒無花果禮物麵包

Einpacken

用加了辛香料的紅酒糖漬乾燥厚實的無花果，與核桃一起加入麵團中烘烤。麵團的配方中加入了麵包粉，混拌了潤澤口感的無花果，還有烘烤過的杏仁粉的香氣，都是濃郁風味的來源。發酵種選用的是帶給麵團微微酸味的天然酵母種，以及爲了使麵包內側能保有適度氣泡、又具發酵力的老麵。若是直接烘烤，會烤焦無花果，所以採用擀壓成薄片的麵團，包覆之後再烤。Einpacken 這個字在德語中是包裝饋贈禮物的意思，將重要的物品仔細地包裝後贈送給某人，因爲這樣的含意而以此命名。

1. 攪拌 Ⓛ5分鐘→無花果・核桃↓Ⓛ1分鐘 揉和完成溫度20~22℃
2. 低溫長時間發酵 18℃ 80% 18小時 皮：pH5.2
3. 分割・整形 外皮：100g 擀壓成薄片後包覆主體麵包 主體麵包：約470g 圓柱形
4. 最後發酵 27℃ 80% 60分鐘
5. 烘烤 (上)240℃ (下)200℃ 約40分鐘 蒸氣：放入烤箱後

配方(粉類1kg 的用量)

法國產麵粉(Baguette Meunier) 80%(800g)
極細粒裸麥粉(Male Dunkell) 10%(100g)
杏仁粉(烘烤過*1) 10%(100g)
麵包粉 10%(100g)

A
- 鹽 2.1%(21g)
- 麥芽糖漿液*2 0.6%(6g)
- 天然酵母液種 2%(20g)
- 老麵 2%(20g)
- 無花果的紅酒煮汁(◎) 10%(100g)
- 水 約70%(約700g)

紅酒煮無花果(◎) 60%(600g)
核桃(烘烤過) 30%(300g)

*1 杏仁粉放入200℃的烤箱內烘烤至金黃色(約12分鐘)出現香味(a)。
*2 使用與麥芽糖漿原液等量的水分(配方外)溶解的液體。

1. 攪拌

將A的材料(老麵撕成小塊)放入攪拌缽盆中，用攪拌器混拌(b)。加入粉類和烘烤過的杏仁粉，以低速攪拌5分鐘(c)。分取出500g做為外皮麵團，整合麵團放入缽盆中(e下)。在其餘的麵團(主體用)中加入紅酒煮無花果和核桃(d)，以低速攪拌1分鐘，放入發酵箱內(e上)。揉和完成溫度20~22℃。

＊杏仁粉需要先烘烤，沒有烘烤過就不會有想要的香氣。

2. 低溫長時間發酵

外皮麵團、主體麵團，都放置在18℃・濕度80% 的環境下使其發酵18小時。外皮麵團發酵後 pH5.2。

3. 分割・滾圓

撒上手粉，將麵團各別擺放在工作檯上。外皮麵團儘可能避免變成橫向膨脹地，將其分割成5等分(100g)的方形。

主體麵團切分成5等分(約470g)的方形(f)，再整形成圓柱形。接口貼合處朝下地排放在折疊成山形皺摺的帆布墊上。

用擀麵棍將外皮麵團擀壓成足以包覆主體麵團的四方形薄片。用毛刷撣落多餘粉類，噴撒水後，將主體麵團接口貼合處朝上地，以外皮麵團包覆起來(g)。在粉類中滾動使全體沾裹上粉類。

4. 最後發酵

在27℃・濕度80% 的環境下使其發酵60分鐘。

5. 烘烤

移至滑送帶(slip peel)上，以茶葉濾網篩撒粉類，用割紋刀劃出自己喜歡的割紋(h)。以上火240℃・下火200℃，放入烤箱後注入大量蒸氣，約烘烤40分鐘。

＊因包覆著外皮麵團，因此可以不用擔心無花果烤焦地設定溫度。

＊用外皮麵團包覆了添加乾燥水果的麵團烘烤，這是德國南部常見的手法。

◎紅酒煮無花果

材料(方便製作的用量)

半乾燥無花果(去蒂) 600g
紅酒 250g
水 250g
細砂糖 250g
香草莢 1/3根
粒狀黑胡椒 1.5g
粉紅胡椒(粒) 1.5g
肉桂棒 1/3根
月桂葉 1~2片
檸檬(切片) 1/3個

在鍋中放入半乾燥無花果之外的所有材料加熱。煮至砂糖融化溫熱後加入無花果，以中火煮約5分鐘。移至容器中至少浸泡1天。

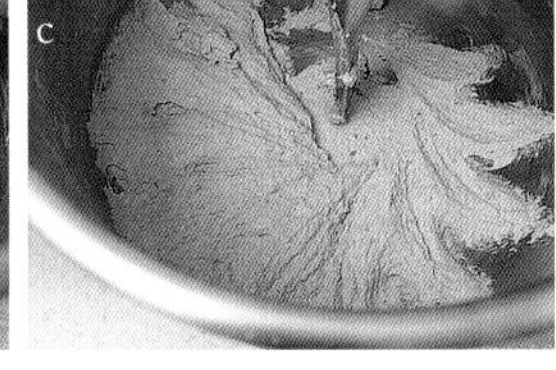

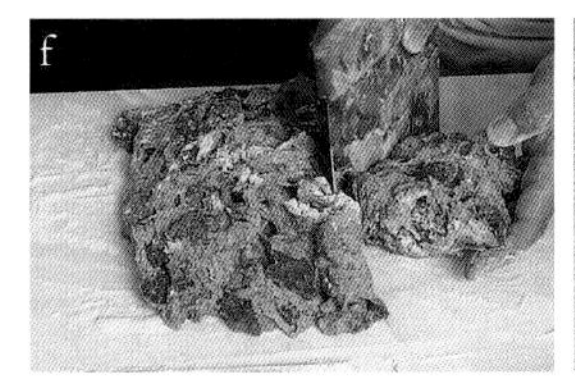

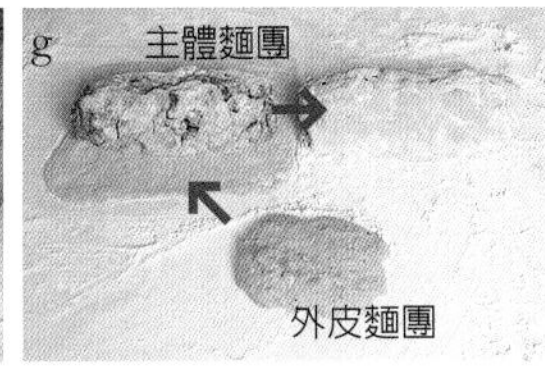

10

麵 包 屋 的 糕 點

德式聖誕麵包

Stollen

德國聖誕節時不可或缺的發酵點心－德式聖誕麵包。已經流傳了幾個世紀的點心，可以感受到歷史及文化所帶來的樣貌。在尊重其歷史樣貌的同時，將自己的創意也編織至其中，是最令人感到快樂的事。這二十年來，每年都改變配方和食材，將喜好和想法反映在內，爾後也會一直持續製作下去。

可能大家看到我這款麵包中使用種類繁多的材料，因而深感訝異吧。麵團內塞滿了用義式白蘭地和紅葡萄酒浸漬的乾燥水果和堅果，堅硬如餅乾般脆口的成品。最初的感覺非常強烈，但是在咀嚼時會變得香鬆酥脆，奶油和香草的味道飄盪在口中。使用天然酵母種做爲中種，是我個人的嘗試及努力。因爲隱匿其中的酸味具畫龍點睛的效果。奶油含量較高的點心，通常油脂的沈重感會超越香氣，很容易讓人覺膩口，但天然酵母種的酸味非常精采，徹底地抵消掉這樣的口感。雖然是一種能保存較長時間的點心，在這期間每次嚐到的時候，都能感受到水果和堅果的新鮮香氣。

1. 中種 攪拌：Ⓛ1分鐘→奶油↓Ⓛ2分鐘→Ⓗ3分鐘
揉和完成溫度22℃ 28℃ 80% 9小時

2. 正式揉和 Ⓛ6分鐘＋Ⓗ3分鐘→
水果及堅果↓Ⓛ2分鐘

3. 分割・滾圓 主體：200g 外皮：100g — 圓形

4. 整形 主體：圓柱形
外皮：擀壓成薄片，包覆主體

5. 烘烤 ㊤210℃㊦150℃ 約70~80分鐘

6. 完成1 澄清奶油（50~60℃）3秒→ -6℃ 15小時

7. 完成2 香草糖＋糖粉

配方（粉類1kg 的用量）

●中種

法國麵包專用粉（Mont Blanc） 30%（300g）
細砂糖 10%（100g）
天然酵母種 20%（200g）
鮮奶油（乳脂肪成分41%） 22%（220g）
發酵奶油（無鹽） 15%（150g）
香草莢（僅用香草籽） 1根

●正式揉和

中種 如左記全量
高筋麵粉（Petika） 70%（700g）
鹽 0.7%（7g）
細砂糖 30%（300g）
新鮮酵母菌 3%（30g）
發酵奶油（無鹽） 45%（450g）
洋酒漬水果 & 堅果（右頁◎上）
150%（1500g）

●完成

澄清奶油（50~60℃）→ P.201
香草糖（右頁◎下）、糖粉

1. 準備中種

在攪拌缽盆中放入鮮奶油、細砂糖和香草籽，用攪拌器混拌。加入撕成小塊的天然酵母種（a），加入粉類，以低速攪打1分鐘（b）。用手將發酵奶油剝成小塊加入，以低速攪打2分鐘，再改用高速攪打3分鐘。揉和完成溫度22℃。

整合麵團放入缽盆中，覆蓋上保鮮膜，以28℃・濕度80%的環境下使其發酵9小時（c）。

a
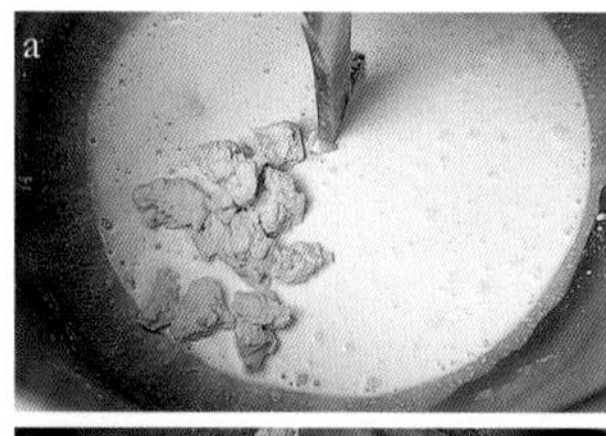

b

c
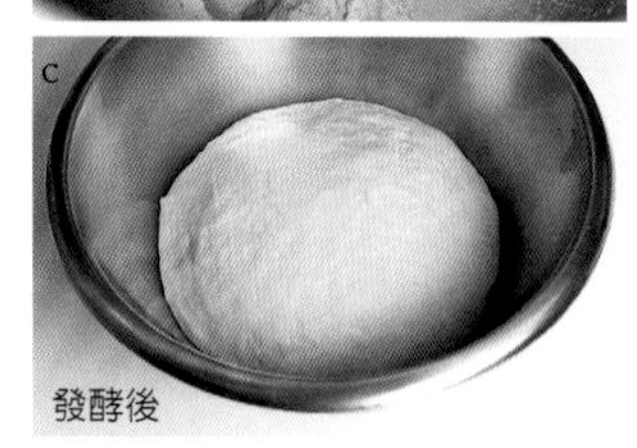
發酵後

2. 正式揉和

裝上製作糕點專用的槳狀攪拌器（beater），將發酵奶油、鹽、細砂糖攪打至顏色發白（d）。在攪拌缽盆中放入步驟1中種的全部分量、混拌了鹽、細砂糖的奶油、新鮮酵母菌、粉類等，以低速攪拌6分鐘，改用高速攪打3分鐘（e）。取出一半用量用於外皮麵團，其餘麵團（主體麵團）加入洋酒漬水果 & 堅果，以低速攪打2分鐘（f）。

d

e

f

3. 分割・滾圓

撒上手粉，將麵團放置於工作檯上，主體麵團切分成200g，外皮麵團切分成100g，各別將其滾圓（g）。

g
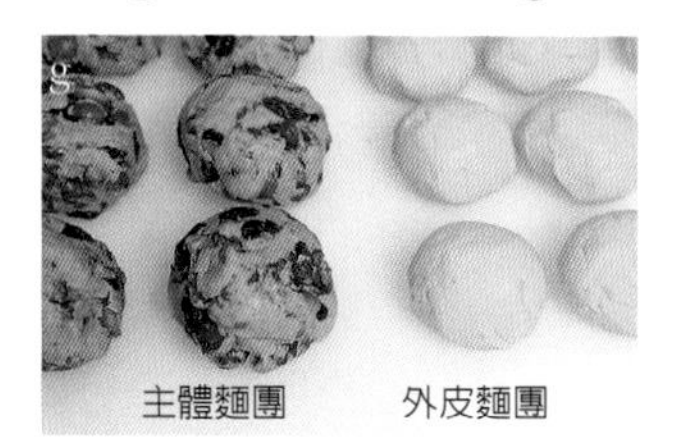
主體麵團　外皮麵團

4. 整形

將主體麵團整形成圓柱形。用擀麵棍將外皮麵團擀壓成可包覆主體麵團的大小，放置主體麵團（h），包覆起來（i）。

h

i
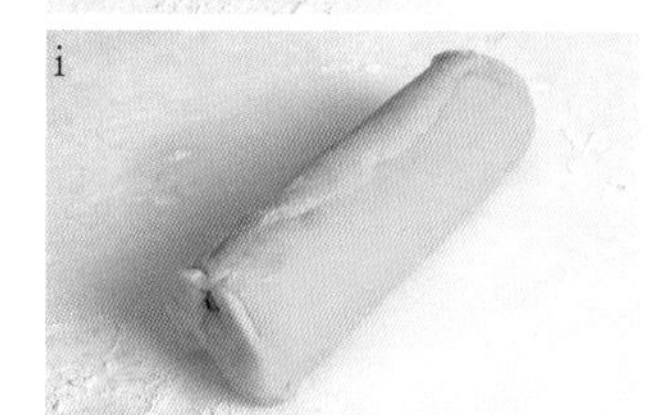

與其說各種材料散落在其中，不如說麵團是爲了結合各種材料的存在。吸收了大量利口酒和葡萄酒的堅果和水果，每次咀嚼都能嚐到豐富美味，表面篩撒上的香草糖和奶油，更加深這些濃郁美味，相得益彰。

5. 烘烤

接口貼合處朝下地排放在烤盤上(j)，重疊4片烤盤，以上火210℃・下火150℃，約烘烤70~80分鐘。

6. 完成1＝澆淋奶油

烘烤完成後浸泡在澄清奶油中(50~60℃)3秒(k)。並排放置在蛋糕冷卻架上，立刻放置於冷凍庫內(-6℃)，奶油瞬間凝固。放置約15小時使其冷卻凝固。

＊浸過奶油後立即放入冷凍庫，奶油不會滲入麵團地直接凝固。如此可藉由奶油的薄膜與下個步驟撒上的砂糖，如同在表面覆蓋兩層薄膜，即能阻隔空氣保留美味，也才能保存多日。

7. 完成2＝撒上砂糖

將香草糖均勻地撒在表面(l)，糖粉也是不留縫隙地撒滿(m)。爲阻絕空氣地以保鮮膜雙重密封，再放入塑膠袋內販售。

＊爲避免與空氣接觸地包裝起來非常重要。密封保存時賞味期限爲1個月。

◎洋酒漬水果 & 堅果

配方(粉類1kg的用量)

夏威夷果 50%(500g)
核桃 25%(250g)
杏仁果 12.5%(125g)
乾燥酸櫻桃 25%(250g)
葡萄乾 12.5%(125g)
義式白蘭地 12.5%(125g)
紅葡萄酒 6.25%(62.5g)
黑醋栗利口酒 6.25%(62.5g)

全部的材料一起放入容器中混拌，約浸泡2週(最初1週內，每天攪拌1次)。

◎香草糖

相對於100g的細砂糖，使用1根香草莢(僅用香草籽)混拌而成。

栗子麵包

Maronenbrot

栗子和巧克力的組合，想要做成像奶油蛋糕一般，口感潤澤、味道濃郁的發酵點心，樣式讓人喜愛如同高雅禮物……。結果蘊釀而生的就是這款栗子麵包。

栗子粉、糖漬栗子、香草、蘭姆酒…等，乍看之下似乎製作的是烘焙糕點，但藉由發酵更能增添其中的香氣和美味，風味也更好。口感方面，發酵糕點略微帶著烘焙糕點所沒有的Q彈口感，咀嚼後感覺暢快的彈力，更是最大的魅力所在。雖然只是些微的不同，但正是每一口都能蘊涵美味的理由。請大家試著搭配飲料，細細咀嚼品嚐其中的美好。

沒有澆淋上巧克力的棒狀栗子麵包，利用折疊方式強化向上膨脹的力量，可以做出輕巧的成品。昭和世代的朋友們，應該都有小時候吃過這種甜麵包棒的記憶吧。非常適合平常做爲點心享用。是一款入口就無法罷手的美味。

1. 攪拌 Ⓛ3分鐘＋Ⓗ5分鐘→奶油½ ↓ Ⓛ2分30秒 →奶油½ ↓ Ⓛ1分30秒→Ⓗ2~3分鐘 →糖漬栗子 ↓ Ⓛ2分鐘 揉和完成溫度23℃
2. 一次發酵 26℃ 80% 60分鐘
3. 冷卻 -6℃ 約3小時~3天
4. 分割・整形 250g 圓柱形鹿背烤模（雷修肯 Rehrücken）（長15×寬7×高7cm）
5. 最後發酵 27℃ 80% 2小時
6. 烘烤 ㊤230℃ ㊦200℃ 約烘烤25分鐘
7. 完成 澆淋鏡面巧克力

配方（粉類2kg 的用量）

高筋麵粉（3 GOOD） 100%（2000g）
栗子粉 20%（400g）

A
- 鹽 0.8%（16g）
- 細砂糖 22%（440g）
- 麥芽糖漿液＊ 1%（20g）
- 新鮮酵母菌 3.5%（70g）
- 蛋黃 30%（600g）
- 鮮奶油（乳脂肪成分41%） 20%（400g）
- 牛奶 20%（400g）
- 蘭姆酒 5%（100g）

香草莢（僅用香草籽） 01.%（2g）
無鹽奶油 50%（1000g）
糖漬栗子 50%（1000g）

●完成

鏡面巧克力（右頁◎）

＊使用與麥芽糖漿原液等量的水分（配方外）溶解的液體。

1. 攪拌

將材料A放入攪拌缽盆中，用攪拌器混拌（a）。加入香草籽、粉類和栗子粉，以低速攪拌3分鐘，再轉爲高速攪拌5分鐘。加入一半用量用手捏成小塊的奶油，以低速攪拌2分30秒，再加入其餘奶油，以低速攪拌1分30秒，再改以高速攪拌2~3分鐘。變成延展性佳且平滑光澤的麵團（b）。最後加入糖漬栗子，以低速攪拌2分鐘。揉和完成溫度23℃。

＊奶油具有阻礙麵筋組織形成的特質，配方用量這麼大時，不會一次全部加入，而是分爲兩次加入，以減輕對麵筋組織的傷害。此外，加入奶油之前，麵筋組織應該要攪打至形成8成左右。

a

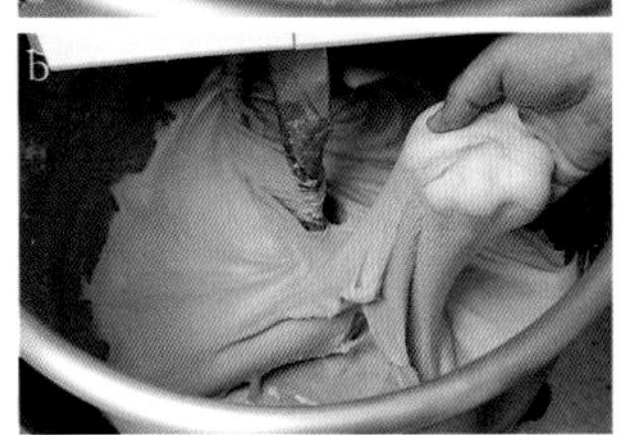
b

2. 一次發酵

整合麵團放入發酵箱內（c），在26℃，濕度80%的環境中使其發酵60分鐘。

c

3. 冷卻

將麵團移至烤盤上攤平（d）。連同烤盤一起包入塑膠袋內，放至冷凍（-6℃），至麵團完全變硬冷卻（約3小時以上、3天以內）。

＊因配方中奶油配方比例較高，若沒有放至完全冷卻凝固，麵團會因坍軟而難以進行分割及滾圓的作業。

＊在這個階段可以放至冷凍保存3天。

d

4. 分割・整形

將麵團切分成250g長方形（e），像要壓出麵團內空氣般地用手掌以全身重量按壓，由身體方向向前滾動捲起，轉動麵團整形使其成爲圓柱形（f）。將接口貼合處朝上地放入鹿背烤模（長15×寬7×高7cm）中（g右），沿著模型由上按壓以平整麵團表面（g左）。

e

f

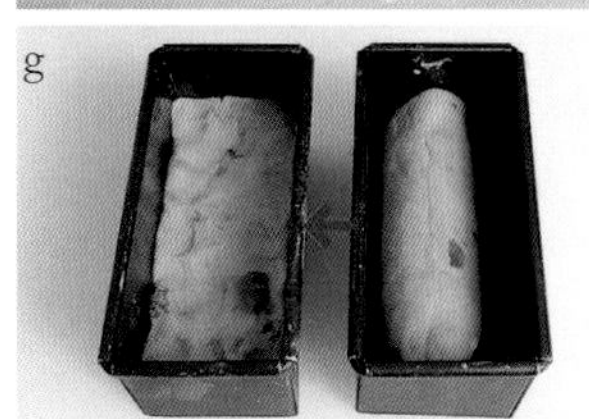
g

5. 最後發酵

放置於室溫(23℃)，使溫度回復後，在27℃・濕度80%的環境下使其發酵2小時。

6. 烘烤

排放在烤盤上，在模型上方取代蓋子地覆蓋上兩片烤盤，以上火230℃・下火200℃，約烘烤25分鐘。烘烤完成後立刻脫模。

7. 完成

完全放涼後，澆淋上鏡面巧克力，放置於室溫中使其凝固。

◎鏡面巧克力

材料(方便製作的分量)

翻糖(fondant 又稱風凍) 1kg
巧克力(可可成分55%) 190g
可可粉 30g
覆盆子醬(市售) 30g
鮮奶油(乳脂肪成分41%) 約100g

巧克力切細備用。隔水加熱使其融化，依序加入巧克力、可可粉、覆盆子醬，再加入鮮奶油，將其調整至易於流動的硬度。

◎麵包棒

配方・攪拌：不加糖漬栗子地揉和麵團。一次發酵、冷卻與左方作法相同。

整形：不切分麵團地用壓麵機壓成9mm的厚度，由左右向中央折疊，儘可能使麵團厚度均勻(h)。再次壓成12mm的厚度(i)，放至冷凍使麵團緊實之後，再次壓成9mm厚。切成8×2cm的條狀。

＊擀壓成薄片的麵團，藉由折疊而得以向上膨脹，口感輕盈。

最後發酵：並排在烤盤上，在26℃・濕度80%的環境下使其發酵30分鐘。

烘烤：刷塗蛋液(j)，乾了之後再次刷塗，與步驟6相同溫度約烤10分鐘。

h
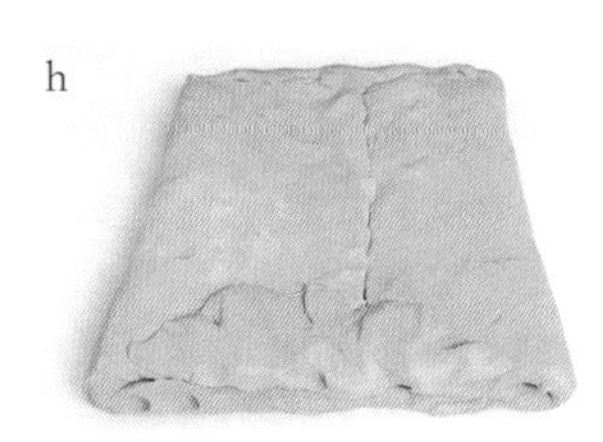

i

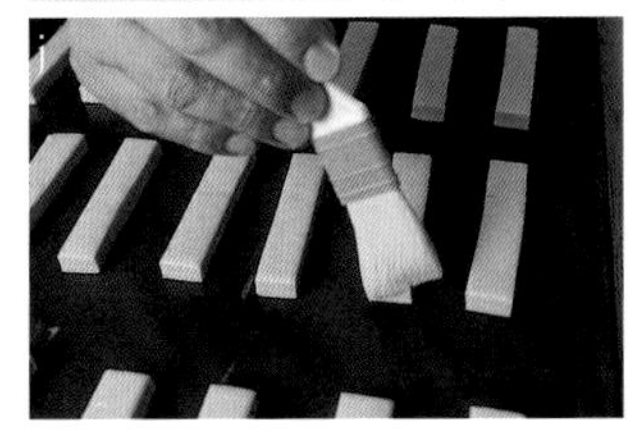

心形糕點

Le cœur

在思考這份食譜時，我的目標其實想要活用香草和花朵的香氣。甜麵包究竟搭配什麼樣的香氣好呢？在不斷地嘗試當中，金盞花隱約的芳香，讓我感覺舒心。這種花讓人聯想起古老寺院，是種具詩意的花朵。與甜味相結合時，彷彿靜謐中迴響著的低音演奏般，讓人靜下心來享受這款午茶時光的發酵糕點。溫和鬆軟的口感，撫慰身心的風味，特別是感覺疲累時很適合品嚐。

酵母，不使用酵母菌，而使用檸檬種。製作發酵糕點，甜味高成分（RICH類）的麵團，油脂成分中的奶油，無可替代做爲乳化劑使用的雞蛋，香味受到此二者的支配影響，但檸檬種的酸味和柑橘香，正好可以中和掉這個部分。而且酵母菌雖然發酵能力和安定性都非常好，但麵團容易變得乾燥，要做出溫潤口感時並不適用。而檸檬種的保濕性極佳，2~3天內都能吃得到溫潤的美味。

Cœur，法語的意思是心。雖然心形外觀很可愛，但卻很容易塌陷，所以不能只是可愛，更要讓糕點本身有別於其他類別，具有代表性的特色。瞬間，那能喚醒記憶力量的香氣，讓我再次強烈重新意識到芳香氣味的存在，對我而言，這是值得記念的配方。

1. 攪拌 Ⓛ3分鐘＋Ⓗ9分鐘→奶油½ ↓ Ⓛ2分鐘→奶油½ ↓ Ⓛ2分鐘→Ⓗ1分鐘→材料 B ↓ Ⓛ1分30秒 揉和完成溫度22~23℃
2. 一次發酵 26℃ 80% 20小時 膨脹率大於2倍
3. 冷卻 -6℃ 約3小時 ~3天
4. 分割・滾圓 240g 圓形
5. 整形 圓形 陶製心形模（13×12×高8cm）
6. 最後發酵 26℃ 80% 6小時
7. 烘烤・完成 Ⓛ200℃ Ⓣ200℃ 約烘烤25分鐘 撒上糖粉

配方（粉類2kg 的用量）

高筋麵粉（3 GOOD） 100%（2000g）

A
- 鹽 0.8%（16g）
- 細砂糖 22%（440g）
- 麥芽糖漿液＊ 1%（20g）
- 檸檬種（右頁◎上） 18%（360g）
- 全蛋 20%（400g）
- 蛋黃 20%（400g）
- 牛奶 17%（340g）
- 鮮奶油（乳脂肪成分41%） 10%（200g）

發酵奶油（無鹽） 45%（900g）

B
- 開心果（切成1/3） 15%（300g）
- 白酒煮芒果乾（右頁◎下） 20%（400g）
- 金盞花 marigolds（乾燥） 0.5%（10g）

●完成

糖粉

＊使用與麥芽糖漿原液等量的水分（配方外）溶解的液體。

1. 攪拌

將材料A放入攪拌缽盆中，用攪拌器混拌（a）。加入粉類，以低速攪拌3分鐘，再轉爲高速攪拌9分鐘。加入一半用量用手剝成小塊的發酵奶油（b），以低速攪拌2分鐘，其餘奶油也同樣加入，以低速攪拌2分鐘。當奶油混拌後，改以高速攪拌1分鐘。加入B的材料（c），以低速攪拌1分30秒。揉和完成溫度22~23℃。

＊奶油具有阻礙麵筋組織形成的特質。用量如此大時，不會一次全部加入，而是分兩次加入，以減輕對麵筋組織的傷害。

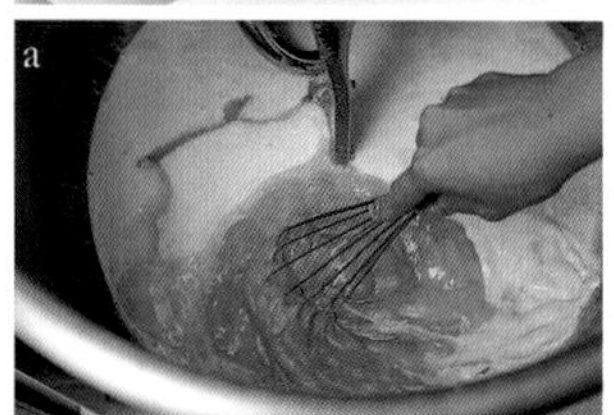
a

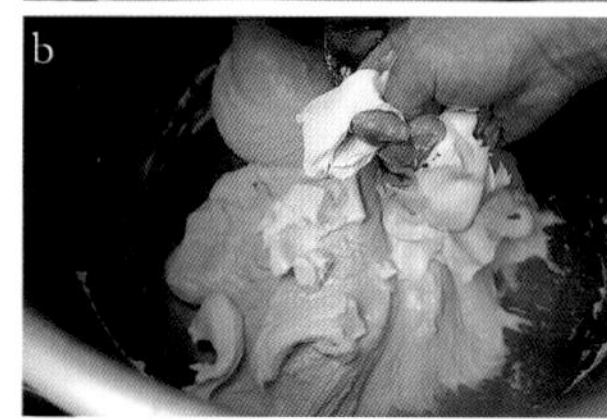
b

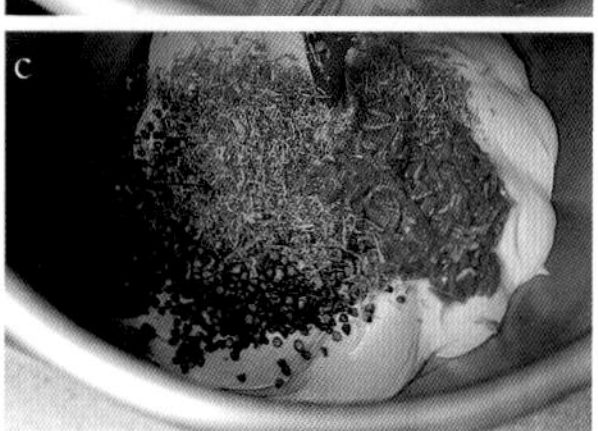
c

2. 一次發酵

整合麵團放入發酵箱內（d），在26℃・濕度80%的環境中使其發酵20小時（e）。膨脹率大於2倍。

＊因爲是如此高成分（RICH類）麵團，以檸檬種發酵的時間也比較長。

d

e

3. 冷卻

將麵團移至舖有烘焙紙的烤盤上。已形成麵筋組織（f）。連同烤盤一起包入塑膠袋內，放至冷凍（-6℃），至麵團完全變硬冷卻（約3小時以上、3天以內）。

＊因配方中奶油配方比例較高，若沒有放至完全冷卻凝固，麵團會因坍軟而難以進行分割及滾圓的作業。

＊在這個階段可以放至冷凍保存3天。

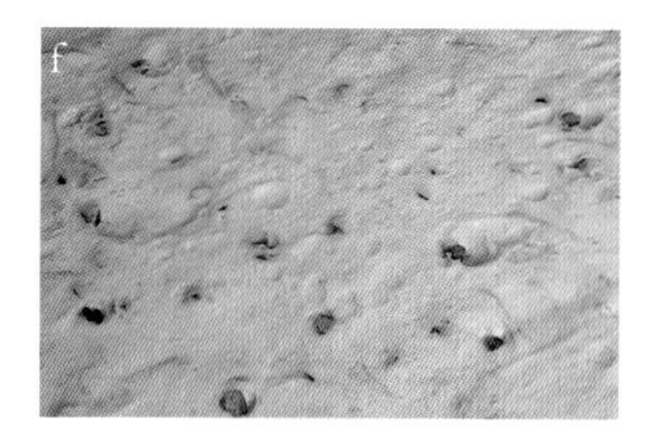
f

在柔軟內側中出現橙色的金盞花，白酒煮芒果乾，分散於其中的開心果。高成分（RICH 類）的配方與檸檬種的保濕力，讓柔軟內側更溫潤也更柔軟。表層外皮爲了能呈現柔和口感地使用了陶製模型，受熱較爲溫和，烘烤成固體需要較長時間，因此表層外皮下仍混雜著許多氣泡。

4. 分割・滾圓

將麵團切分成240g，滾圓（g）。麵團溫度在5℃以上時，在18℃・濕度80% 的環境下靜置30分鐘。麵團溫度在5℃以下時，放置於室溫（23~26℃）靜置30分鐘。

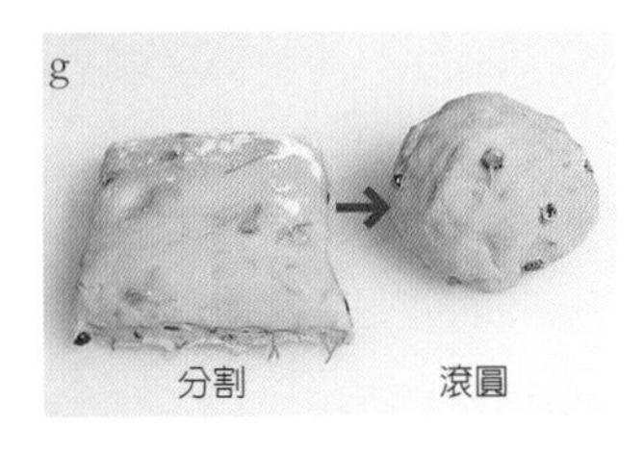
g
分割　滾圓

5. 整形

重新滾圓，將奶油薄薄地刷塗在陶製的心形模中（13×12×高8cm），接口貼合處朝上地放入（h）。

＊陶器模型的熱傳導較爲和緩，不會形成堅硬的表層外皮，而可以烘烤出溫潤鬆軟的口感。

h
發酵前

6. 最後發酵

在26℃・濕度80% 的環境下使其發酵6小時（i）。

i
發酵後

7. 烘烤・完成

排放在滑送帶（slip peel）上，上火200℃・下火200℃，約烘烤25分鐘。放置室溫冷卻後，倒扣模型脫模，原本的底部成爲表面，用茶葉濾網撒上糖粉。

＊在放涼前就脫模取出，會造成萎縮塌陷。

◎檸檬種

配方（方便製作的分量）

熱水（40~50℃） 1000g
檸檬（表面無蠟處理、切片）150g
蜂蜜 100g
馬鈴薯泥＊1 50g
葡萄乾種 100g
麥芽糖漿液＊2 10g

＊1 去皮馬鈴薯水煮後，攪打成滑順狀態，完全放涼備用。
＊2 使用與麥芽糖漿原液等量的水分（配方外）溶解的液體。

將全部的材料放入缽盆中，充分混拌。很重要的是混拌完成溫度爲33℃。在27℃・濕度80% 的環境下使其發酵2~3天（每天用攪拌器攪拌1次），過濾後做爲液種使用。冷藏保存（3~5℃），1週內使用完畢。

＊僅用檸檬使其發酵較爲困難，因此添加葡萄乾種以補強其發酵能力。

◎白酒煮芒果乾

材料（方便製作的用量）

芒果乾 1kg
細砂糖 400g
白酒 1瓶（750g）
水 200g

將材料全部放入鍋中，以中火加熱。沸騰後轉爲小火熬煮15分鐘。移至容器內隔冰水冷卻，放置至冷藏內浸泡2天以上。瀝乾湯汁後，芒果切成細絲備用。

奧地利蘋果酥捲

Apfel Strudel

奧地利蘋果酥捲，在德語圈中，是大家所熟知發源自奧地利的糕點，在薄得近乎透明的麵皮中包捲著甘甜的香煎蘋果。若是到維也納美泉宮（Schloss Schönbrunn）的最高處－凱旋門（Gloriette）參訪時，就可以近距離親眼見到這款點心的製作過程，並且得以品嚐其美味。在當地這種餡餅麵皮是用液態油脂，做得令人驚異的薄，但一般麵包店很難做到這樣的餅皮，所以可用可頌麵團來製作。爽脆地在舌尖上碎裂的餅皮口感，不致喧賓奪主的輕盈風味，與充滿多汁的內餡真是再適合不過了。

1. 可頌麵團　三折疊 ×2次（5mm 厚）
2. 香煎焦糖蘋果
3. 擀壓麵團　0.33mm 厚、寬55cm
4. 整形　用麵團包捲熱那亞蛋糕和香煎蘋果
5. 低溫長時間發酵　18℃　80%　12小時
6. 烘烤・完成　上190℃　下190℃　約90分鐘 撒上糖粉

配方

●可頌麵團（6 捲）

麵團（P.68）　粉類1kg 的用量
折疊用無鹽奶油　300kg

●香煎焦糖蘋果（1 捲的分量）

蘋果　1kg
葡萄乾　100g
無鹽奶油　70g
蜂蜜　70g
細砂糖　90g
肉桂粉　7g

●其他

融化奶油（無鹽）
熱那亞蛋糕*
糖粉

*準備符合模型大小（這裡用的是長10×寬55cm 長方型）1cm 厚的熱那亞蛋糕（海綿蛋糕），1捲需準備2片。

1. 準備可頌麵團

請參照可頌麵團的製作方法（P.68），製成麵團，包覆折疊用奶油，進行2次的三折疊作業（a）。放至冷凍庫（-6℃）3小時冷卻凝固後，分出１捲的用量（這裡分爲6等分）。將1等分麵團以壓麵機擀壓成5mm 厚（b）。放置於烤盤上，連同塑膠袋一起放入冷凍庫15小時冷卻凝固。

2. 香煎焦糖蘋果

蘋果去芯連皮分切成12等分的月牙狀。在鍋中放入奶油、蜂蜜、細砂糖，稍稍加熱至略呈茶色。加入蘋果和葡萄乾，將蘋果香煎至稍軟，撒上肉桂粉。移至容器放涼。

3. 擀壓麵團

用壓麵機將步驟1的麵團擀壓成0.33mm 厚（略呈透明的厚薄度），寬（短邊）55cm 的大小（長邊約60cm）。放在舖有烘焙紙的烤盤上，放置冷凍庫冷卻約30分鐘。

4. 整形

將麵皮放置於工作檯上，用毛刷薄薄地刷塗上融化奶油。在距離麵皮邊緣4cm處，疊放上2片熱那亞蛋糕片（c）。在上面擺放大量的香煎焦糖蘋果。捲起麵皮（d），捲至最後。將熱那亞蛋糕的那一面朝下，放入鹿背烤模（長55×寬10×高8cm）內，表面刷塗上融化奶油（e）。

5. 低溫長時間發酵

在18℃・濕度80% 的環境下使其發酵12小時。

6. 烘烤・完成

排放在烤盤上，上火190℃・下火190，烘烤約90分鐘。待完全冷卻後，邊傾斜模型邊以熱那亞蛋糕朝下的方向取出成品，撒上糖粉，依個人喜好切分。
＊在冷卻前移動會造成形狀的損壞。

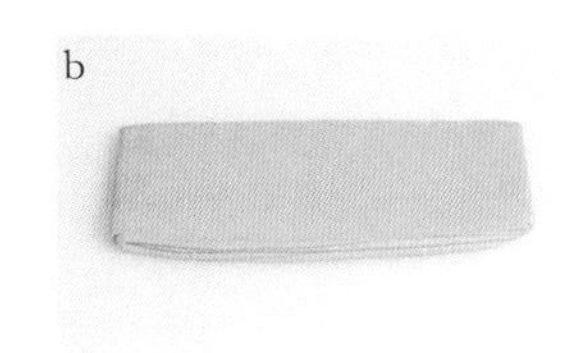

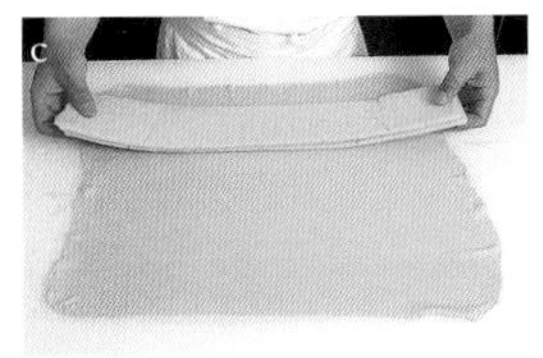

康瓦爾番紅花蛋糕

Cornish saffron cake

旅行到訪英國時，我遇見了加入了番紅花的酵母點心。在添加了乾燥水果的甜麵團中，混入了番紅花，而這個糕點的名稱，就叫做康瓦爾番紅花蛋糕。是康瓦爾地區流傳已久酵母糕點的原形。甜甜的麵團與番紅花的組合，真是非常創新，讓我不由得想要親手試著做做看。

在此介紹，除了利用番紅花的顏色和乾燥水果一起烘烤之外，還包含了我個人的創意配方和形狀。酵母菌併用天然酵母種，藉由柔和的酸味中和雞蛋和牛奶的腥味。當著手設計配方時，就想要試著連同形狀一起重新發想，最先特別注意到的，就是有著屋頂般蓋子的方型模。撒上糖粉之後的形狀，宛若積雪的屋脊般，彷彿是童話故事中的場景。分切時，就像是折紙般可以有各種分切變化，樂趣應運而生。番紅花充滿異國情趣的香味，當然與紅茶、咖啡，甚至是日本茶都非常搭配呢。

1. 中種 Ⓛ5分鐘→奶油⬇Ⓛ2分鐘→Ⓗ3分鐘
揉和完成溫度21~22℃
26℃ 80% 30分→6℃ 20小時

2. 正式揉和 Ⓛ3分鐘+Ⓗ10分鐘→(砂糖⬇Ⓛ2分鐘
→奶油⬇Ⓛ2分鐘)×2→Ⓗ約1分鐘
→洋酒漬水果⬇Ⓛ2分鐘
揉和完成溫度23℃

3. 一次發酵 26℃ 80% 30~50分鐘

4. 冷卻 -6℃ 約3小時 ~3天

5. 分割・整形 280g 擀壓包捲番紅花糖
方型模(24×4.5×高6cm)

6. 最後發酵 27℃ 80% 4小時

7. 烘烤・完成 ㊤210℃ ㊦205℃ 約25分鐘
刷塗杏桃果醬+糖粉

配方(粉類2kg 的用量)

●中種

高筋麵粉(3 GOOD) 50%(1000g)

A
- 新鮮酵母菌 2%(40g)
- 細砂糖 5%(100g)
- 牛奶 3%(60g)
- 鮮奶油(乳脂肪成分41%) 20%(400g)
- 蛋黃 30%(600g)

發酵奶油(無鹽) 20%(400g)

●正式揉和

中種 如左記全量
高筋麵粉(Grist Mill) 50%(1000g)
鹽 1.2%(24g)
細砂糖 40%(800g)
天然酵母種 10%(200g)
牛奶 10%(200g)
蛋黃 30%(600g)
無鹽奶油 40%(800g)

1. 準備中種

將材料A放入攪拌缽盆中，用攪拌器攪拌，加入粉類，以低速攪拌5分鐘。用手將奶油剝成小塊加入，以低速攪拌2分鐘，再改用高速攪打3分鐘。揉和完成溫度21~22℃。

整合麵團放入缽盆中，以26℃・濕度80%的環境下使其發酵30分鐘，再移至冷藏(6℃)使其發酵20小時(a)。

a 發酵後

2. 正式揉和

將細砂糖分成3等分。將牛奶、蛋黃、鹽和1/3用量的細砂糖放入缽盆中，用攪拌器混拌。將天然酵母種撕成小塊加入，也加入步驟1的中種(b)。加入粉類，以低速攪拌3分鐘，改用高速攪打10分鐘。再加入1/3用量的細砂糖，以低速攪打2分鐘混拌，用手將一半用量的奶油剝成小塊加入，混拌2分鐘。再次加入其餘的細砂糖，以低速攪拌2分鐘，加入其餘剝成小塊的奶油，以低速攪拌2分鐘，再改用高速攪打1分鐘。最後加入洋酒漬水果(c)，以低速攪拌2分鐘。攪拌成爲具有光澤的麵團。揉和完成溫度23℃。

＊砂糖和奶油都具有阻礙麵筋形成的特性。兩者的配方用量這麼多的時候，不會一次全部加入，而會分成幾次加入混拌，儘可能減低對麵筋組織的損害。

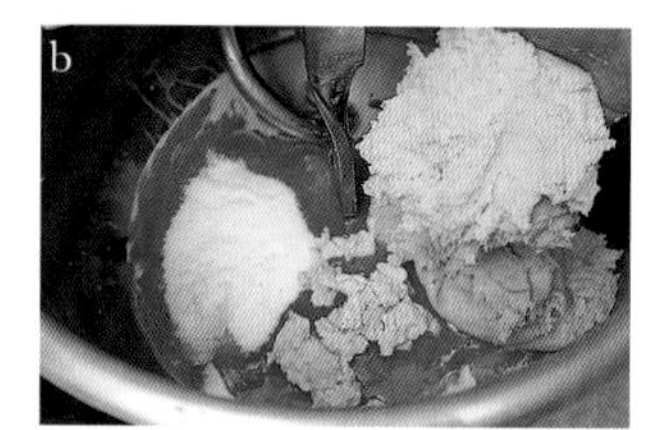
b

c

3. 一次發酵

爲使麵團內能保留住空氣地整合麵團後，放入發酵箱內，在26℃・濕度80%的環境下使其發酵30~50分鐘。

4. 冷卻

在烤盤上舖放烘焙紙，撒下手粉，將麵團放置於工作檯上攤平(d)。放至冷凍庫(-6℃)冷卻至變硬凝固爲止(3小時~3天)。

＊因配方中奶油比例分量較高，若沒有放至完全冷卻凝固，麵團會因坍軟而難以進行分割及整形的作業。

＊這個階段可以冷凍保存3天。

d

●副材料

洋酒漬乾燥水果（◎上） 115%（2300g）
番紅花糖（◎下）

●完成

杏桃果醬、糖粉

5. 分割・整形

切分成280g的方形，用擀麵棍擀壓至左右寬度24cm（模型邊長）。噴撒水霧，左右和上端分別預留1.5cm地塗滿番紅花糖20g（e），從身體方向開始向前捲起（f）。最後邊緣用水沾濕使其貼合，接口貼合處朝下地放入方型模（長24×寬4.5×高6cm）中（g）。

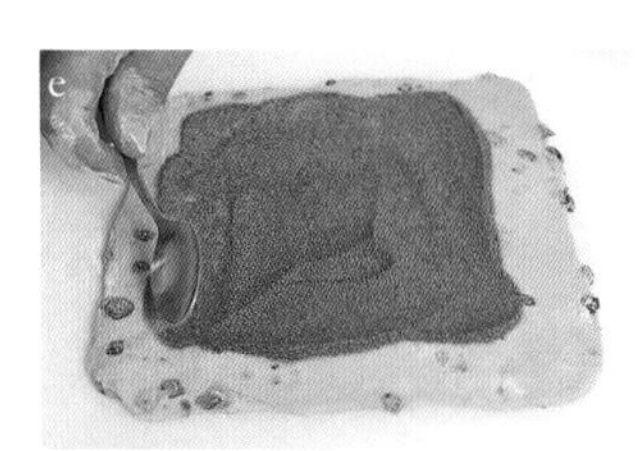
e

f

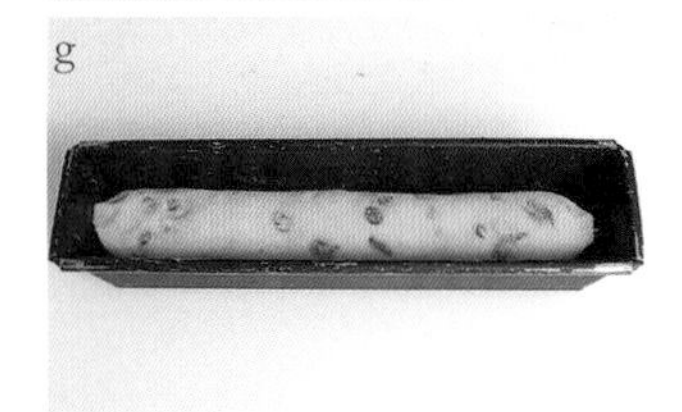
g

6. 最後發酵

在18℃・濕度80%的環境下放置2小時使麵團溫度回復。在27℃・濕度80%的環境下使其發酵4小時。

7. 烘烤・完成

排放在滑送帶（slip peel）上，噴撒水霧後覆上蓋子（h），以上火210℃・下火205℃，放入烤箱中央，約烘烤25分鐘。

在室溫下放涼後，脫模。表面刷塗上杏桃果醬（i），撒上糖粉。

＊因麵團非常柔軟，在烘烤過程中如果移動，可能會造成麵團的萎縮，因此放置在烤箱中央，不再移動地進行烘烤。

＊放涼前脫模，會導致成品的萎縮塌陷。

h

i

◎洋酒漬乾燥水果

配方（粉類2kg的用量）

黑醋栗　30%（600g）
葡萄乾　30%（600g）
乾燥酸櫻桃　20%（400g）
柳橙皮　20%（400g）
威士忌　10%（200g）
糖漿＊　5%（100g）

＊水1：細砂糖1.3煮至溶化的糖漿。

乾燥酸櫻桃和柳橙皮剪碎，與全部材料一起混拌後，放入保存容器中，放置在陰暗處浸漬1週。

◎番紅花糖

配方

細砂糖　100%
肉桂粉　10%
番紅花粉　3%
粗粒黑胡椒　2%
香菜粉　1%

混拌所有材料均勻即可。

司康

Scones

對我而言，司康不是快速製作的麵包，而是有著發酵熟成力道的發酵點心。讓我意識到這個關鍵的是英國的麵包師－馬庫司·米勒Marcus Miller先生。水和反應的麵團保持在0℃時，仍會以緩慢的速度持續發酵，進而產生獨特的紋理和風味，這就是向大師學習而來的重點。再加上我個人的窮究，爲提高粉類活性地加入了麥芽粉（Malt Powder），泡打粉也不使用會讓麵團乾燥的酸性泡打粉，而是選用完成時較有潤澤口感的鹼性泡打粉，並貫徹放置在冷凍庫內半天，使其熟成的作法。這樣做出的是密度較高、紋理細緻，好吃得令人咋舌，自信魅力十足的司康作品。

1. 混拌粉類和油脂類 5℃ 12小時以上

2. 攪拌 原味麵團：Ⓛ50~60秒
加入葡萄乾：Ⓛ40~50秒→葡萄乾⬇Ⓛ10秒

3. 整形 原味麵團：16mm 厚
加入葡萄乾：17mm 厚

4. 按壓模型・冷卻熟成 直徑5cm -6℃ 12小時

5. 烘烤 ㊤260℃（無下火）約12分鐘

配方（粉類2kg 的用量）

法國麵包專用粉（Mont Blanc） 25%（500g）
中筋麵粉（麵許皆伝） 75%（1500g）
泡打粉 FS（Oriental 東方酵母工業） 4%（80g）
麥芽粉 0.5%（10g）
無鹽奶油 17%（340g）
起酥油 7%（140g）
A
- 鹽 1.6%（32g）
- 細砂糖 23%（460g）
- 牛奶 20%（400g）
- 水 約31.5%（約630g）
- 全蛋 10%（200g）

葡萄乾 30%（600g）
蛋液

1. 混拌粉類和油脂類

混合泡打粉和麥芽粉，過篩加入麵粉中（a），用手混拌。加入奶油和起酥油，用指尖壓碎粉粒（b），用兩手將麵團細細揉搓成鬆散狀態（c）。用食物調理機攪打5~6秒，用16網目的網篩過篩。放置冷藏室（5℃），靜置 12小時以上。

＊麥芽粉中含有澱粉分解酵素（將澱粉分解成糖質的成分），麥芽粉的效果更凌駕於液態麥芽糖漿。因此在步驟4的熟成效果也會更好。

2. 攪拌

麵團需加入葡萄乾時，先取適量的步驟1撒在葡萄乾上。A的材料放入攪拌缽盆中，以攪拌器充分混拌，使鹽和砂糖完全溶化。加入1，原味麵團時用低速攪打50~60秒，至麵團沒有任何硬塊爲止（d）。加入葡萄乾時，以低速攪打40~50秒後，加入撒上粉類的葡萄乾，以低速攪打10秒。麵團不需整合，也不要疊放地移至缽盆中（e），放置於冷藏庫（3℃）靜置1小時。

3. 整形

撒上手粉，倒扣缽盆地將麵團放至壓麵機上。將麵團折疊成約3cm厚的四方形（f）。用壓麵機分成兩個階段來壓薄麵團。首先將3cm壓成2cm厚，轉向90度，原味麵團是1.7cm厚，而加入葡萄乾的麵團，則是擀壓成1.8cm厚（g）。放入冷凍庫（-6℃）靜置1小時，再次用壓麵機將原味麵團擀壓成1.6cm厚，加入葡萄乾的麵團則是1.7cm厚。

＊最初麵團僅折疊1次，可以使麵團向上膨脹。

＊靜置後，藉著擀壓成最後的厚度，使麵團呈安定狀態，並且使整體呈現相同均勻的厚度。

4. 按壓模型・冷卻熟成

用直徑5cm的圓形模（h）按壓出圓形。1個大約是38g左右。噴撒水霧，覆蓋上防止乾燥的烘焙紙，再放置於冷凍庫（-6℃）中靜置12小時。

＊避免傷及麵團地用模型由上方垂直按壓。

＊放置於冷凍庫半天後，仍緩慢地持續熟成，藉由冷卻而使得熟成時的膨脹、色澤以及完成時的形狀更爲安定。

5. 烘烤

在烤盤上舖放烘焙紙，放置在室溫（23℃）中使麵團回復溫度。在表面刷塗蛋液（i），乾了之後，再刷塗1次。以260℃（無下火）烤約12分鐘。

a

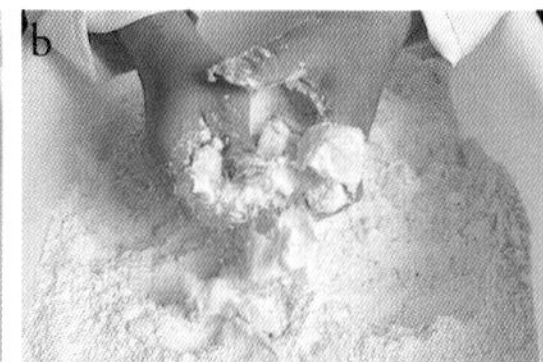
b

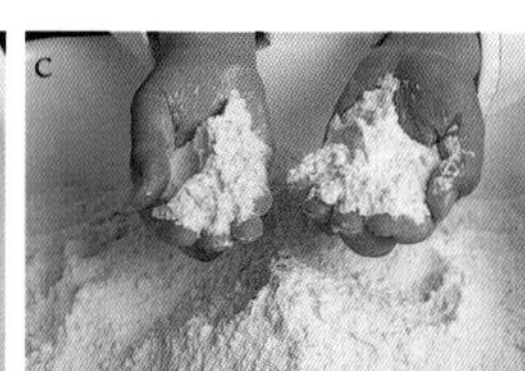
c

d

e

f

g

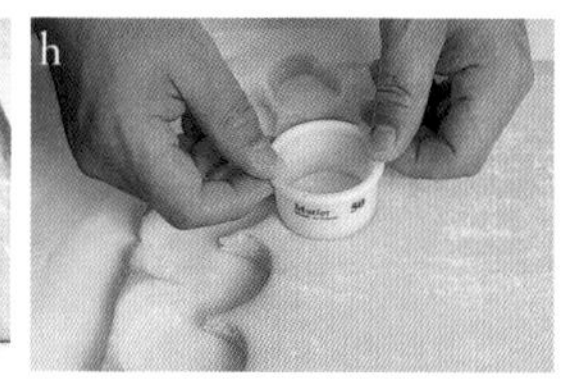
h

i

Signifiant Signifié

書末附錄

滾圓·整形的步驟
補充食譜
本書所使用的材料
本書所使用的機器·工具
索引

滾圓•整形的步驟

• 因爲本書中多爲柔軟麵團，爲避免傷及麵團必須輕柔處理，處理容易沾黏的麵團時，要使用大量手粉。
• 不需要用力敲扣壓平排氣。僅需壓破浮在表面的氣泡，麵團內的氣體（香氣）儘可能地保存下來。

圓形•小

→

圓形•小型的滾圓

1
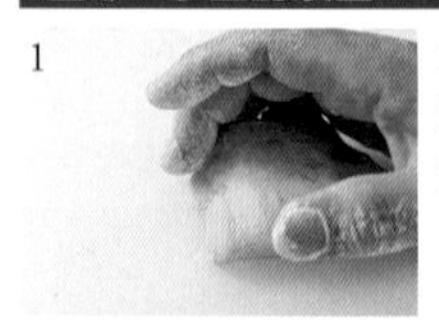
分割時幾乎切成正方形。將手放在麵團上整形，是基本的手法。

2

朝手前方推壓，使麵團隆起表面緊實。

3
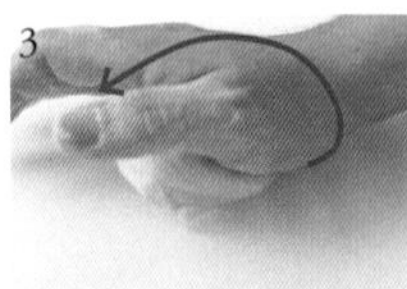

4
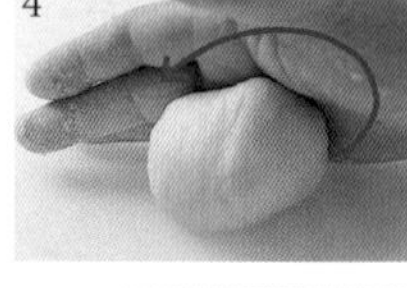

5
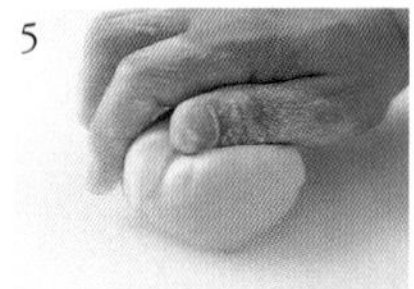

增加麵團右半邊的力道，以描畫半圓的方式向前方轉動（3~5）。手回到原來的位置，一樣向右半邊用力並轉動麵團。重覆這一連串的動作2~3次。

圓形•小型的整形

1

2

接口貼合處朝下放置，增加麵團右半邊的力道，以描畫半圓的方式向前轉動（1•2）手回到原來的位置，一樣向右半邊用力並轉動麵團。重覆這一連串的動作2~3次。使表面緊實。*

3

整形後的麵團底部狀況。鬆弛的皺摺全都集中收入底部，確實使其貼合。

圓形•中

→

圓形•中型的滾圓（雙手篇）

1

分割時幾乎切成正方形。使用雙手進行滾圓，因此並排放置2個麵團。

2

將麵團朝自己身體方向折疊。

3
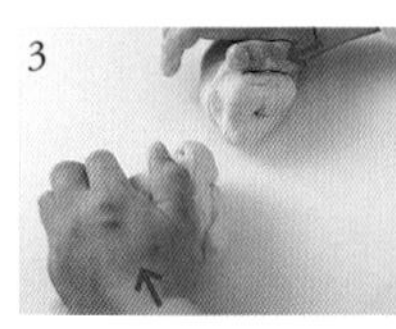
折疊的一端朝下按壓，使上方表面呈緊實狀態。

4
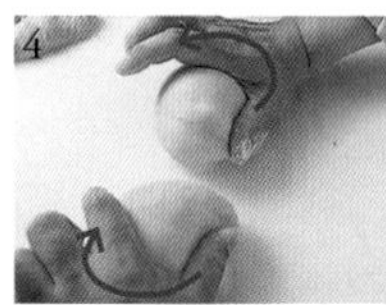

5
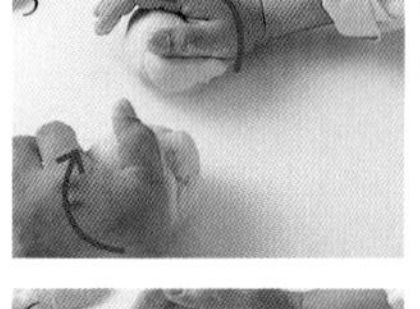

6

增加麵團外側的力道，以描畫半圓的方式向前轉動（4~6）。手回到原來的位置，一樣向外側邊用力並轉動麵團。重覆這一連串的動作2~3次。*

* 麵團的下半部是重點的施力點。如果在上半部用力，會造成麵團內氣體的流失。

圓形•中型的整形（雙手篇）

1
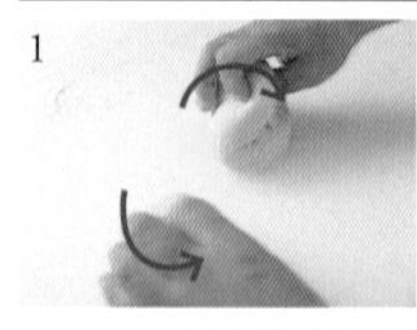
滾圓的麵團接口處朝上放置，極輕地略加按壓使麵團稍稍變薄，將麵團朝自己身體方向折疊。

2
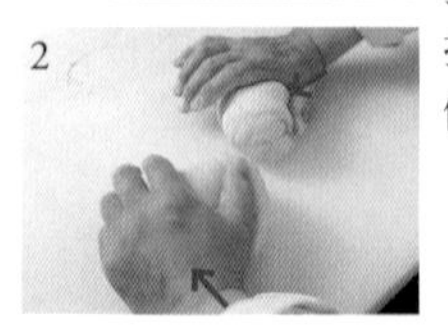
折疊的一端朝下按壓，使上方表面呈緊實狀態。

3
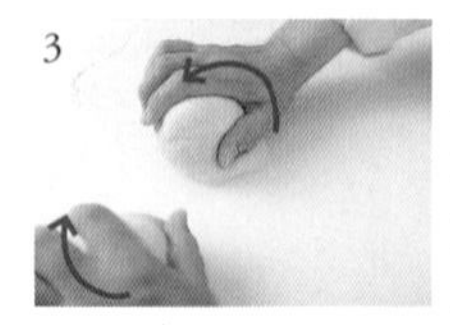

4

增加麵團外側的力道，以描畫半圓的方式向前轉動（3）。手回到原來的位置，一樣向外側邊用力並轉動麵團。重覆這一連串的動作，使麵團表面確實呈緊實狀態。*

整形後的麵團底部（4）。整形後的麵團底部狀況。鬆弛的皺摺全都集中收入底部，確實使其貼合即可。

圓形•大

圓形•大型的滾圓

1
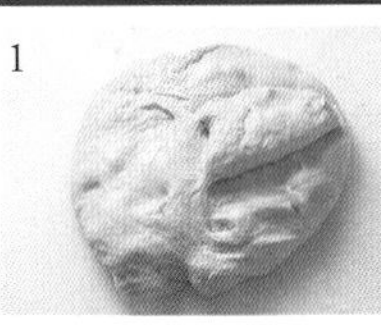
分割時幾乎切成正方形，重新放置成近似圓形的形狀。

2
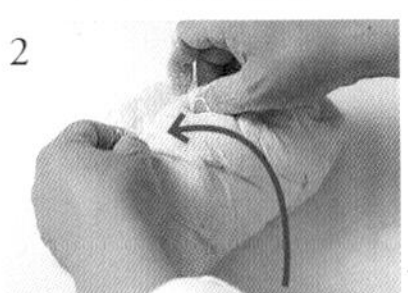
接合處邊緣略略留有距離地折疊。
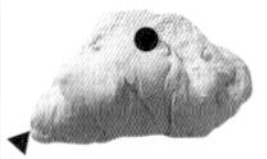

3
上面照片中▲的標記是表示朝●的方向折疊。
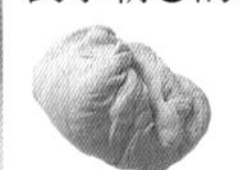

4
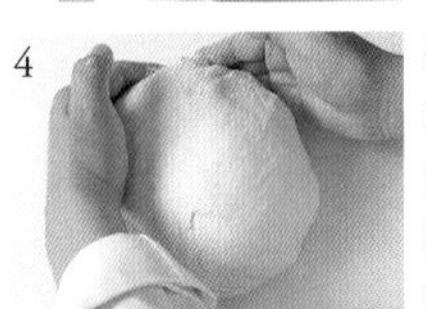
與步驟3相同要領，朝左邊隆起部分進行重覆的折疊動作。麵團只要滾動一次就能使表面呈現光滑緊緻的圓形。最後將邊緣拉緊至麵團底部(4)，鬆弛的皺摺全都集中收入底部，確實使其貼合(5)。

5

圓形•大型的整形(順向轉動)

1

滾圓後的麵團，接口貼合處朝上放置。

2
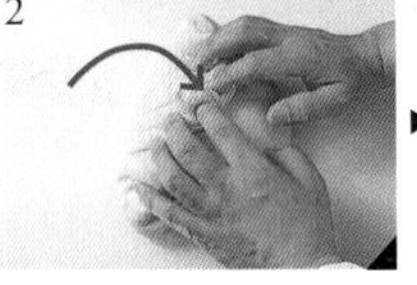
朝自己身體方向折疊。

3
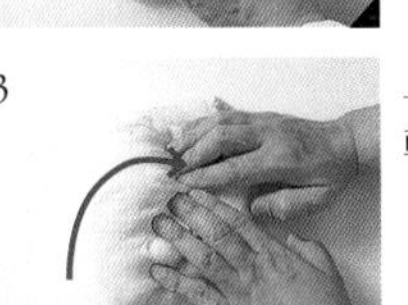
上方的照片中▲的標記朝●的方向折疊。

4
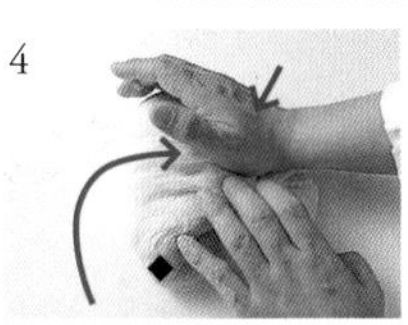
上方的照片中▲的標記朝●的方向折疊，用右手按壓。

5
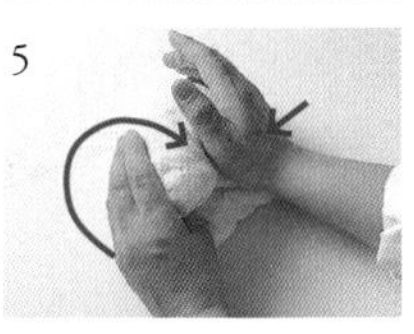
照片4當中◆的標記麵團隆起的部分折疊，用右手按壓。

6
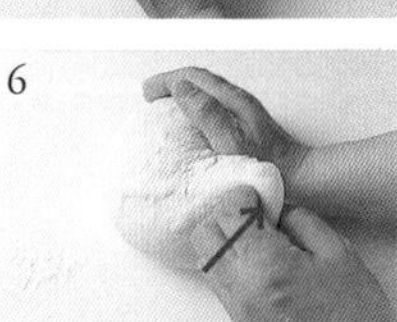
重覆步驟5的作業。當麵團轉動1圈時，就幾乎呈球狀。最後的邊緣，用左手抓住緊實地拉向右手掌內(6)，右手以手刀方式將麵團擰起轉動(7)。*1

7

8

在7的圖片中擰起收口轉動的部分。確實使麵團收口不鬆弛即可。這部分在完成時會變成底部。

＊1 捏起麵團最右側的邊緣，扭緊邊緣使麵團緊實不鬆弛。

圓形•大型的整形(逆向轉動)

1

滾圓後的麵團接口貼合處朝上。

2
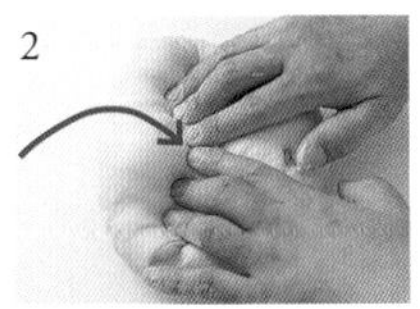
朝自己身體方向折疊。
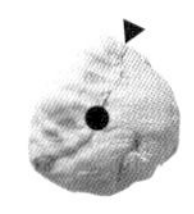

3
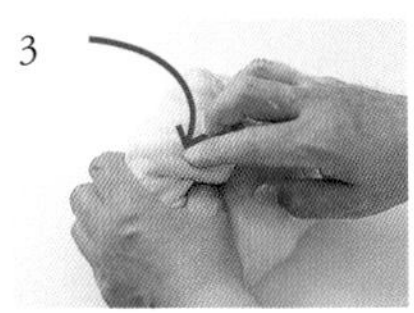
上方的照片中▲的標記朝●的方向折疊(第1次)。

4
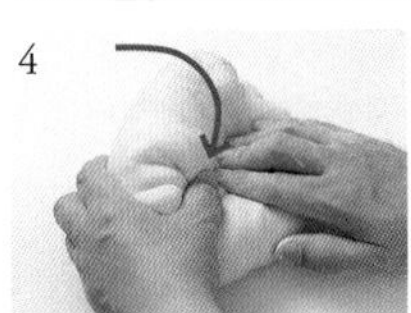
上方的照片中▲的標記朝●的方向折疊(第2次)。*2

5
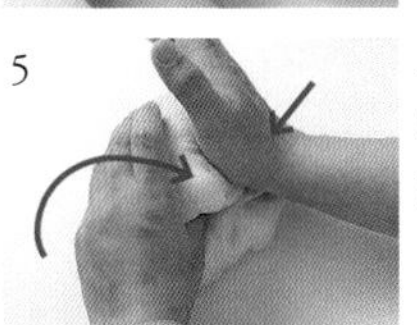
上方照片中◆的標記朝●的方向折疊，用右手按壓。

6
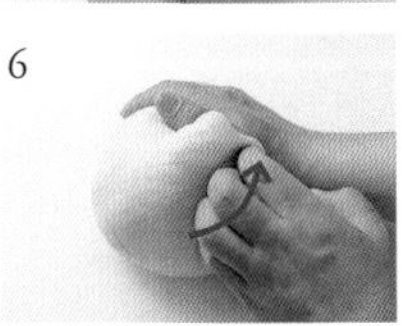
與5相同的要領，重覆折疊左端並用右手按壓的作業。當麵團轉動1圈時，就幾乎呈球狀。最後的邊緣，用左手抓住緊實地拉向右手掌內(6)，右手以手刀動作將麵團擰起轉動(7)。*1

7
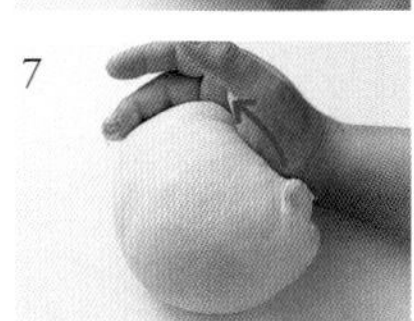

8
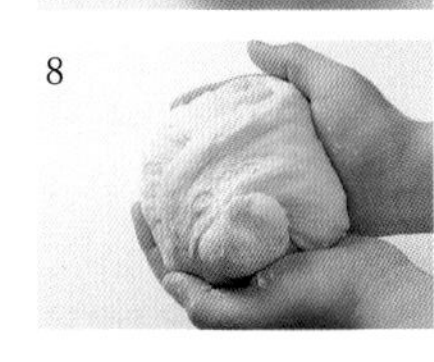
在7圖片中擰起收口轉動的部分。這部分在完成時會變成底部。將麵團鬆弛的部分全部拉緊，朝擰緊處匯集。

＊2 第2次爲止的折疊作業，每次都是折疊麵團右邊，向左邊轉動，就是逆向轉動。這個第2次的折疊，就會成爲麵團膨脹起來時的中芯，第3次以後就將這個中芯包捲起來，再回復成順向轉動。

◎逆向轉動的做法，是利用如左方順向轉動篇一樣，讓麵團的中芯變大，使表面更加緊實，就可以讓烘烤完成時的體積變得更爲膨脹。

滾動翻捲 2 次（滾圓）→ 法國長棍麵包形（整形）

法國長棍麵包的滾圓（滾動翻捲2次）

1 要整成法國長棍麵包形，分切成橫向較長的長方形。想要捲成短棒形狀，則切成正方形。

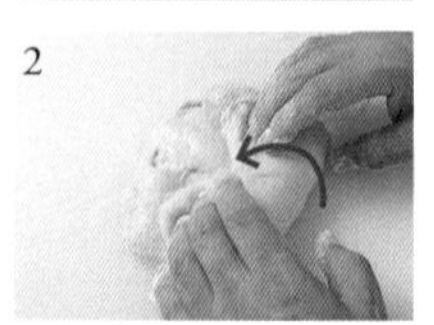

2 由身體方向朝前折疊1/3。

3 再次由身體方向朝前折疊1/3。*1·2

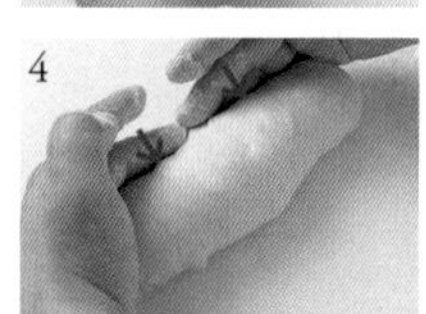

4 用力地將麵團邊緣向下按壓，使表面緊實。

*1 滾動翻捲兩次的作業，可以由側面看見捲起的形狀，像日文「の」字。

*2 如果想要讓麵團更加緊實，可以不由身體方向朝前折疊，而是改由對側朝身體方向折疊。

◎在此使用的麵團，是爲了方便說明而製作，並非P.42的法國長棍麵團（原配方製成的麵團會更爲柔軟）。

法國長棍麵包的整形

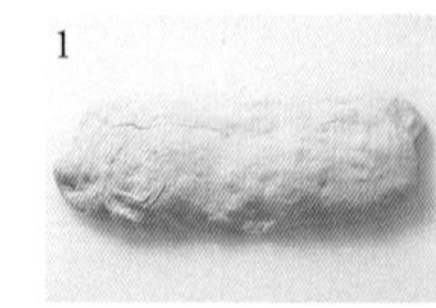

1 滾圓後接口貼合處朝上。如果有氣泡浮出表面，就用手輕輕按壓使氣體排出。

＊要壓出表面的氣泡時，不可以用力敲叩。

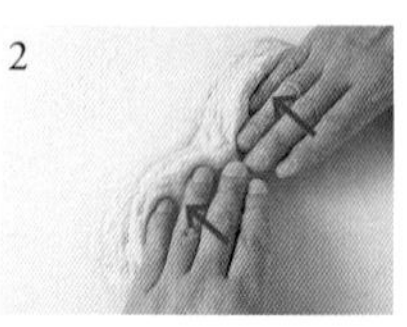

2 從身體方向往前按壓折疊1/3的麵團（2），確實使其貼合（3）。

＊柔軟的麵團，一旦揑提拉起會造成形狀的改變，因此如照片中以手指側面來按壓折起。

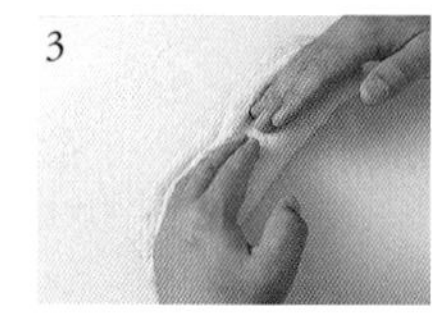

3

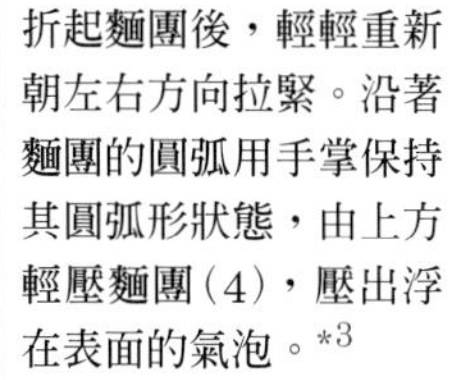

4 折起麵團後，輕輕重新朝左右方向拉緊。沿著麵團的圓弧用手掌保持其圓弧形狀態，由上方輕壓麵團（4），壓出浮在表面的氣泡。*3

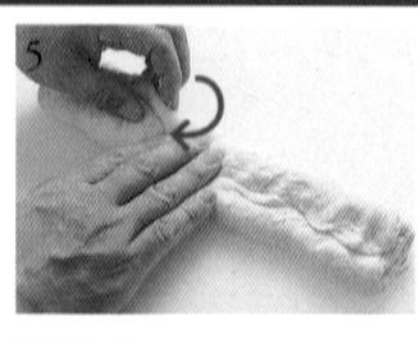

5 從對側折疊1/3麵團，依序從右端開始折疊，使麵團確實貼合。

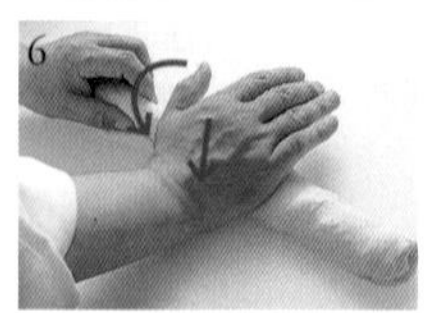

6 從身體方向右端開始朝對向，對折麵團。貼合處用手掌根部確實按壓使其緊密貼合。

7 前後滾動，整形成棒狀。

*3 爲避免麵團內側的氣體流失，手掌彎曲沿著麵團形狀進行作業。

中央較粗
滾動翻捲 2 次

→ **墨尼耶長棍麵包形**

整形

墨尼耶長棍麵包的滾圓

1

分割時，切成正方形。

2

由身體方向往前，將兩端向內、向前折疊1/3。*4

3
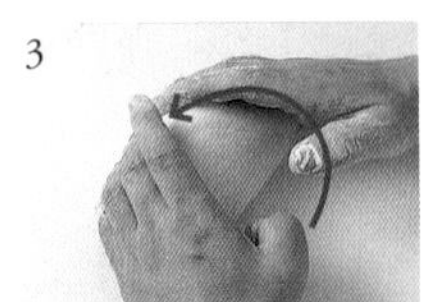
再次由身體方向朝前折疊1/3。*5

4
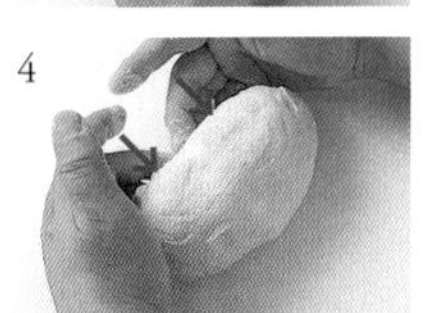
用力地將麵團邊緣向下按壓，使表面緊實。

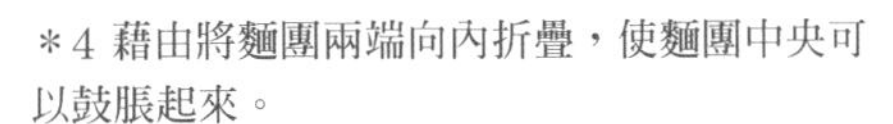

＊4 藉由將麵團兩端向內折疊，使麵團中央可以鼓脹起來。

＊5 滾動翻捲兩次後的形狀，相較於兩端，中央處較鼓脹。

◎在此使用的麵團，是爲了方便說明而製作，並非P.42的墨尼耶長棍麵團（原麵團會更爲柔軟）。

墨尼耶長棍麵包的整形

1
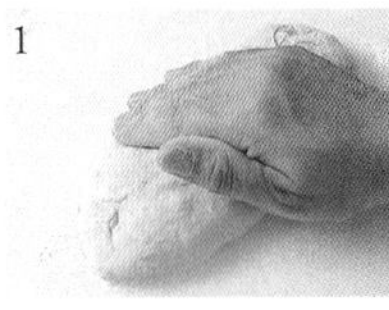
滾圓後接口貼合處朝上。如果有氣泡浮出表面，就用手輕輕按壓使氣體排出。

＊要壓出表面的氣泡時，不可以用力敲叩。

2
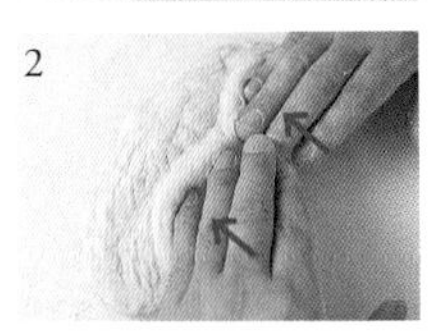
麵團從身體方向朝前按壓折疊1/3(2)，確實使其貼合(3)。

＊柔軟的麵團，一旦捏提拉起會造成形狀的改變，因此如照片中以手指側面來按壓折起。

3
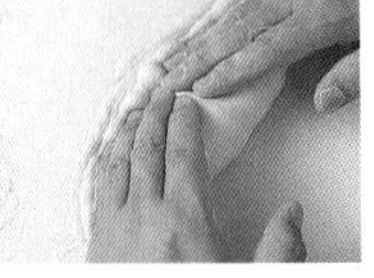

4
沿著麵團的圓弧用手掌保持其圓弧形狀態，由上方輕壓麵團，壓出浮出於表面的氣泡。*3

5
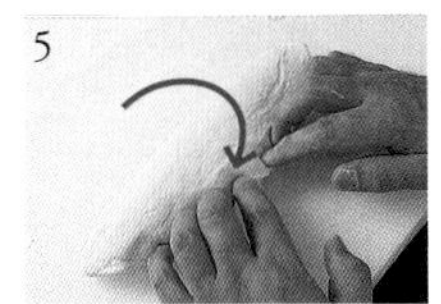
從對側折疊1/2麵團，使麵團確實貼合。

6
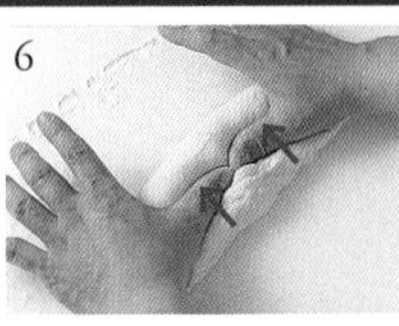
以大姆指沿著麵團接口貼合處，用力朝前方按壓，使對向的麵團隆起緊實。

7
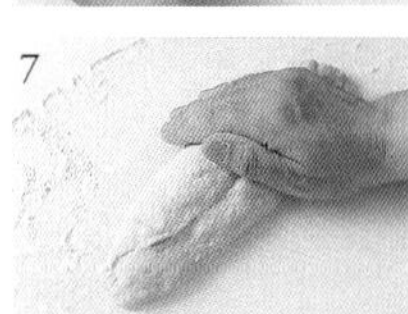
沿著麵團的圓弧用手掌保持其圓弧形狀態，由上方輕壓麵團，壓出浮出於表面的氣泡。

8
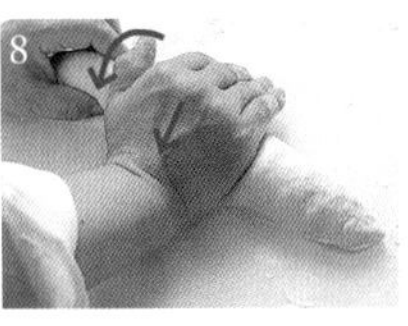
從對側方向，由右端開始朝身體方向對折麵團。貼合處用手掌根部確實按壓，使其緊密貼合。

9
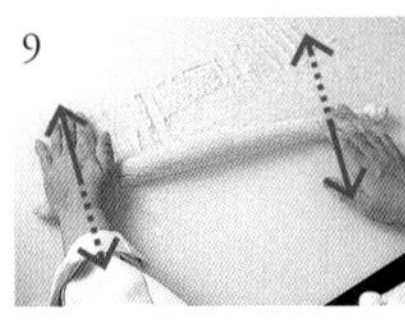
左右兩端以相反方向地滾動麵團，使兩端呈細長狀完成整形。

橄欖形

滾圓 → 橄欖形

橄欖形的整形

1 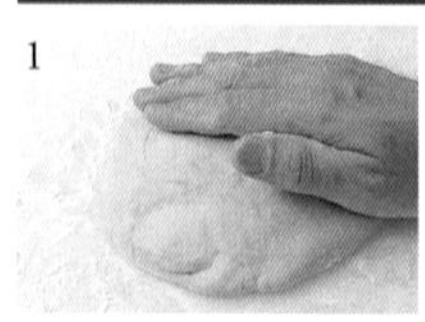

滾圓後的麵團接口貼合處朝上放置，用手掌輕壓成中央較高，兩端較薄的形狀。

2 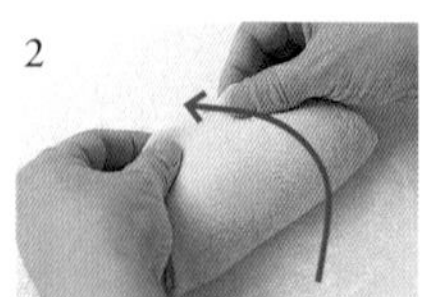

由身體方向往前對半折疊麵團，使其緊密貼合。

3 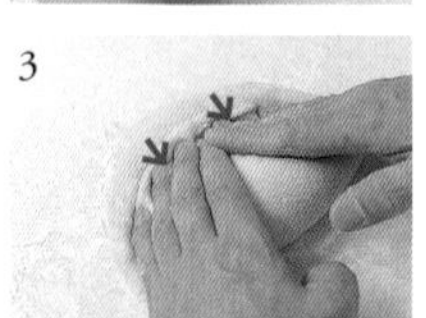

接口處朝身體方向用力推壓，使靠近身體那一側的麵團鼓脹隆起，表面緊實。

4 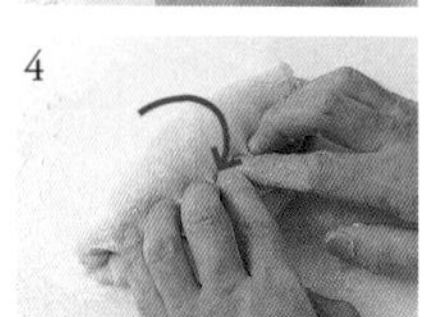

使麵團邊緣略留下距離地朝身體方向折疊，使其緊密貼合。

5 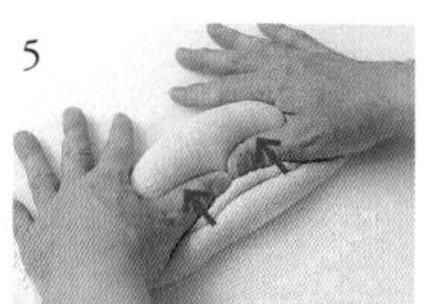

用姆指朝接口貼合處向前用力按壓，使對側方向的麵團鼓脹隆起，表面緊實。

6 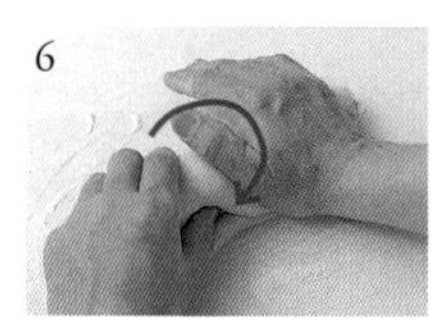

由對側方向對折疊麵團。貼合處用手掌根部確實按壓使其緊密貼合。

7 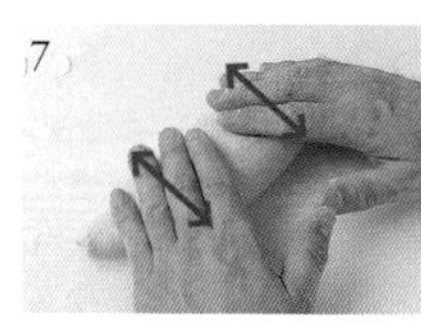

前後輕輕滾動，整形。

半圓筒狀

滾圓 → 半圓筒形

半圓筒形的整形

1 

滾圓後的麵團接口貼合處朝上放置，用手掌輕壓，使左右兩端朝中央聚攏，整形成縱長的橢圓形。

2 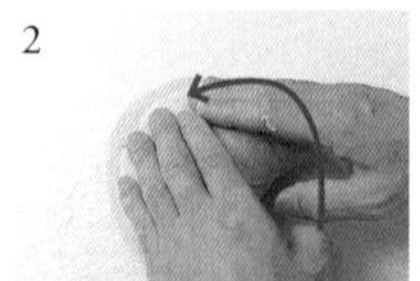

身體方向朝前方對折麵團，使其緊密貼合。

3 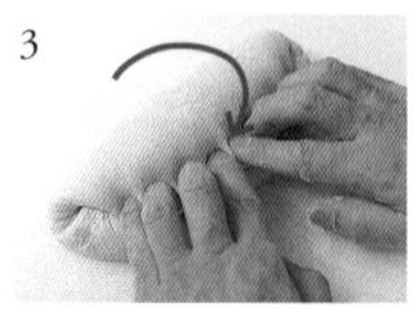

使麵團邊緣略留下距離地，朝身體方向折疊，使其緊密貼合。

4 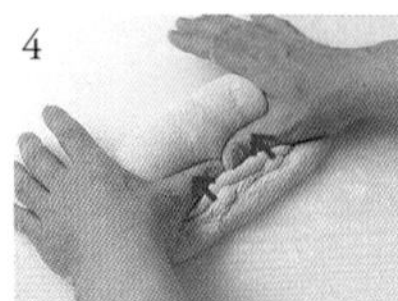

用姆指在接口貼合處向前用力按壓，使對側方向的麵團鼓脹隆起，表面緊實。

5 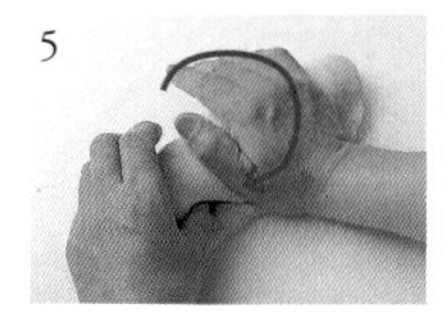

由對側方向向內，對折麵團。貼合處用手掌根部確實按壓使其緊密貼合。

6 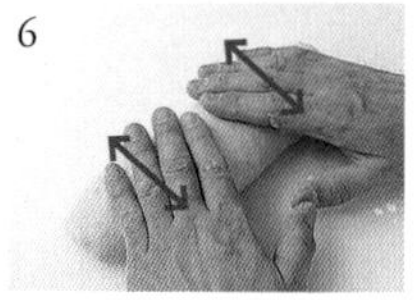

前後輕輕滾動，整形。

圓柱形

滾圓 →  圓柱形

圓柱形的整形

1 

滾圓後的麵團接口貼合處朝上放置，用手掌輕壓，使左右兩端朝中央聚攏，整形成縱長的橢圓形。

2 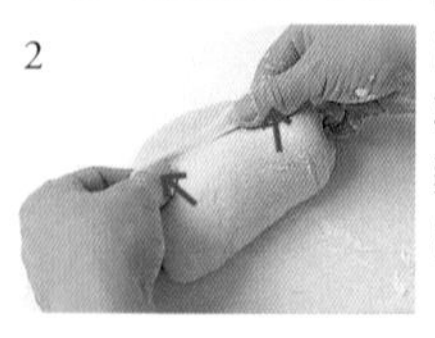

由身體方向往前，將兩端麵團向外側拉動，使麵團外擴地折疊，使其緊密貼合。

3 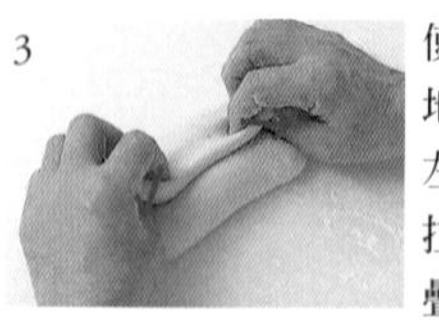

使麵團邊緣略留下距離地，與步驟2相同，將左右兩端的麵團朝外側拉動，朝身體方向折疊，使其緊密貼合。

4 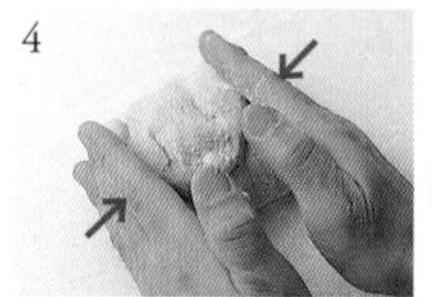

將左右兩端朝中央推壓。

5 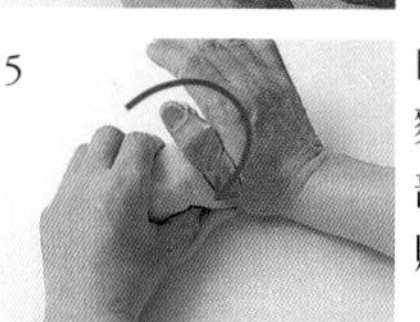

由對側方向向內，對折麵團。貼合處用手掌根部確實按壓，使其緊密貼合。

6 

前後輕輕滾動，整形。

補充食譜

P.71 丹麥麵包用

卡士達奶油餡

配方（方便製作的用量）

牛奶 1000ml
香草莢 1根
蛋黃 12個
細砂糖 200g
法國麵包專用粉 120g
無鹽奶油 50g

1. 在鍋中放入牛奶和剖開的香草莢、籽煮沸。
2. 混拌蛋黃和細砂糖，攪拌至顏色發白，混拌入法國麵包專用粉。
3. 將一半用量的1注入2之中充分混拌，再加入其餘的1，混合後過濾。
4. 放入銅鍋中加熱，以攪拌器邊加熱邊混拌，拌至材料產生光澤。
5. 離火，加入奶油混拌均勻，攤平在方型淺盤中，用保鮮膜緊密地貼合包妥後冷卻。冷藏保存。

P.71 丹麥麵包用

杏仁奶油餡

配方（配方比例）

杏仁粉 100%
低筋麵粉 5%
無鹽奶油（放置至回復室溫） 100%
細砂糖 80%
全蛋 100%
蘭姆酒 2%

1. 混合杏仁粉和低筋麵粉過篩備用。
2. 裝上製作糕點專用的槳狀攪拌棒。將放置回復室溫的奶油攪打至顏色發白，再加入細砂糖。細砂糖混拌均勻後，少量逐次地加入全蛋。
3. 待全蛋混拌均勻後，由攪拌機上取下缽盆，加入1改用橡皮刮刀攪拌混合，完成時加入蘭姆酒混拌均勻。

P.74 英式菠蘿麵包用

加入糖漬栗子的表皮麵團

配方（粉類2kg 的用量）

低筋麵粉（Violet） 80%（1600g）
杏仁粉（含皮） 20%（400g）
泡打粉 2%（40g）
無鹽奶油 50%（1000g）
糖粉 60%（1200g）
全蛋 30%（600g）

1. 均勻混合低筋麵粉、杏仁粉、泡打粉，過篩備用。
2. 用裝有糕點製作用槳狀攪拌棒，將奶油攪打至呈乳霜狀，混入糖粉，全蛋則少量逐次地加入均勻攪拌。
3. 由攪拌機上取下缽盆，加入1過篩好的粉類混拌。在烤盤上舖放成約2cm的厚度，放置於冷凍庫（-7℃），放置12小時以上使其冷卻。

P.176 德式聖誕麵包用

澄清奶油

無鹽奶油避免焦化地加熱成液態。將液態奶油放置於不致使奶油凝固的溫度下，乳脂肪以外的蛋白質等會沈澱於底部。表層就是金黃色，透明澄清奶油。舀取至其他的容器後使用。

本書所使用的材料

發酵材料

酵母菌

純粹培養酵母壓縮而成的。可以直接加入進行攪拌，也可以溶於水中，更能確實使其均勻分散。東方酵母工業製、LT3。

乾燥酵母菌

新鮮酵母菌在最後製造作業時，其使乾燥作成顆粒狀的成品。用熱水還原進行預備發酵後使用。法國、SAF 製作。

即溶乾燥酵母菌

可以省略預備發酵的乾燥顆粒狀酵母菌。溶於冷水時容易產生結塊，混入粉類中則可完全分散。法國、SAF 製作。紅標。

啤酒花

桑科植物啤酒花的果實。用於製作啤酒花種。

米麴

繁殖米飯上的麴菌等微生物製成的。用於輔助啤酒花種的製作。

酸種原種

單一乳酸菌植於裸麥粉。使用於製作酸種。德國 BÖCKER 製作（代理：Pacific 洋行）。

麥芽糖精

以發芽大麥爲原料的濃縮麥芽糖。因濃稠不易融化，本書當中都是溶於等量水分中使用。含有可分解小麥或裸麥的澱粉分解酵素，具有活性化酵母活動的作用。

麥芽粉

左記麥芽糖精的顆粒型。比起麥芽糖精，活性化酵母活動的能力更強。

粉狀副材料

杏仁粉（含皮）

杏仁粉（不含皮）

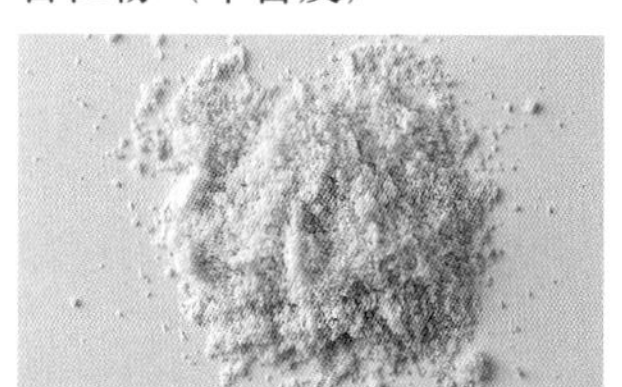

榛果粉（含皮）

栗子粉

栗子果實乾燥後磨成粉類。義大利製。

粗粒玉米粉

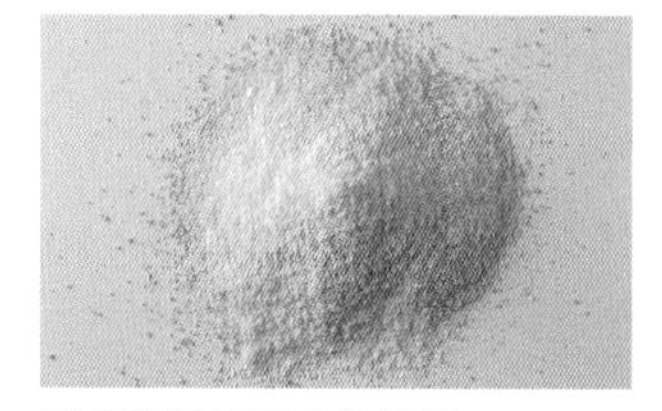

玉米乾燥後磨成的粉類。

番紅花粉

用研磨器將番紅花磨成粉。

覆盆子粉

覆盆子乾燥後磨成粉。

蔗糖粉

爲增添甜度而使用。因含有大量礦物質，所以味道較白砂糖濃郁。想要爽口的甜度時，就使用白砂糖。

麵包粉

新鮮麵包粉

隔夜的吐司或法國長棍麵包，用食物調理機攪打成細末狀。

烘烤麵包粉

烘烤新鮮麵包粉製成。

蔬菜加工品、食用花卉

炸洋蔥

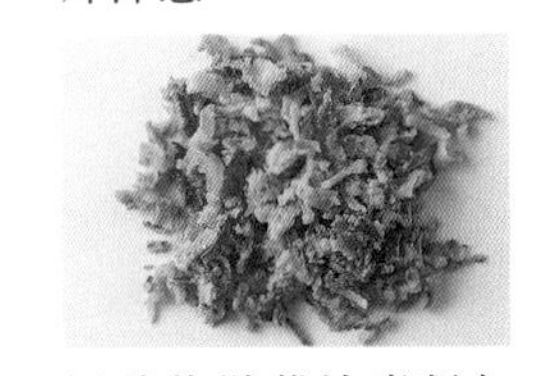

切碎的洋蔥沾裹麵包粉，以大豆油油炸，瀝乾油脂，使其乾燥製成。

油漬半乾燥番茄

半乾燥番茄與各種香草和大蒜，一起以橄欖油浸漬而成。

金盞花 Marigold

金盞花的花朵乾燥製成。

乾燥水果

綠葡萄乾

葡萄乾

黑醋栗

乾燥藍莓

乾燥酸櫻桃

乾燥蔓越莓

半乾燥無花果

乾燥芒果

糖漬橙皮

堅果、種籽類

杏仁果

腰果

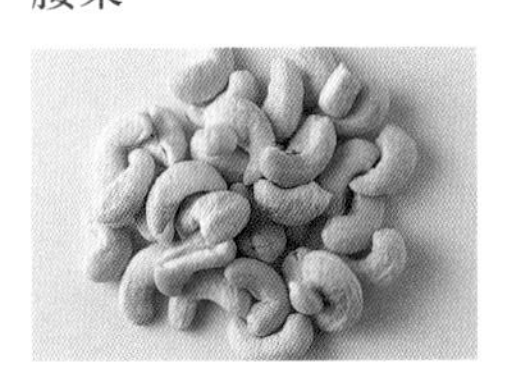

夏威夷果

核桃

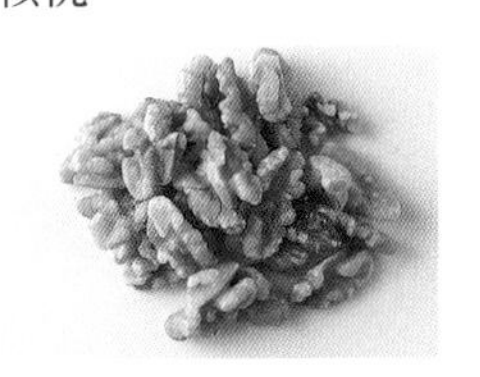

開心果

葵瓜籽

亞麻籽（亞麻仁）

照片中爲烘烤過的亞麻籽。日本沒有進口新鮮的。

葛縷子 Caraway

粉紅胡椒

水煮綠胡椒

本書所使用的機器•工具

螺旋式攪拌機（spiral mixer）

缽盆中央有粗大芯軸，軸型攪拌機為線圈芯型。缽盆會轉動，軸心也會自轉。較直立型攪拌機更能輕柔地揉和麵團，較適合本書麵團製作。低速軸芯為137轉／分鐘、高速275轉／分鐘（缽盆兼用馬達）。本書的麵包除了這兩種之外，其餘也可使用。

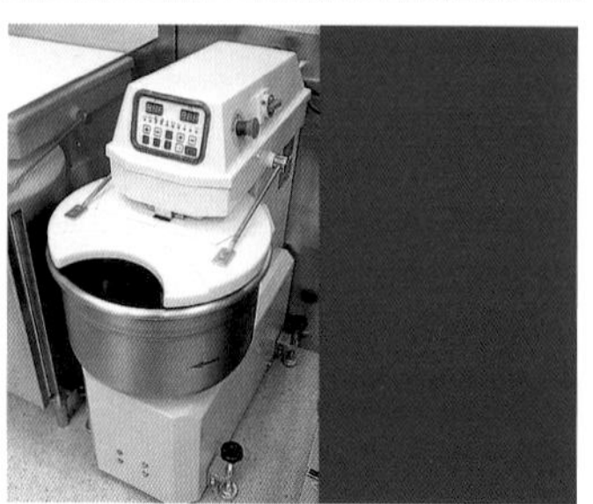

雙軸攪拌機（double arm mixer）

缽盆轉動時，雙軸會呈對稱的上下動作，同時也會左右動作（麵團拉起落下的動作與人手的動作近似）。較左側的螺旋式攪拌機更能輕柔地攪和麵團。低速：軸芯上下動作31次／分鐘、缽盆轉動5次／分鐘、高速上下動作47.7次／缽盆轉動7.6次／分鐘。義大利的cassiano製。本書中使用的是法國長棍麵包和墨尼耶長棍麵包。

烤箱

以瓦斯做為熱源的業務用烤箱。可以隨意設定上火和下火的溫度，也具有注入蒸氣的機能。烘烤室內是由合成石所砌成，具有類似石窯的效果。熱循環及蓄熱的性能都比電氣烤箱優異。盧森堡、Hein公司製作。

滑送帶（slip peel）

將麵團放入烤箱內的工具。將麵團排放在帆布墊上，插送至烤箱內，帆布就像輸送帶一樣可以回轉抽出。

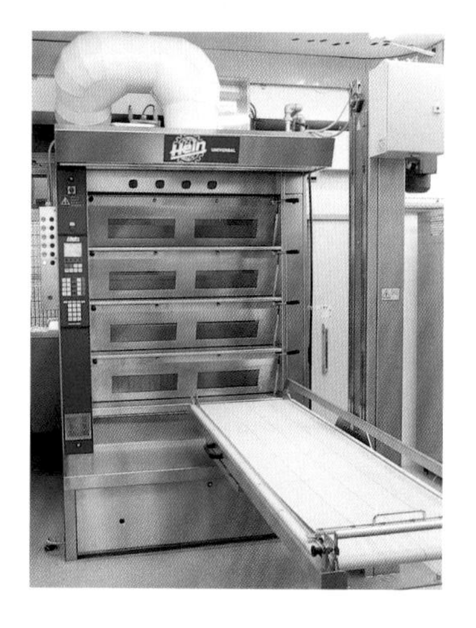

發酵櫃（Dough Conditioner）

可以隨意設定溫度和濕度的冷藏、溫藏庫。使用於麵團及發酵種的發酵和保存。本書使用的是溫度設定範圍為 -15~40℃及濕度設定範圍在60~80%的機種。

關於攪拌機、烤箱和發酵櫃的洽詢處：Pacific洋行（株）　機械部：03-5642-6082

發酵箱(Dough Box)

放置揉和完成的麵團容器。本書使用的是長53×寬41×高14cm的容器。膨脹率爲2倍的麵團，使用的粉類可達4kg用量，膨脹率達3倍的麵團，使用粉類爲3kg以內。可以重疊的產品，日文稱爲番重(food tray)。

割紋刀

像是刮鬍刀般，薄且銳利的刀片固定在前端。用於劃切割紋。

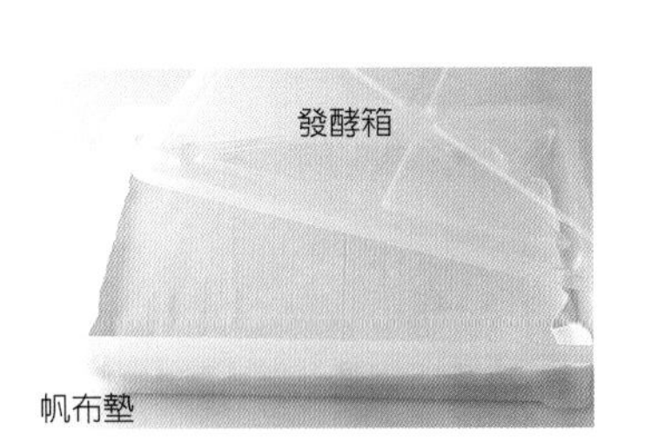

靜置箱(番重)
帆布墊(canvas)

放置滾圓後的麵團或整形後麵團的容器，附有盒蓋可重疊放置的容器。爲避免麵團沾黏地下舖帆布墊。

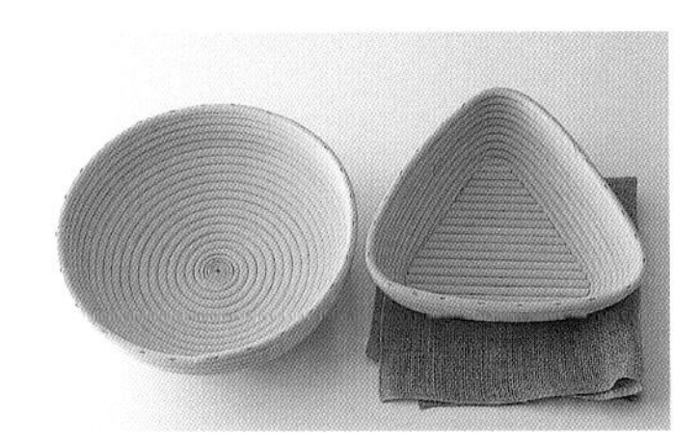

籐籃

爲保存麵團完成時的形狀，使其發酵的籐製籃子。舖入網目較粗的麻布後再放入麵團，或是有時也直接放入麵團。直接放入時，籐籃的紋路就會成爲麵團表面的模樣。照片上是特別訂做的。

烤盤(oven plate)　鐵盤

烤盤是排放可頌等，直接可放入烤箱的金屬製品。以鐵氟龍加工，不用刷塗油脂也可以。鐵板是皮力歐許、可頌等奶油含量較多的麵團，放入冷凍或冷藏時使用的。薄金屬板容易散熱。

方型模

烘烤吐司麵包、方型麵包或發酵點心時，所使用的模型。陶瓷加工或鐵氟龍加工的模型，則不需要刷塗奶油。此外，加工成凹凸形狀時，是爲增加表面積，增加熱傳導。照片上是特別訂做的。

桿秤

用於分割作業時，量測麵團重量。可視桿子傾斜程度來判斷重量。本書使用的是最大秤量達2kg，最小秤量爲20g，刻度以1g爲單位的種類。

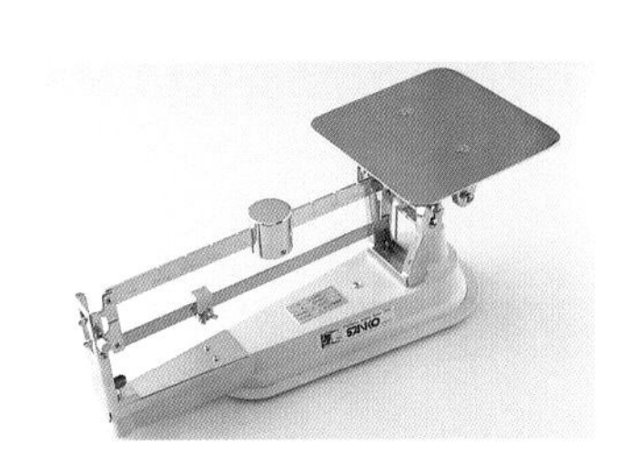

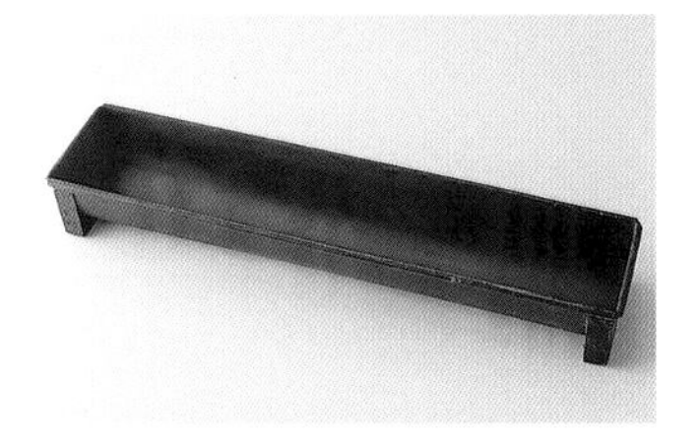

鹿背烤模
(雷修肯 Rehrücken)

就像是倒扣的半圓形。陶瓷加工或鐵氟龍加工的模型，則不刷塗奶油亦可。

非接觸溫度計　ph酸鹼度計
酒精溫度計

非接觸溫度計是不需直接接觸到對象物，從稍有距離之處即可測量溫度。攪打中的麵團，即使沒有停止攪打也可以直接量測到溫度。ph酸鹼度計可量測麵團、酵母的酸鹼度。直接插入麵團測定溫度的酒精溫度計，使用頻率很高。

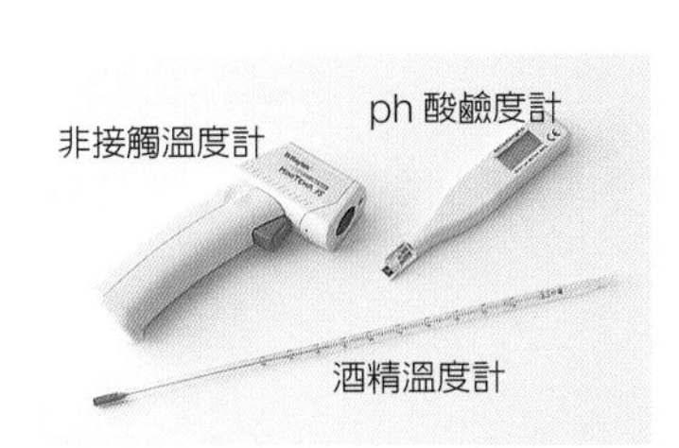

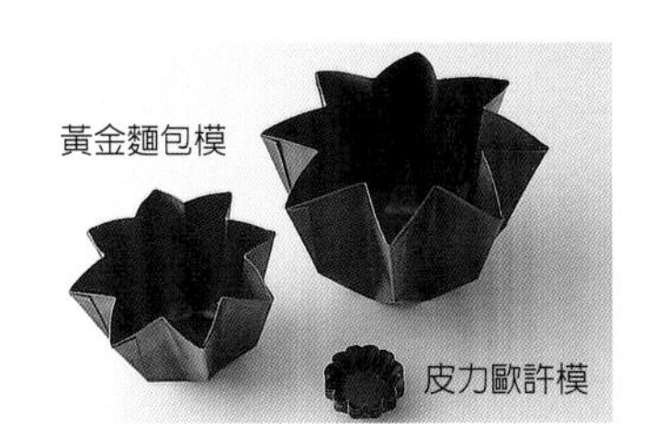

黃金麵包模　皮力歐許模

黃金麵包爲了增大表面積，必須要用八角星型的專用烤模製作，而特地做成這個形狀。皮力歐許模則是像花朵般的模型。陶瓷加工或鐵氟龍加工的模型，則不需刷塗奶油。

刮刀　刮板

刮刀是不鏽鋼製，使用於分割麵團等。刮板是塑膠製品，用於刮落或剝離麵團，也用於兩片刮板同時舀取麵團等。

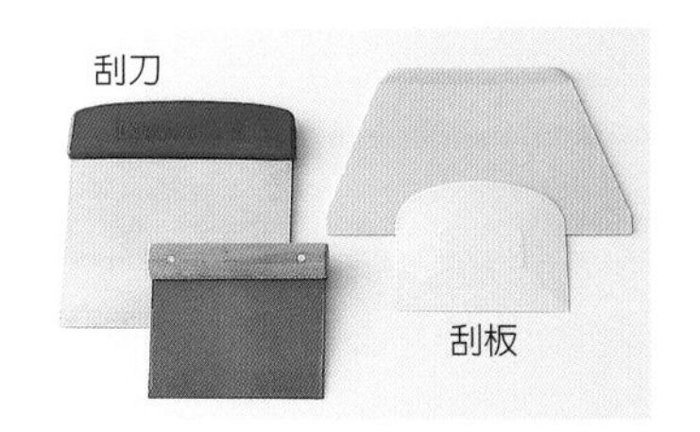

索引

系列名稱 / Joy Cooking
書　名 / 從酵母思考麵包的製作
作　者 / 志賀勝榮
出版者 / 出版菊文化事業有限公司
發行人 / 趙天德
總編輯 / 車東蔚
翻　譯 / 胡家齊
文編・校對 / 編輯部
美　編 / R.C. Work Shop
地址 / 台北市雨聲街77號1樓
TEL / (02)2838-7996　FAX / (02)2836-0028
初版日期 / 2023年2月
定　價 / 新台幣480元
ISBN / 9789866210891　書　號 / J154

讀者專線 / (02)2836-0069
www.ecook.com.tw
E-mail / service@ecook.com.tw
劃撥帳號 / 19260956大境文化事業有限公司

KOUBOKARA KANGAERU PAN-DUKURI

Photographs　Takeshi Noguchi
Design　Tomohiro Ishiyama
Typesetting　Office Masamichi Akiba
Cooperation　Asuka Yagi, Go & Hiromi Narisawa
Edit　Kaoru Minokoshi
製パンスタッフ　荒木友里　海野由希子　豊田裕子

◎著者の店
Signifiant Signifié シニフィアン・シニフィエ
〒154-0004　世田谷区太子堂 1-1-11
03-6805-5346
https://signifiantsignifie.com/

Signifiant Signifié + plus
GINZA SIX
〒104-0061 東京都中央区銀座 6 丁目 10-1 B2F
03-6264-5506

◎可以購買到本書麵包的店家
＊各店可購買到的麵包如目錄(P.7~8)以顏色標註。因為部分是季節或每週限定商品，請先以電話與店家連絡確認。關於店家的地址及其他商品種類等洽詢，請直接洽詢各店。

國家圖書館出版品預行編目資料
從酵母思考麵包的製作
志賀勝榮 著：--初版.--臺北市
出版菊文化，2023 208面；22×28公分.
（Joy Cooking；J154）
ISBN 9789866210891
1.CST：點心食譜 2.CST：麵包 3.CST：酵母
427.16　112000584